"十四五"职业教育国家规划教材

制冷设备安装与检修实训

第 2 版

主　编　葛　青　孟广红
副主编　吴　丹　刘凤波
参　编　曹　拓　姚晓东　张　金　付紫蒙

机械工业出版社

本书是"十四五"职业教育国家规划教材。本书共分为5个模块：模块1为常用检测仪器与维修工具，模块2为制冷系统结构及主要元件，模块3为分体式空调器安装与调试，模块4为空调器电气控制系统，模块5为空调器故障诊断与维修。除模块5，每个模块均编入了适合不同层次学生用于复习、巩固和提高水平的课后习题。

本书采用数码照相技术，将维修操作的全过程记录下来，然后通过实物照片的形式演示出来，通俗易懂，可作为职业院校制冷和空调设备运行与维护专业的教材，也可以作为广大业余爱好者的阅读资料。

为便于教学，本书配有电子课件，选择本书作为教材的教师可登录 www.cmpedu.com 网站，注册、免费下载。另外，书中主要知识点处还植入了二维码，使用手机微信扫描二维码即可观看所链接的内容。

图书在版编目（CIP）数据

制冷设备安装与检修实训 / 葛青，孟广红主编. 2版. -- 北京：机械工业出版社，2024.12. --（"十四五"职业教育国家规划教材）. -- ISBN 978-7-111-77025-1

Ⅰ. TB657

中国国家版本馆 CIP 数据核字第 2024C5J603 号

机械工业出版社（北京市百万庄大街22号　邮政编码100037）
策划编辑：汪光灿　　　　　责任编辑：汪光灿　杜丽君
责任校对：王荣庆　王　延　　封面设计：张　静
责任印制：任维东
天津嘉恒印务有限公司印刷
2025年1月第2版第1次印刷
184mm×260mm・12印张・293千字
标准书号：ISBN 978-7-111-77025-1
定价：39.00元

电话服务　　　　　　　　　　网络服务
客服电话：010-88361066　　　机　工　官　网：www.cmpbook.com
　　　　　010-88379833　　　机　工　官　博：weibo.com/cmp1952
　　　　　010-68326294　　　金　　书　　网：www.golden-book.com
封底无防伪标均为盗版　　　机工教育服务网：www.cmpedu.com

关于"十四五"职业教育
国家规划教材的出版说明

为贯彻落实《中共中央关于认真学习宣传贯彻党的二十大精神的决定》《习近平新时代中国特色社会主义思想进课程教材指南》《职业院校教材管理办法》等文件精神,机械工业出版社与教材编写团队一道,认真执行思政内容进教材、进课堂、进头脑要求,尊重教育规律,遵循学科特点,对教材内容进行了更新,着力落实以下要求:

1. 提升教材铸魂育人功能,培育、践行社会主义核心价值观,教育引导学生树立共产主义远大理想和中国特色社会主义共同理想,坚定"四个自信",厚植爱国主义情怀,把爱国情、强国志、报国行自觉融入建设社会主义现代化强国、实现中华民族伟大复兴的奋斗之中。同时,弘扬中华优秀传统文化,深入开展宪法法治教育。

2. 注重科学思维方法训练和科学伦理教育,培养学生探索未知、追求真理、勇攀科学高峰的责任感和使命感;强化学生工程伦理教育,培养学生精益求精的大国工匠精神,激发学生科技报国的家国情怀和使命担当。加快构建中国特色哲学社会科学学科体系、学术体系、话语体系。帮助学生了解相关专业和行业领域的国家战略、法律法规和相关政策,引导学生深入社会实践、关注现实问题,培育学生经世济民、诚信服务、德法兼修的职业素养。

3. 教育引导学生深刻理解并自觉实践各行业的职业精神、职业规范,增强职业责任感,培养遵纪守法、爱岗敬业、无私奉献、诚实守信、公道办事、开拓创新的职业品格和行为习惯。

在此基础上,及时更新教材知识内容,体现产业发展的新技术、新工艺、新规范、新标准。加强教材数字化建设,丰富配套资源,形成可听、可视、可练、可互动的融媒体教材。

教材建设需要各方的共同努力,也欢迎相关教材使用院校的师生及时反馈意见和建议,我们将认真组织力量进行研究,在后续重印及再版时吸纳改进,不断推动高质量教材出版。

机械工业出版社

第2版前言

本书是"十四五"职业教育国家规划教材，内容符合教育部于2021年公布的《制冷和空调设备运行与维护专业教学标准》，以及制冷空调系统安装与维修1+X职业技能等级标准和制冷设备维修工职业资格标准。

本书主要介绍空调的分类、组成、工作原理，结合全国职业技能大赛实训设备介绍了制冷系统管路的组装、电气系统控制原理和线路连接方法，制冷系统的调试、运行与故障排除等内容。本书的编写具有以下特色：

1）执行新标准、体现新模式。本书依据最新教学标准和课程大纲要求编写，对接制冷空调系统安装与维修1+X职业技能等级标准和制冷设备维修工职业标准和岗位需求。采用理实一体化的编写模式，突出"做中教，做中学"的职业教育特色。

2）介绍专业知识的同时，融入素养提升元素，用社会主义核心价值观铸魂育人。通过介绍行业产业发展动态，使学生在课堂中与毕业后的工作形成联系，掌握行业与企业动态，为职业技能与职业发展提供信息支撑；通过大国工匠的事例培养学生的工匠精神，对待任何产品、工艺都要做到精心思考、精心准备、精心工作，不断琢磨，改进技术和工艺，追求精益求精的水平和高度；通过介绍我国制冷行业优秀企业的先进技术，增加对民族科技和工业的认识和热爱，为中华民族伟大复兴做好人才储备。

3）企业技术人员参与教材编写，紧密结合实际工作岗位，与职业岗位对接；选取的案例贴近生活、贴近生产实际；将创新理念贯彻到内容选取、教材体例等方面。

4）注重能力方面的培养，在保证理论够用的基础上，侧重应用，培养学生适应职业变化的能力，使学生初步具备严谨的思维和分析问题的能力。每个模块的学习内容按照相关知识、典型任务展开，技能训练配套评分细则，教学内容之后配有课后习题。

本书由葛青、孟广红任主编并负责统稿工作，由吴丹、刘凤波担任副主编。全书共分为5个模块，模块1由葛青和吴丹编写、模块2由葛青和孟广红编写、模块3由葛青和刘凤波编写、模块4由葛青和姚晓东编写、模块5由葛青和张金编写。曹拓和付紫蒙负责书稿的整理和核对工作。

由于编者水平有限，书中不足之处在所难免，恳请读者批评指正。

编　者

第1版前言

本书是"十三五"职业教育国家规划教材，是根据教育部公布的《中等职业学校制冷和空调设备运行与维护专业教学标准》，同时参考中央空调操作员和制冷设备维修工职业资格标准编写的。

本书主要介绍家用空调的组成、工作原理，电气系统连接，制冷系统的调试、运行与故障排除等内容。本书在编写过程中力求体现以下特色：

1）执行新标准。本书依据最新教学标准和课程大纲要求编写而成，对接中央空调操作员和制冷设备维修工职业标准和岗位需求。

2）体现新模式。本书采用理实一体化的编写模式，突出"做中教，做中学"的职业教育特色。

3）本书在编写过程中吸收企业技术人员参与编写，紧密结合工作岗位，与职业岗位对接；选取的案例贴近生活和生产实际；将创新理念贯彻到内容选取、教材体例等方面。

4）本书突出能力方面的培养，在保证理论够用的基础上，侧重应用，培养学生适应职业变化的能力，使学生初步具备严谨的思维能力和分析问题的能力。在每一个模块之后配有一定量的课后习题及答案。

本书建议学时为68学时，具体学时分配如下：

模块1：16学时。

模块2：12学时。

模块3：16学时。

模块4：12学时。

模块5：12学时。

全书共分为5个模块，由大连电子学校孟广红任主编并负责全书的统稿工作。模块1、模块4由孟广红编写，模块2、模块3、模块5由葛青编写，全书由吴丹担任主审。编写过程中，编者参阅了国内外出版社的有关教材，还得到了大连汇达制冷设备有限公司的大力支持，并提供相关资料，在此一并表示感谢。由于编者水平有限，书中不足之处在所难免，恳请读者批评指正。

编 者

二维码索引

序号与名称	二维码	页码	序号与名称	二维码	页码
1-1 割管+倒角的操作方法		2	4-1 二极管和晶体管检测		115
1-2 喇叭口和杯型口的加工方法		3	4-2 电容和电阻检测		115
1-3 弯管的操作方法		4	4-3 检测电动机绝缘性能和绕组阻值		118
3-1 热泵空调的主要组成		84	4-4 电路介绍和插簧连接法		141
3-2 热泵空调的工作原理		85	4-5 导线直接连接法		143
3-3 空调制冷系统组装		92	4-6 空调电路板接线		145
3-4 保压和抽真空的操作方法		95	5-1 制冷系统常见故障分析		162
3-5 家用空调制冷系统运行与调试		97			

目 录

第 2 版前言
第 1 版前言
二维码索引
模块 1　常用检测仪器与维修工具 ………… 1
1.1　制冷专用维修工具 …………………… 1
　　1.1.1　割管器 …………………………… 1
　　1.1.2　倒角器 …………………………… 1
　　1.1.3　胀管扩口器 ……………………… 2
　　1.1.4　偏心扩口器 ……………………… 2
　　1.1.5　弯管器 …………………………… 3
1.2　常用工具 ……………………………… 4
　　1.2.1　长柄十字螺钉旋具 ……………… 4
　　1.2.2　内六角扳手 ……………………… 4
　　1.2.3　活扳手 …………………………… 4
　　1.2.4　卷尺 ……………………………… 5
1.3　仪器与仪表 …………………………… 5
　　1.3.1　真空泵 …………………………… 5
　　1.3.2　真空压力表 ……………………… 6
　　1.3.3　阀门 ……………………………… 7
　　1.3.4　双表修理阀 ……………………… 7
　　1.3.5　米制/寸制加液管 ………………… 8
　　1.3.6　米制/寸制转接头 ………………… 8
　　1.3.7　顶针式开关阀 …………………… 8
　　1.3.8　温度计 …………………………… 9
　　1.3.9　卤素检漏灯 ……………………… 9
　　1.3.10　电子卤素检漏仪 ………………… 10
1.4　常用制冷剂与冷冻油 ………………… 10
　　1.4.1　制冷剂的热力学要求 …………… 10
　　1.4.2　制冷剂的物理化学要求 ………… 11
　　1.4.3　制冷剂的种类 …………………… 11
　　1.4.4　常用制冷剂 ……………………… 12
　　1.4.5　冷冻油 …………………………… 14
　　1.4.6　制冷设备对冷冻油的要求 ……… 14
　　1.4.7　冷冻油温度与压力 ……………… 14
1.5　技能训练——制作工艺管 …………… 15
　　1.5.1　准备工作 ………………………… 15
　　1.5.2　项目任务书 ……………………… 15
　　1.5.3　任务实施过程和步骤 …………… 17
　　1.5.4　任务考核 ………………………… 18
　　1.5.5　项目拓展——制冷管路的
　　　　　 螺纹连接 ………………………… 19
扩展阅读——制冷剂的发展 ……………… 23
课后习题 …………………………………… 25
课后习题答案 ……………………………… 27
模块 2　制冷系统结构及主要元件 ………… 29
2.1　空调器的结构特点 …………………… 29
　　2.1.1　空调器分类及代号编写
　　　　　 方法 ……………………………… 29
　　2.1.2　整体式空调器结构 ……………… 31
　　2.1.3　分体式空调器结构 ……………… 31
　　2.1.4　户式中央空调器结构 …………… 34
2.2　压缩机 ………………………………… 38
　　2.2.1　往复活塞式压缩机 ……………… 39
　　2.2.2　旋转式压缩机 …………………… 40
　　2.2.3　涡旋式压缩机 …………………… 42
　　2.2.4　变频式压缩机 …………………… 43
2.3　冷凝器 ………………………………… 44
　　2.3.1　空气冷凝器 ……………………… 44

2.3.2 水冷凝器 46
2.4 蒸发器 48
 2.4.1 冷却空气的蒸发器 48
 2.4.2 冷水机组蒸发器 50
2.5 节流装置 52
 2.5.1 分配器 52
 2.5.2 毛细管 53
 2.5.3 膨胀阀 54
2.6 中央空调常用元件 57
 2.6.1 风机盘管 57
 2.6.2 冷却塔 59
 2.6.3 安全阀 60
 2.6.4 止回阀 60
 2.6.5 易熔塞 61
2.7 辅助装置 61
 2.7.1 过滤器和干燥过滤器 61
 2.7.2 视液镜与湿度计 63
 2.7.3 旁通电磁阀 64
 2.7.4 单向阀 64
 2.7.5 气液分离器 65
 2.7.6 冷凝压力调节阀 65
 2.7.7 气门嘴 66
 2.7.8 水量调节阀 67
 2.7.9 高低压截止阀 67
 2.7.10 消声器 68
 2.7.11 电磁阀 68
2.8 空气循环装置 70
 2.8.1 风扇 70
 2.8.2 过滤网 72
 2.8.3 导风叶片 72
2.9 技能训练——压缩机、冷凝器、蒸发器的检修 73
 2.9.1 准备工作 73
 2.9.2 项目任务书 73
 2.9.3 任务实施过程和步骤 73
 2.9.4 任务考核 80
扩展阅读——安全生产 81
课后习题 81
课后习题答案 82

模块 3 分体式空调器安装与调试 83
3.1 热泵空调系统 83
 3.1.1 热泵空调系统的组成 83
 3.1.2 四通电磁换向阀 85
3.2 分体式空调器的安装 88
 3.2.1 气焊连接 88
 3.2.2 喇叭口连接 90
 3.2.3 整机的组装 90
3.3 制冷系统吹污 92
3.4 制冷系统试压 93
3.5 制冷系统抽真空 93
 3.5.1 真空泵和双表修理阀总成的使用方法 93
 3.5.2 制冷系统抽真空的方法 94
3.6 加注制冷剂 95
 3.6.1 向系统注入液态制冷剂 95
 3.6.2 向系统注入气态制冷剂 95
3.7 分体式空调器运行调试 95
 3.7.1 运行调试注意事项 95
 3.7.2 开机运行 96
 3.7.3 状态调整 96
3.8 技能训练——模拟空调系统的组装与调试 97
 3.8.1 准备工作 97
 3.8.2 项目任务书 100
 3.8.3 任务实施过程和步骤 103
 3.8.4 任务考核 108
扩展阅读——标准化作业与质量意识 110
课后习题 110
课后习题答案 111

模块 4 空调器电气控制系统 113
4.1 电气维修工具 113
 4.1.1 万用表 113
 4.1.2 兆欧表 115
 4.1.3 钳形电流表 116
4.2 空调器电气控制系统组成与工作原理 119
 4.2.1 空调器电气控制系统的

　　　　基本组成 ………………… 119
　4.2.2　电气元器件介绍 ………… 120
　4.2.3　微电脑控制空调器 ……… 124
　4.2.4　家用空调器控制电路 …… 127
4.3　技能训练——空调器电气系统
　　　电路的连接与检测 …………… 134
　4.3.1　空调器电路的连接 ……… 134
　4.3.2　空调器电路的检测 ……… 146
扩展阅读——精益求精的工匠
　　　　　精神 ……………………… 151
课后习题 …………………………… 152
课后习题答案 ……………………… 152

模块5　空调器故障诊断与维修 …… 155

5.1　空调器使用注意事项 …………… 155
　5.1.1　操作要点 ………………… 155
　5.1.2　使用遥控器的注意事项 … 155
　5.1.3　家用空调器的保养 ……… 155
5.2　空调器检修的基本操作 ………… 156
　5.2.1　检测空调器运行参数 …… 156
　5.2.2　查看空调器的运行状况 … 158
　5.2.3　检查相关位置工作温度 … 158
5.3　空调器常见故障的检修 ………… 159
　5.3.1　制冷剂不足 ……………… 159
　5.3.2　制冷剂加注过多 ………… 160
　5.3.3　制冷系统中混入空气 …… 160
　5.3.4　制冷系统冰堵现象 ……… 160
　5.3.5　制冷系统脏堵 …………… 161
　5.3.6　系统高、低压管路的压力
　　　　　均过高 …………………… 161
　5.3.7　压缩机压缩不良 ………… 162
　5.3.8　系统高、低压管路的压力
　　　　　均过低 …………………… 162
5.4　空调器故障判断流程 …………… 162
　5.4.1　室外风机故障 …………… 162
　5.4.2　压缩机故障 ……………… 163
　5.4.3　压缩机过热保护 ………… 164
　5.4.4　整机不工作 ……………… 164
　5.4.5　不制冷 …………………… 165
　5.4.6　结霜现象 ………………… 165
5.5　空调器故障检修案例 …………… 165
　5.5.1　案例一 …………………… 165
　5.5.2　案例二 …………………… 166
　5.5.3　案例三 …………………… 168
　5.5.4　案例四 …………………… 169
　5.5.5　案例五 …………………… 170
　5.5.6　家用空调器主要零部件的
　　　　　检测 ……………………… 171
5.6　家用空调移机案例 ……………… 179
扩展阅读——民族工业与工业
　　　　　现代化 …………………… 180

参考文献 ………………………… 181

模块 1　　常用检测仪器与维修工具

1.1　制冷专用维修工具

制冷专用工具有割管器、倒角器、胀管扩口器、偏心扩口器、弯管器等。

1.1.1　割管器

割管器是安装、维修过程中专门切割铜管和铝管的工具，常用割管器的切割范围为$\phi3 \sim \phi45mm$。它一般由支架、导轮、刀片和手柄组成，如图1-1所示。

1. 割管器的使用方法

1）将铜管夹装到割管器手柄至铜管边缘。

2）使割管器绕铜管顺时针方向旋转。

3）割管器每旋紧1/2圈，需调紧手柄1/4圈。

4）重复步骤2）、3）。

5）在铜管即将断开时用手将其轻轻折断。

图 1-1　割管器

2. 割管器使用注意事项

1）铜管一定要架在导轨中间。

2）所加工的铜管一定要平直、圆整，否则会形成螺旋切割。

3）由于所加工的铜管管壁较薄，因此调整手柄进给时，不能用力过猛，否则将导致内凹收口和铜管变形，从而影响切割质量。

4）铜管切割加工过程中出现的内凹收口和毛刺需进一步处理。

1.1.2　倒角器

铜管在切割加工过程中，易产生收口和毛刺现象。倒角器主要用于去除切割加工过程中所产生的毛刺，消除铜管收口现象，如图1-2所示。

1. 倒角器的使用方法

1）用割管器截取铜管。

2）将倒角器一端的刮刀尖伸进管口的端部，左右旋转数次。

3）将铜管顶在倒角器另一端的刮刀上，左右旋转数次。

4）反复操作，直至去除毛刺和收口。

图 1-2　倒角器

2. 倒角器使用注意事项

1）管口尽量朝下，以避免金属屑进入管道。
2）如果有金属屑进入管道内，须将其清除干净。
3）不要用硬物敲击倒角器。
4）使用后除去倒角器上的金属屑，并在切削刃处涂防锈油。

割管+倒角的操作方法

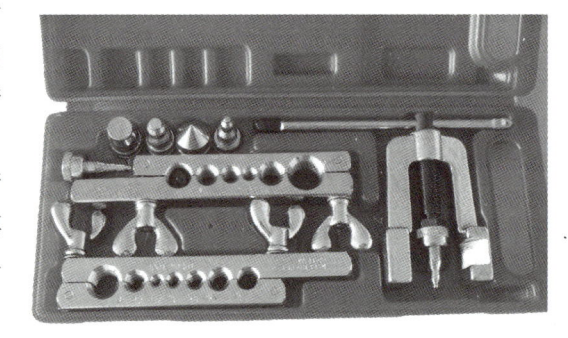

1.1.3 胀管扩口器

胀管扩口器用于胀杯形口和扩喇叭口，如图1-3所示。它是将小管径铜管（ϕ19mm以下）端部扩胀形成喇叭口的专用工具，由扩管夹具和扩管顶锥组成，夹具有米制和寸制两种，扩管顶锥分为偏心扩管顶锥和正扩管顶锥两种。

在实际操作维修过程中，若遇到相同管径的管道连接，通常先使用胀管扩口器将其中一根管道端部加工成杯形口，然后将另一根管道插入杯形口进行焊接。

1. 胀管扩口器的使用方法

图1-3 胀管扩口器

1）用割管器截取铜管。
2）用倒角器去除铜管端部毛刺和收口。
3）选定所需的胀头，将其旋到杠杆上。
4）将需要加工的铜管夹装到相应的夹具卡孔中，铜管端部露出夹板面略大于铜管直径长度，然后旋紧夹具螺母直至将铜管夹牢，顺时针方向慢慢旋转手柄使胀头下压，直至形成杯形口。
5）使手柄逆时针方向慢慢旋转，将胀头从铜管中取出，松开夹具螺母。
6）取下铜管，观察杯形口是否符合要求。

2. 胀管扩口器使用注意事项

1）铜管与夹板的米制/寸制形式要对应。
2）有条件的最好在胀管扩口器顶锥上涂适量冷冻油。
3）铜管材质要有良好的延展性（忌用劣质铜管），铜管应预先退火。
4）铜管端口应平整、光滑。
5）杯形口大小应适宜，太大则连接会有松动，太小则连接不上。
6）铜管壁厚不宜超过1mm。

1.1.4 偏心扩口器

偏心扩口器用于为铜管扩喇叭口，以便通过配管将分体式空调的室内、外机组连接起来。相对于胀管扩口器，偏心扩口器的使用更加方便、省力。偏心扩口器如图1-4所示。

1. 偏心扩口器的使用方法

1）将固定圆棒及把手移到最顶端。
2）将底座打开至需要的孔距。

图 1-4 偏心扩口器

3）插入铜管，使管口与底座间的距离为 1~2mm。
4）对准尺寸标示记号后旋紧侧面螺钉。
5）由顺时针方向旋转至自动弹开后，再转 2~3 圈。
6）操作完成后，将把手反方向转回到最顶端，固定棒放松后，即可取出铜管。

2. 偏心扩口器使用注意事项

1）铜管与夹具的米制/寸制尺寸要对应。
2）侧面螺钉应对准孔位，锁紧夹具。
3）铜管材质要有良好的延展性（忌用劣质铜管），铜管应预先退火。
4）铜管端口应平整、光滑。
5）喇叭口大小应适宜，太大则不便于安装，太小则易造成泄漏。
6）铜管壁厚不宜超过 1mm。

喇叭口和杯型口的加工方法

1.1.5　弯管器

弯管器是专门弯曲铜管、铝管的工具，如图 1-5 所示，其弯曲半径不应小于管径的 5 倍。弯好的管子，其弯曲部位不应有凹瘪现象。

弯管器通过改变导轮及导槽的大小，可对不同管径的铜管进行加工。弯管器与铜管相对应，也有米制和寸制之分，其常用规格有米制 6mm、8mm、10mm、12mm、16mm、19mm；寸制 1/4in[⊖]、3/8in、1/2in、5/8in、3/4in。

图 1-5　弯管器

以用弯管器弯制直径为 8mm 的铜管为例，其使用方法如下：

1）用割管器截取长度为 60cm、直径为 8mm 的铜管一根。
2）倒角去除铜管端部毛刺和收口。
3）将 φ8mm 铜管套入弯管器内，搭扣住管子，然后慢慢旋转手柄，使管子逐渐弯曲到

⊖ 1in = 2.54cm。

规定角度，如图 1-6 所示。

4）将弯制好的铜管退出弯管器。

弯管的操作方法

图 1-6 弯管实训

1.2 常用工具

1.2.1 长柄十字螺钉旋具

长柄十字螺钉旋具是用来拧紧或拧松带有槽口的螺栓或螺钉的手工工具，如图 1-7 所示。

1.2.2 内六角扳手

内六角扳手用于装拆内六角圆柱头螺钉，如图 1-8 所示。

图 1-7 长柄十字螺钉旋具

内六角扳手使用注意事项如下：

1）根据需求选择合适尺寸的内六角扳手，否则容易损坏扳手或螺钉。
2）使用时不能超过扳手的最大扭力范围，以免损坏扳手。
3）不可用于敲击物体。

1.2.3 活扳手

活扳手常用于旋紧或旋松有角螺钉及螺母。如图 1-9 所示，活扳手由手柄、头部固定钳口、头部活动钳口和调节蜗杆四部分组成。

图 1-8 内六角扳手　　　　图 1-9 活扳手

使用活扳手时，右手握住扳手头部，大拇指和食指拧动调节蜗杆，调整活动钳口的大小，使钳口尺寸和被旋动的螺钉或螺母的尺寸吻合。然后用调好的钳口夹持住螺钉或螺母，握紧扳手手柄，同时用力使扳手旋转即可。一般顺时针方向旋转为拧紧螺钉或螺母，逆时针方向旋转为拧松螺钉或螺母。

除活扳手外，还有几种常用扳手，其用途如下：

1) 呆扳手：一端或两端制有固定尺寸的开口，用于拧转一定尺寸的螺母或螺栓。

2) 梅花扳手：两端具有带七角孔或十二角孔的工作端，适用于工作空间狭小，不能使用普通扳手的场合。

3) 两用扳手：一端与单头呆扳手相同，另一端与梅花扳手相同，两端拧转相同规格的螺栓或螺母。

4) 钩形扳手：又称月牙形扳手，用于拧转厚度受限制的扁螺母等。

5) 套筒扳手：由多个带七角孔或十二角孔的套筒与手柄、接杆等多种附件组成，特别适用于拧转空间十分狭小或凹陷于深处的螺栓或螺母。

6) 扭力扳手：拧转螺栓或螺母时，扭力扳手上能显示出所施加的扭矩；或者当施加的扭矩到达规定值后，会发光或发出声响信号。扭力扳手适用于对扭矩大小有明确规定的装配工作。

1.2.4 卷尺

卷尺是用来测量长度的工具，按照量程不同可以分为 3m 卷尺（图 1-10）和 5m 卷尺等。由于卷尺的测量结果只能精确到毫米（mm），所以只能用于对精度要求不高的场合。

使用卷尺时，应以左端的零线为测量基准，以便于读数。测量时，卷尺要放正，不得前、后、左、右歪斜。否则，从卷尺上读出的数据会比被测物体的实际尺寸大。

用卷尺测量圆截面直径时，被测截面应平滑，使卷尺的左端与被测面的边缘相切，摆动卷尺找出最大尺寸，即为所测圆截面直径。

图 1-10　3m 卷尺

1.3　仪器与仪表

1.3.1　真空泵

真空泵是利用机械、物理、化学、物理化学等方法对容器进行抽气，以获得和维持真空的装置。真空泵和其他设备（如真空容器、真空阀、真空测量仪表、连接管路等）组成真空系统，广泛应用于电子、冶金、制冷、化工、食品、机械、医药、航天等部门。常用的真空泵为旋片式结构，如图 1-11 所示。

镶有两块滑动片的转子以偏心的形式装在定子腔内，将进气口、排气口分隔开。在弹簧的作用下，旋片与定子腔壁紧密接触，从而把定子腔室分割成两部分。一方面，偏心转子在电动机的拖动下带动旋片在定子腔内旋转，使进气口腔室的容积逐渐扩大，吸入气体；另一方面，对已吸入的气体进行压缩，由排气阀排出，从而达到抽取气体、获得真空的目的。

1. 真空泵的使用方法

1）用软管连接真空泵和双表修理阀。双表修理阀中间管接头（一般用黄色软管）连接真空泵或氟瓶，低压表侧管接头（一般用蓝色软管）连接制冷系统低压接口，高压表侧管接头（一般用红色软管）连接制冷系统高压接口。

2）打开真空泵排气帽。

图1-11　单级油循环旋片式真空泵

3）接通真空泵电源，打开真空泵电源开关。

4）缓慢地打开双表修理阀旋钮，即可对系统进行抽真空。

5）观察压力表指针位置变化是否正常。

6）抽真空25min后记录低压表的真空值。

7）关闭双表修理阀旋钮，然后关闭真空泵电源开关。

2. 真空泵使用注意事项

1）仔细检查各部位紧固件是否松动，若有松动则必须拧紧。

2）检查油位，当发现油位不足时，应立即补充，保持油位在油标的1/2~2/3。

3）开机前水箱内应注满水，严禁脱水空转。

4）做好室外真空泵电动机的防雨工作，防止因电动机受潮而造成事故。

5）起动后，观察是否有漏液现象，并注意是否有异常声响，且密切关注电动机的发热情况等，发现问题及时报修处理。

6）循环水池温度不宜过高，当温度过高或溶剂气味重时，应及时更换或补充水。

7）停机前必须先打开放空阀，放气至与大气压平衡，然后停机，以防因真空过高而倒冲损坏和冲开止回阀盖。

8）长期不使用时应排出水箱内的积水，彻底清除水箱内积存的泥浆及其他固体物，拆开真空泵进口法兰，排出泵内的积水并将外箱清洗干净。

1.3.2　真空压力表

真空压力表（图1-12）是一种既可以测量压力，又可以测量真空度的压力测量仪表，用于测量机器或容器内的中性气体和液体的压力或负压（真空度）。

真空压力表广泛用于在气体输送、管道液体及密闭容器中测量无腐蚀性、无爆炸危险、无结晶体、不凝固体的各种液体、气体、蒸汽等介质的压力大小，具有结构简单、性价比高、指示直观、性能可靠等优点。

真空压力表不仅可以测量压力，还可以显示制冷系统是否处于真空状态，以及显示指定制冷剂饱和压力和饱和温度的对应关系。

真空压力表使用注意事项如下：

1）读数时，应垂直观察压力表。

图1-12　真空压力表

2）测量液体压力时应加缓冲管。

3）测量值不能超过压力表测量上限的 2/3，测量波动压力时不得超过测量上限的 1/2。

1.3.3 阀门

1. 直通阀

直通阀（图 1-13）又称二通截阀，它是最简单的维修阀，常在抽真空充注氟利昂时使用。直通阀有三个连接口：与阀门开关平行的连接口多与设备的维修管相接；与阀门开关垂直的两个连接口，一个常固定装上真空压力表，另一个在抽真空时接真空泵的抽气口，在充注制冷剂时连接钢瓶。直通阀的结构简单，但使用不太方便。

2. 专用组合阀

由于直通阀在使用中受到限制，故维修中应用较多是专用组合阀。这种阀门上装有两块压力表，一块是高压压力表，一块是低压压力表；两个手动阀门，一个用来控制高压表与公共接口的开关，另一个用来控制低压表与公共接口的开关。专用组合阀的用途如下：

图 1-13 直通阀

1）抽真空：将低压表下端的接头连接设备的低压侧，高压表下端的接头连接设备的高压侧，将公共接口连接到真空泵的抽气口。

2）低压侧充注氟利昂：公共端连接氟利昂的钢瓶，低压接口连接设备的低压侧（气态充注），用高压接口排出公共接口软管内的空气。

3）高压侧充注氟利昂：公共端连接氟利昂的钢瓶，高压接口连接设备的高压侧（液态充注），用低压接口排出公共接口软管内的空气。

4）加冷冻油：将设备内部抽至负压，把公共端的软管放入冷冻油内（装冷冻油的容器应高于设备），打开低压阀，利用大气的压力将冷冻油抽入设备内。

5）利用高、低表的压力来判断设备冷凝器的散热情况、蒸发器的温度，以及设备内部的制冷剂是否过多或过少。

1.3.4 双表修理阀

双表修理阀简称双表阀，它由压力表、表阀（含视窗）两部分组成，如图 1-14 所示。压力表有两块：一块是带负压的低压表，一块是高压表，压力单位为 MPa。低压表一般用于抽真空和检测系统低压侧压力，高压表通常用于测量高压侧压力。双表修理阀连接软管主要用于修理表阀与制冷系统和真空泵等设备的连接。在使用过程中，可根据具体情况，选用耐压能力不同的连接软管，常用连接软管的最高耐压为 3.5MPa。连接软管的接头为寸制 1/4in 管螺纹或米制 M12×1.25 管螺纹。

双表修理阀使用注意事项如下：

图 1-14 双表修理阀

1）连接软管与真空泵和制冷系统的连接依靠橡胶圈密封，连接时不能用力过大，以免损坏橡胶圈而影响系统的密封性。

2）高压表阀和低压表阀可以单独使用。

3）使用时应轻拿轻放，以免影响双表修理阀的精度和使用寿命。

4）测量压力时不能超过双表修理阀的测量范围，否则可能损坏压力表。

1.3.5 米制/寸制加液管

米制/寸制加液管如图1-15所示，螺纹接口有寸制1/4in、米制M12×1.25管螺纹两种形式。双表修理阀与软管总成如图1-16所示。

图1-15 米制/寸制加液管　　　　图1-16 双表修理阀与软管总成

1.3.6 米制/寸制转接头

双表修理阀米制/寸制转接头如图1-17所示，它有寸制1/4in、米制M12×1.25管螺纹两种形式。

1.3.7 顶针式开关阀

从制冷系统中收回制冷剂时，经常要使用专用的阀门，这种阀门称为顶针式开关阀，如图1-18所示。

图1-17 米制/寸制转接头　　　　图1-18 顶针式开关阀

顶针式开关阀的使用方法如下：

1）卸下连接上、下瓣的紧固螺钉，扣合在将要接阀的管道上，然后拧紧紧固螺钉。

2）打开顶针式开关阀的阀帽，装上专用检修阀，使检修阀的阀杆刀口插在开关阀上部的槽口内，然后将检修阀的阀帽拧紧。

3）顺时针方向旋转检修阀阀柄，开关阀的阀顶（顶针）随即也被旋进管道内，使管道的管壁顶压出一个锥形圆孔。

4）逆时针方向旋转检修阀，开关阀的阀顶也退出管壁圆孔，制冷剂随即喷出，并沿着检修阀的接口流入制冷剂容器中。

5）现场维修时使用这种阀门十分方便，并且可以用在制冷系统的抽真空、充注制冷剂等工序中，省掉焊接操作。需要注意的是：操作完毕后，顺时针方向旋转检修阀，使开关阀的顶尖关闭所开直圆孔，然后卸下检修阀，拧紧开关阀阀帽，整个顶针式开关阀便永久地保留在了系统管道中。

1.3.8 温度计

温度计是测温仪器的总称，用它可以准确地判断和测量温度，温度计利用固体、液体、气体受温度影响而热胀冷缩等现象作为设计依据。温度计分为煤油温度计、酒精温度计、水银温度计、气体温度计、电子温度计等。温度单位有热力学温度（K）、摄氏温度（℃）。图1-19所示为水银温度计，图1-20所示为红外测温仪。

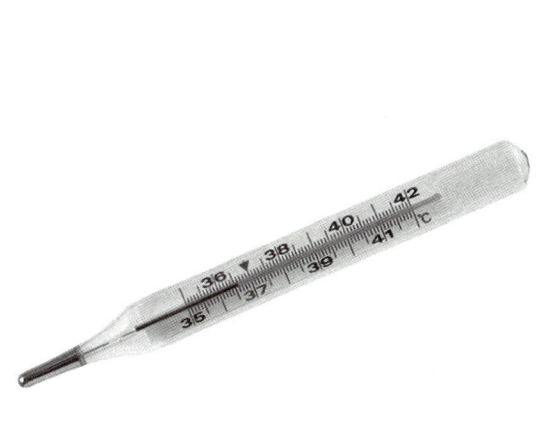

图1-19 水银温度计　　　　图1-20 红外测温仪

1.3.9 卤素检漏灯

卤素检漏灯主要由喷嘴、扩压管、灯芯筒、酒精杯、调节阀、火焰圈、吸气软管及其他辅助件组成，主要用于制冷系统检漏。

卤素检漏灯是电冰箱修理中最常用的检漏工具，它用酒精、乙炔和丙烷做燃料。其检漏原理是：当混有5%~10%的氟利昂气体与炽热的铜接触时，氟利昂分解为氟、氯元素并和铜发生化学反应，成为卤素铜的化合物，使火焰的颜色发生变化，从而可检查出氟利昂是否泄漏。

卤素灯的使用方法如下：

1）先将底盖旋下，加入浓度为99%的清洁酒精后旋紧底盖，把灯竖直地放在平地上。

2）向黄铜酒精杯内倒入5mL左右的酒精并点燃，加热灯体和喷嘴，热量由灯体传给灯芯筒，使灯芯筒内的酒精温度升高，使其压力也升高。

3）待杯内酒精快要烧光时，微开调节阀，酒精蒸气从喷嘴喷出并连续燃烧。喷嘴的喉部有一个旁通孔，此孔与吹气软管相通，由于喷嘴中高速的气流喷射在扩散管内产生负压，使旁通孔具有一定的吸气能力。吹气量的大小可通过吸气管口的气流声音大小来判断，并根据需要调整调节阀的开启度。

4）检漏时，将软管口伸向要检漏的制冷系统接头、焊接处，若有泄漏的氟利昂蒸气被吸入，经燃烧后，火焰就会发出绿色或蓝色亮光，可从火焰颜色的深浅来判断氟利昂的泄漏程度。

1.3.10　电子卤素检漏仪

电子卤素检漏仪（BW5750A 型）由传感器、保护罩电源开关、软管、仪器壳体等组成，如图 1-21 所示。

电子卤素检漏仪的操作步骤如下：

1）将电池装入电子检漏仪，打开电源开关，此时电源指示灯亮，同时听到电子检漏仪发出缓慢的"嘟、嘟"声，表示电子检漏仪处于正常工作状态。如果打开电源后仪器啸叫，则按一下复位开关便可恢复正常。

2）将电子检漏仪的探头沿系统连接管道慢慢移动进行检漏，移动速度为 25~50mm/s，并且探头与被检测表面间的距离不大于 5mm。

3）若电子检漏仪发出"嘟——"的长鸣声，则说明该处存在泄漏。为保证准确无误地确定漏点，应及时移开探头，待电子检漏仪恢复正常后，在发现漏点处重复检测 2~3 次。

图 1-21　电子卤素检漏仪

4）在找到一个漏点后，一定要继续检查剩余管路。

1.4　常用制冷剂与冷冻油

制冷剂又称制冷工质，是制冷循环的工作介质，利用制冷剂的相变来传递热量，即制冷剂在蒸发器中汽化时吸热，在冷凝器中凝结时放热。当前能用作制冷剂的物质有 80 多种，最常用的是氨、氟利昂、水和少数碳氢化合物等。

1.4.1　制冷剂的热力学要求

1）在大气压力下，制冷剂的蒸发温度（沸点）要低，这是一个很重要的性能指标。蒸发温度低，不仅可以制取较低的温度，还可以在一定的蒸发温度下，使其蒸发压力高于大气压力，以避免空气进入制冷系统，且发生泄漏时较容易发现。

2）制冷剂在常温下的冷凝压力应尽量低些，以免对在高压下工作的压缩机、冷凝器及排气管道等设备的强度要求过高。另外，冷凝压力过高还会导致制冷剂向外渗漏和引起消耗功的增大。

3）对于大型活塞式压缩机来说，制冷剂的单位容积制冷量要求尽可能大，这样可以缩小压缩机尺寸和减少制冷工质的循环量;而对于小型或微型压缩机,单位容积制冷量可小一些;对于小型离心式压缩机,也要求制冷剂单位容积制冷量要小,以扩大离心式压缩机的使用范围,并避免小尺寸叶轮制造的困难。

4)制冷剂的临界温度要高些、凝固温度要低些。临界温度的高低决定了制冷剂在常温或普通低温范围内能否液化。凝固温度是制冷剂使用范围的下限,凝固温度越低,制冷剂的适用范围越大。

1.4.2 制冷剂的物理化学要求

1)制冷剂的黏度应尽可能小,以减少管道流动阻力,提高换热设备的传热强度。

2)制冷剂的导热系数应当高,以提高换热设备的效率,减少传热面积。

3)制冷剂与油的互溶性质:制冷剂溶解于润滑油的性质应从两个方面来分析。如果制冷剂与润滑油能任意互溶,则其优点是润滑油能与制冷剂一起渗到压缩机的各个部件,为机体润滑创造良好条件,且在蒸发器和冷凝器的换热面上不易形成油膜阻碍传热;其缺点是从压缩机带出的油量过多,并且能使蒸发器中的蒸发温度升高。如果制冷剂部分或微溶于润滑油,则其优点是从压缩机带出的油量少,蒸发器中的蒸发温度较稳定;其缺点是在蒸发器和冷凝器换热面上形成了很难清除的油膜,影响了传热效果。

4)制冷剂应具有一定的吸水性,这样就不致在制冷系统中形成"冰塞"而影响其正常运行。

5)制冷剂应具有化学稳定性:不燃烧,不爆炸,使用过程中不分解、不变质;制冷剂本身或与油、水等相混时,对金属不应有明显的腐蚀作用,对密封材料的溶胀作用应小。

6)由于制冷剂在运行中可能泄漏,故要求制冷剂对人身健康无损害、无毒性、无刺激作用。

1.4.3 制冷剂的种类

1. 按化学成分分类

在压缩式制冷剂中,广泛使用的制冷剂是氨、氟利昂和烃类。按照化学成分,制冷剂可分为五类:无机化合物制冷剂、氟利昂、饱和碳氢化合物制冷剂、不饱和碳氢化合物制冷剂和共沸混合物制冷剂。

(1)无机化合物制冷剂 这类制冷剂使用得比较早,如氨(NH_3)、水(H_2O)、空气、二氧化碳(CO_2)和二氧化硫(SO_2)等。对于无机化合物制冷剂,国际上规定的代号为R加三位数字,其中第一位数字为"7",后两位数字为分子量,如水为R718等。

(2)氟利昂(卤碳化合物制冷剂) 氟利昂是饱和碳氢化合物中全部或部分氯元素(Cl)、氟(F)和溴(Br)代替后衍生物的总称。国际上规定用"R"加数字作为这类制冷剂的代号,如R22等。

(3)饱和碳氢化合物制冷剂 这类制冷剂主要有甲烷、乙烷、丙烷、丁烷和环状有机化合物等。其代号与氟利昂一样采用"R"加数字表示,如R50、R170、R290等。这类制冷剂易燃、易爆,安全性很差。

(4)不饱和碳氢化合物制冷剂 这类制冷剂主要是乙烯(C_2H_4)、丙烯(C_3H_6)和它们的卤族元素衍生物，其代号中"R"后的数字多为"1"，如 R113、R115 等。

（5）共沸混合物制冷剂　这类制冷剂是由两种以上的不同制冷剂以一定比例混合而成的共沸混合物，其在一定压力下能保持一定的蒸发温度，它的气相或液相始终保持组成比例不变，但它们的热力性质却不同于混合前的物质，因此，利用共沸混合物可以改善制冷剂的特性。共沸混合物制冷剂的代号有 R500、R502 等。

2. 按冷凝压力分类

按冷凝压力，制冷剂可分为三类：高温（低压）制冷剂、中温（中压）制冷剂和低温（高压）制冷剂。

3. 按溶解性分类

按溶解性，制冷剂可分为三类：难溶性制冷剂、微溶性制冷剂和完全溶解性制冷剂。

（1）难溶性制冷剂　这类制冷剂包括 NH_3、CO_2、R13、R14、R15、SO_2。

（2）微溶性制冷剂　这类制冷剂包括 R22、R114、R152、R502。这类制冷剂在压缩机曲轴箱和冷凝器内相互溶解，在蒸发器内分解，其溶解时会降低润滑油的黏度。

（3）完全溶解性制冷剂　这类制冷剂包括 R11、R12、R21、R113、烃类、CH_3Cl、R500。其溶解时会降低润滑油的黏度和凝固点，并使油中的石蜡下沉，蒸发温度将升高。

1.4.4　常用制冷剂

1. 氨（R717）

氨（R717、NH_3）是中温制冷剂中的一种，其蒸发温度为 -33.4℃，使用温度范围是 -70～5℃。当冷却水温度达到 30℃ 时，冷凝器中的工作压力一般不超过 1.5MPa。氨的临界温度较高（132℃）；其汽化潜热大，在大气压力下为 1164kJ/kg，单位容积制冷量也大，故氨压缩机的尺寸可以较小。

纯氨对润滑油无不良影响，但含有水分时会降低冷冻油的润滑作用。纯氨对钢铁无腐蚀作用，但氨中含有水分时将腐蚀铜和铜合金（磷青铜除外），故氨制冷系统中的管道及阀件均不采用铜和铜合金制造。

氨的蒸气无色，有强烈的刺激性臭味。氨对人体有较大的毒性，氨液飞溅到皮肤上时会引起冻伤。当空气中氨蒸气的浓度（体积分数）在 15%～28% 时可引起爆炸，故机房内空气中氨的质量浓度不得超过 0.02mg/L。

氨在常温下不易燃烧，但加热至 350℃ 时则分解为氮气和氢气，氢气与空气中的氧气混合后会发生爆炸。

2. 氟利昂

氟利昂是一种透明、无味、无毒、不易燃烧、化学性质稳定的制冷剂。不同化学成分和结构的氟利昂制冷剂，其热力学性质相差很大，可用于高温、中温和低温制冷机，以适应不同制冷温度的要求。

氟利昂对水的溶解度小，制冷装置中进入水分后会产生酸性物质，并容易造成低温系统的"冰堵"，堵塞节流阀或管道。另外，为避免氟利昂与天然橡胶发生作用，其装置应采用丁腈橡胶做垫片或密封圈。

（1）常用氟利昂　常用的氟利昂制冷剂有 R12、R22、R502 及 R134a，由于其他型号的制冷剂现在已经停用或禁用，故在此不做说明。

1）氟利昂12（CF_2Cl_2，R12）。R12是氟利昂制冷剂中应用较多的一种，在中、小型食品库、家用电冰箱，以及水、路冷藏运输等制冷装置中被广泛采用。R12具有较好的热力学性能，其冷藏压力较低，采用风冷或自然冷凝时，压力为0.8~1.2kPa。R12的标准蒸发温度为-29℃，属于中温制冷剂，用于中、小型活塞式压缩机可获得-70℃的低温，用于大型离心式压缩机则可获得-80℃的低温。

2）氟利昂22（CHF_2Cl，R22）。R22也是氟利昂制冷剂中应用较多的一种，主要在家用空调和低温冰箱中使用。R22的热力学性能与氨相近，其标准汽化温度为-40.8℃，冷凝压力通常不超过1.6MPa。R22不燃、不爆，使用中比氨安全可靠。R22的单位容积比R12约高60%，其在低温时的单位容积制冷量和饱和压力均高于R12和氨。

3）氟利昂502（R502）。R502是由R12、R22以51.2%和48.8%的百分比混合而成的共沸溶液。R502与R115、R22相比具有更好的热力学性能，更适用于低温。R502的标准蒸发温度为-45.6℃，正常工作压力与R22相近。在相同的工况下，其单位容积制冷量比R22大，但排气温度却比R22低。R502用于全封闭、半封闭或某些中、小制冷装置，其蒸发温度可低至-55℃。R502在冷藏柜中使用较多。

4）氟利昂134a（$C_2H_2F_4$，R134a）。R134a是一种较新型的制冷剂，其蒸发温度为-26.5℃。它的主要热力学性质与R12相似，不会破坏空气中的臭氧层，是近年来提倡的环保制冷剂，但会造成温室效应，是比较理想的R12替代制冷剂。近年来，电冰箱、大型空调冷水机组的制冷剂大都使用R134a。

（2）氟利昂与水的关系　氟利昂和水几乎完全相互不溶解，对水分的溶解度极小。从低温侧进入装置的水分呈水蒸气状态，它和氟利昂蒸气一起被压缩而进入冷凝器，再冷凝成液态水，水以液滴状混于氟利昂液体中，在膨胀阀处因低温而冻结成冰，堵塞阀门，使制冷装置不能正常工作。水分还能使氟利昂发生水解而产生酸，使制冷系统内产生"镀铜"现象。

（3）氟利昂与润滑油的关系　氟利昂一般是易溶于冷冻油的，但在高温时，氟利昂就会从冷冻油内分解出来。所以在大型冷水机组中的油箱里都有加热器，通过保持一定的温度来防止氟利昂的溶解。

各种制冷剂的用途与使用温度范围见表1-1。

表1-1　各种制冷剂的用途与使用温度范围

制冷剂	使用温度范围	压缩机类型	用途	备注
R717	中、低温	活塞式、离心式	冷藏、制冰	
R11	高温	离心式	空调	
R12	高、中、低温	活塞式、回转式、离心式	冷藏、空调	高温：0~10℃
R13	超低温	活塞式、回转式	超低温	
R22	高、中、低温	活塞式、回转式、离心式	空调、冷藏、低温	中温：-20~0℃
R114	高温	活塞式	特殊空调	低温：-60~-20℃
R500	高、中温	活塞式、回转式、离心式	空调、冷藏	超低温：-120~-60℃
R502	高、中、低温	活塞式、回转式	空调、冷藏、低温	

1.4.5　冷冻油

在压缩机中,冷冻油主要起润滑、密封、降温及能量调节四个作用。

(1) 润滑　冷冻油在压缩机运转中起润滑作用,以减少压缩机的运行摩擦和磨损程度,从而延长压缩机的使用寿命。

(2) 密封　冷冻油在压缩机中起密封作用,使压缩机内的活塞与气缸面之间、各转动的轴承之间达到密封效果,以防止制冷剂泄漏。

(3) 降温　冷冻油在压缩机各运动部件间进行润滑时,可带走工作过程中所产生的热量,使各运动部件保持较低的温度,从而提高压缩机的效率和使用的可靠性。

(4) 能量调节　对于带有能量调节机构的制冷压缩机,可利用冷冻油的油压作为能量来调节机械的动力。

1.4.6　制冷设备对冷冻油的要求

由于使用场合和制冷剂的不同,制冷设备对冷冻油的要求也不一样。制冷设备对冷冻油的要求有以下几方面。

(1) 凝固点　冷冻油在试验条件下冷却到停止流动的温度称为凝固点。制冷设备所用冷冻油的凝固点越低越好(如对于使用R22的压缩机,冷冻油的凝固点应在-55℃以下),否则会影响制冷剂的流动,增加流动阻力,从而导致传热效果差。

(2) 黏度　黏度是油料特性中的一个重要参数,使用不同制冷剂时,要相应选择不同黏度的冷冻油。若冷冻油的黏度过大,则会使机械的摩擦功率、摩擦热量和起动力矩增大;反之,若黏度过小,则会使运动件之间不能形成所需的油膜,从而无法达到应有的润滑和冷却效果。

(3) 浊点　冷冻油的浊点是指当温度降低到某一数值时,冷冻油中开始析出石蜡,使润滑油变得混浊时的温度。制冷设备所用冷冻油的浊点应低于制冷剂的蒸发温度,否则会引起节流阀堵塞或影响传热性能。

(4) 闪点　冷冻油的闪点是指润滑油加热到其蒸汽与火焰接触时,发生打火的最低温度。制冷设备所用冷冻油的闪点必须比排气温度高15~30℃,以免引起润滑油的燃烧和结焦。

对冷冻油的其他要求包括化学稳定性、抗氧性、水分、机械杂质含量以及绝缘性等。

1.4.7　冷冻油温度与压力

冷冻油油温一般要保持在45~60℃,最高不宜超过70℃,而且温度要稳定,如果油温一直不稳定且缓慢上升,则说明系统有故障。油温过低或过高都会使润滑恶化,同时还预示故障的到来。

冷冻油压力主要是指油压差值,由于种种原因引起油泵不上油,即建立不起油压差。油压大小依据压缩机的结构而定,立式压缩机的外齿轮油压差为0.5~1.5MPa,新系列压缩机的油压差为0.5~1.5MPa。新购置的压缩机在运转、调试中采用的油压差往往偏高,以便加大润滑油量,较好地完成气缸等运动部件的磨合,从而延长机器的使用寿命。

1.5 技能训练——制作工艺管

1.5.1 准备工作

实训设备:割管刀、偏心扩口器、倒角器、弯管器。
实训耗材:直径为 6mm 和 3/8in 的铜管。
耗材清单:见表 1-2。

表 1-2 耗材清单

序号	名称	规格	数量	备注
1	弯管器	CT-368	1 把	
2	偏心型扩孔器	CT-808AM	1 套	
3	割管器	通用	1 把	
4	倒角器	通用	1 把	
5	铜管	6mm	2m	
6		3/8in(1in=25.4mm)	2m	
7	纳子	2 分标准纳子	5 个	
8		3 分标准纳子	9 个	

1.5.2 项目任务书

【任务描述】

制冷专用工具是电冰箱、空调器等制冷设备组装与维修工作中不可缺少的工具。没有合适的工具,就不可能顺利地完成制冷管道的加工。因此,了解并正确使用制冷专用工具是保证制冷设备制造和维修工作顺利完成的关键。

通过本任务的训练,掌握制冷专用工具的使用方法,学会独立拆装实训装置。

【任务说明】

1. 工艺管的制作

1)将直径为 6mm 和 3/8in 的铜管分别截取 1000mm,以 100mm 为长度单位切割成十段,并对每段铜管的两端做倒角处理,然后将其存放在装任务书的档案袋中。

2)取上述切割好的 6mm 和 3/8in 铜管各三根,选取专用工具,将其中一端制作成杯形口,并存放在装任务书的档案袋中。

3)取上述切割好的 6mm 和 3/8in 铜管各三根,选取专用工具,将其中一端制作成喇叭口,并存放在装任务书的档案袋中。

4)将直径为 3/8in 的铜管截取 500mm,以中点为中心位置折弯成 180°,如图 1-22 所示,并将其存放在装任务书的档案袋中。

5）将直径为 6mm 的铜管截取 800mm，将其弯成蛇形，如图 1-23 所示，并存放在装任务书的档案袋中。

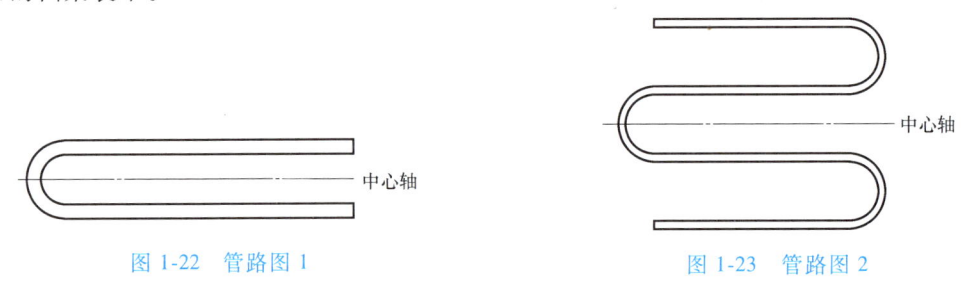

图 1-22　管路图 1

图 1-23　管路图 2

2. 识读弯管图

1）识读图 1-24～图 1-26 中的三视图，根据尺寸按要求弯管。

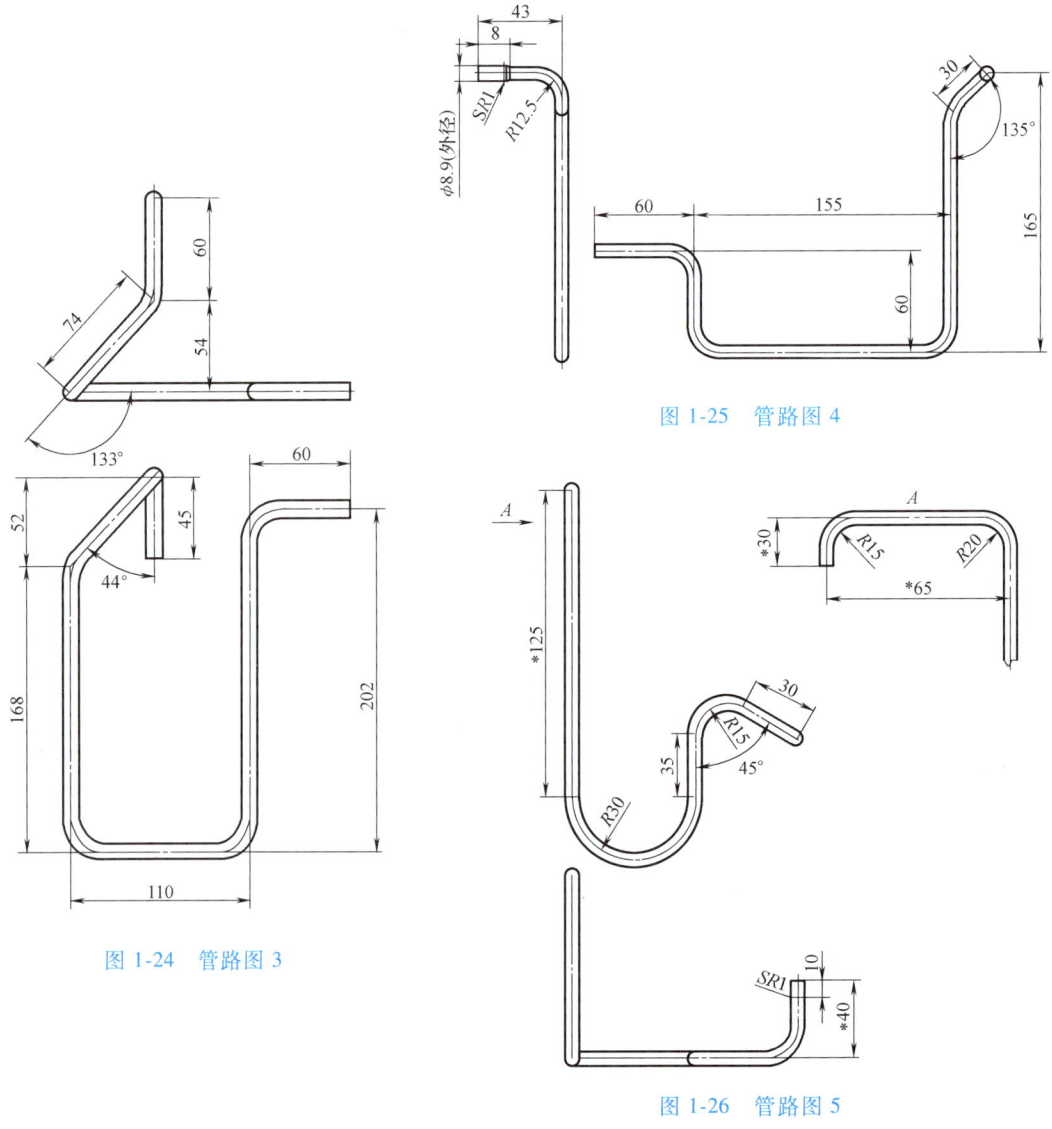

图 1-24　管路图 3

图 1-25　管路图 4

图 1-26　管路图 5

注：图中 * 表示长度可调整，* 后尺寸为建议尺寸。

2）管路制作完成后，将每个管口做成喇叭口。

3. 工艺要求

1）截取长度误差在 ±2mm 以内。

2）制作的杯形口、喇叭口无变形、无裂纹、无锐边。

3）弯成 180°的铜管的两端长度偏差在 5mm 以内。

4）弯成 180°的蛇形铜管的两端长度偏差在 10mm 以内。

1.5.3 任务实施过程和步骤

1. 割管（图 1-27、图 1-28）

2. 倒角（图 1-29）

3. 弯管（图 1-30）

4. 扩喇叭口（图 1-31、图 1-32）

图 1-33～图 1-35 所示为管路实物图。

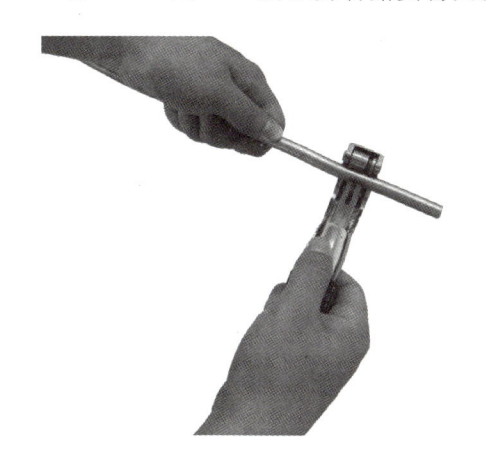

图 1-27 割管

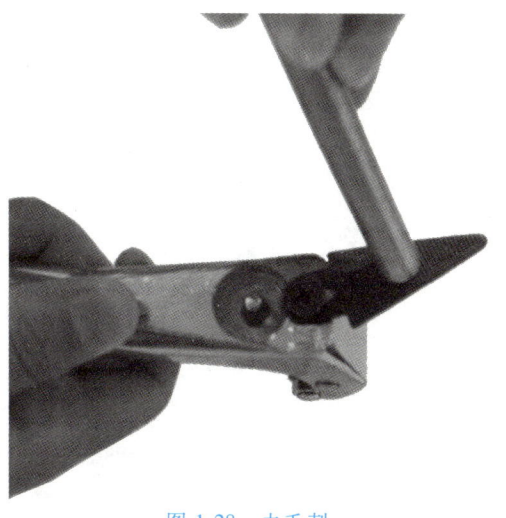

图 1-28 去毛刺

图 1-29 倒角

图 1-30　弯管

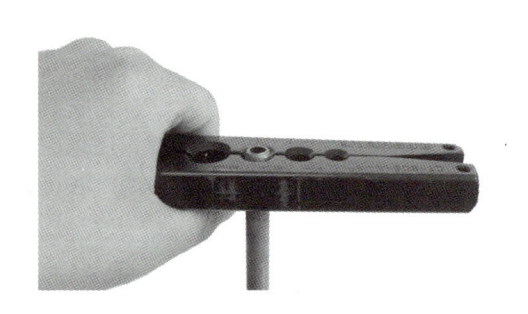

图 1-31　用夹具夹住铜管

图 1-32　扩喇叭口

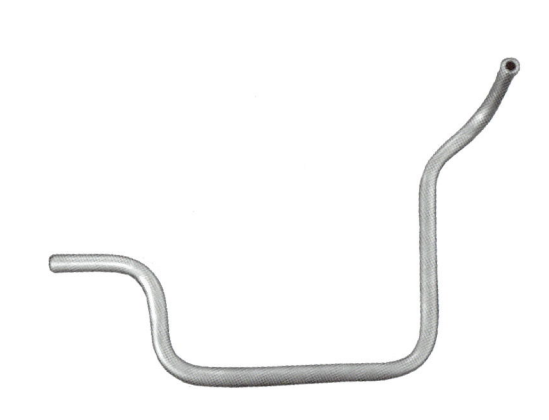

图 1-33　管路实物图 1

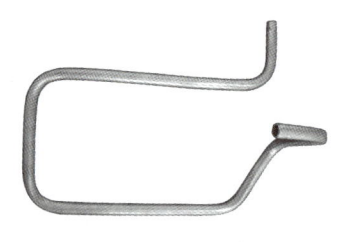

图 1-34　管路实物图 2

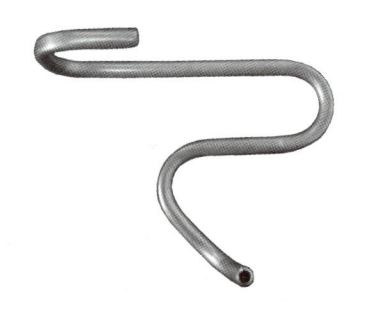

图 1-35　管路实物图 3

1.5.4　任务考核

制作工艺管任务考核评价见表 1-3。

表 1-3　制作工艺管任务考核评价

评分内容及配分	评分标准	得分
用切管器、倒角器截取铜管，并在两端倒角（2 分）	截取的铜管长度为（100±2）mm，倒角符合要求且管内无碎屑得 2 分 有铜管长度超出（100±2）mm 扣 1 分（测量未做喇叭口、杯形口的剩余铜管） 有铜管内留有碎屑扣 1 分 损坏制作工具不得分	
用胀管扩口器制作杯形口（2 分）	每个杯形口无变形、无裂纹、无褶皱，且与铜管壁外径配合良好得 2 分 杯形口有变形、裂纹或褶皱扣 1 分 与铜管壁外径配合不好扣 1 分 损坏制作工具不得分	
用胀管扩口器制作喇叭口（2 分）	每个喇叭口都圆整、无裂纹、无锐边得 2 分 喇叭口不圆整且有毛刺扣 1 分 喇叭口有裂纹扣 1 分 损坏制作工具不得分	
用弯管器弯制铜管（2 分）	弯成 180°的铜管不变形、无裂纹，且与大赛提供图样相符得 2 分 两端长度偏差超出 5~8mm 扣 1 分 损坏制作工具不得分	
弯成蛇形状铜管（2 分）	弯成蛇形的铜管不变形、无裂纹，且与大赛提供图样相符得 2 分 两端长度偏差超出 10~15mm 扣 1 分 损坏制作工具不得分	

1.5.5　项目拓展——制冷管路的螺纹连接

按照管路施工图制作压缩机排气管与回气管，通过排气管与回气管将压缩机与四通阀连接起来。管路加工图（排气管和回气管）如图 1-36、图 1-37 所示。

【任务描述】

在电冰箱、空调器制冷系统的安装和修理中，特别是分体空调器室内、外管路的连接中，常需要完成管接头的连接（螺纹连接的一种）。所谓制冷管路螺纹接头的连接，实际上就是利用喇叭口接头和螺母将两个管路连接到一起，这是管路连接中极其重要的连接工艺。

【任务说明】

1. 接管工具

在制冷系统管路安装与修理中，经常用到的接管工具有活扳手和呆扳手。

（1）活扳手　活扳手是用来拧紧或拆卸六角螺钉、螺栓的专用工具，它可以通过调节蜗杆，对一定尺寸范围内的六角螺钉（螺母或螺栓）进行松紧的调节。活扳手主要由活扳唇、扳口、活扳唇、蜗轮、轴销和手柄等组成，如图 1-38 所示。

（2）呆扳手　呆扳手是用来拧紧或拆卸一定规格的六角螺母、螺栓的专用工具，分单头和双头两种，如图 1-39 所示。呆扳手主要由扳口和手柄两部分组成。

2. 接管附件

安装制冷设备（空调器）时，经常用到的接管附件是管接头和接管螺母。接管方式有利用喇叭口—接头的连接、利用快速接头的连接和利用光管接头的连接等，而利用喇叭口—接头的连接是最常用的一种方式，被广泛地应用于电冰箱、空调器等制冷设备的安装和修理中。

图 1-36 管路加工图 1

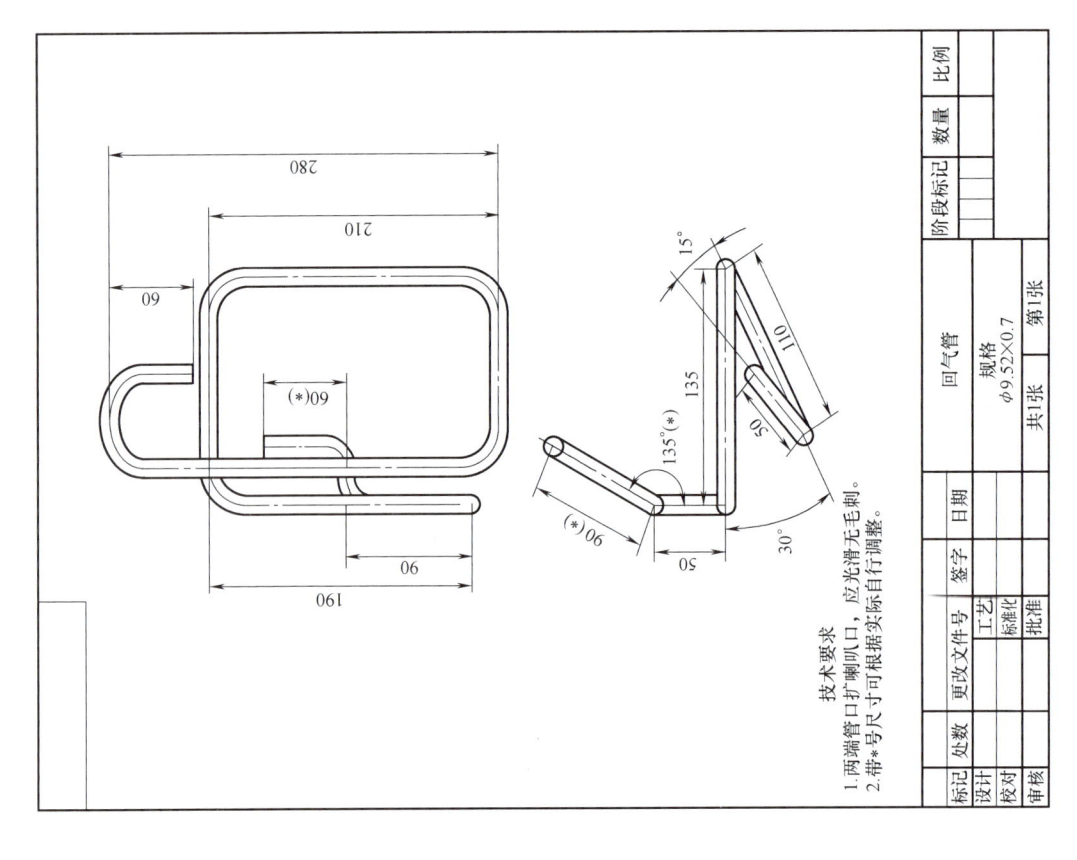

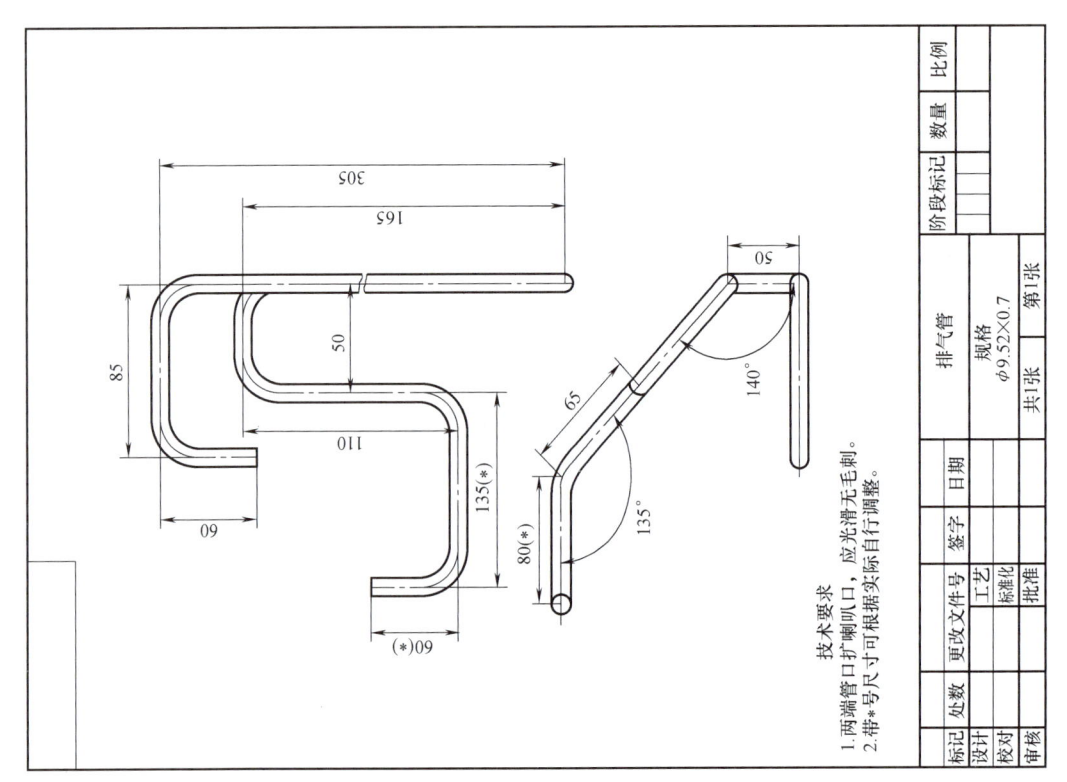

图 1-37 管路加工图 2

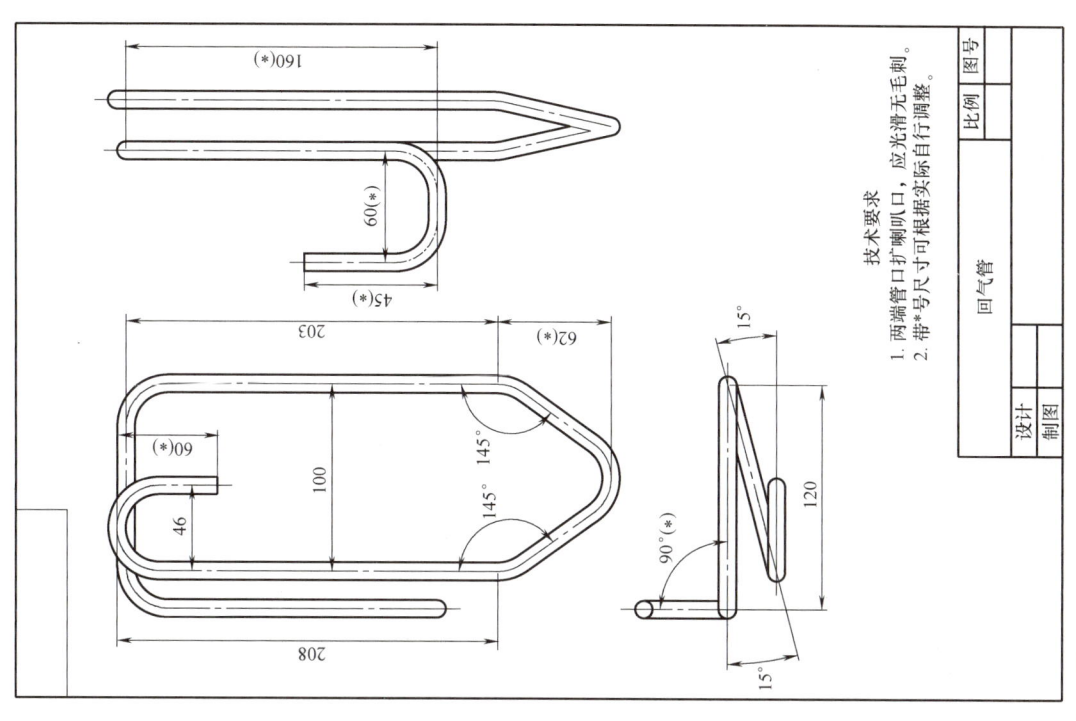

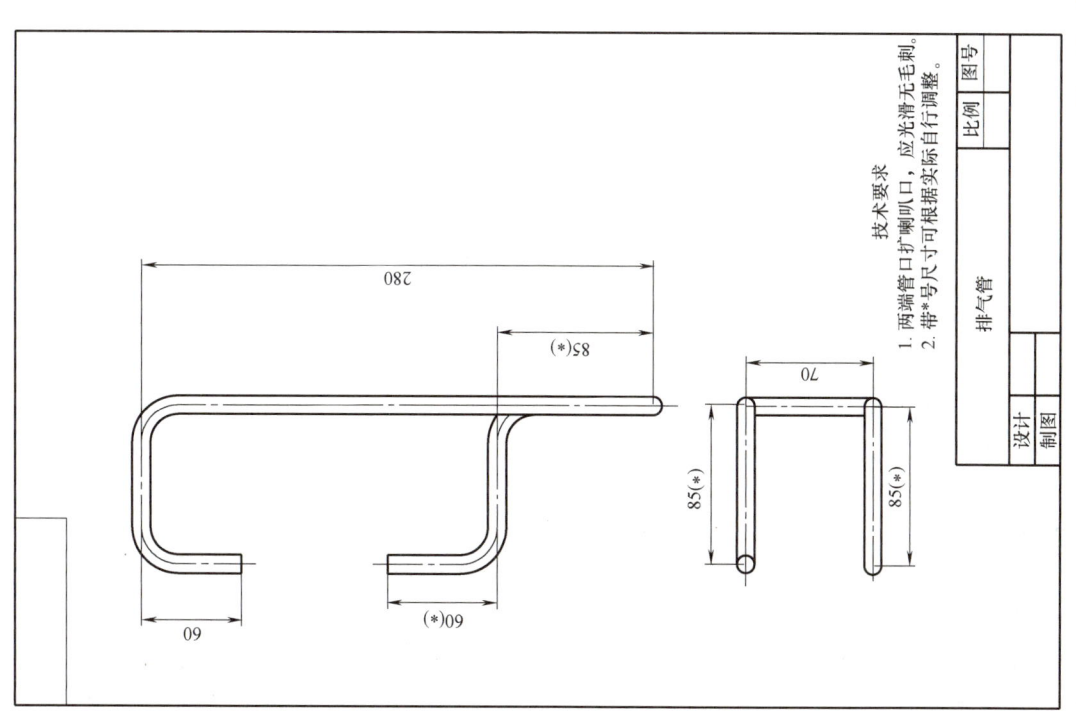

图 1-38　活扳手　　　　　　　　　　　　图 1-39　呆扳手

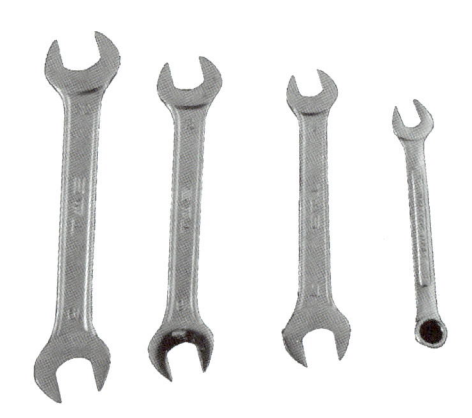

1）单向螺纹管接头：如图 1-40 所示，它有米制和寸制之分。
2）接管螺母：如图 1-41 所示，它也有米制和寸制之分。

图 1-40　单向螺纹管接头　　　　　　　　图 1-41　接管螺母

3. 制冷管路螺纹连接步骤

（1）所需器具及数量　制冷管路中完成螺纹连接所需的工具及数量见表 1-4。

表 1-4　制冷管路中完成螺纹连接所需的工具及数量

序号	器具	数量（规格）
1	活扳手或呆扳手	2 把（根据教学要求提供相应规格的扳手）
2	管接头	1 只（根据教学要求提供相应规格的管接头）
3	铜管	若干（管口已做处理）

（2）工作任务要求

1）熟悉所用工具和管接头的结构。

2）通过完成管路（管口已做处理）的螺纹连接工作，掌握制冷管路螺纹连接的基本操作技能。

（3）基本操作步骤　铜管与铜管的螺纹连接有以下两种方法：

1）全接头连接。如图 1-42 所示，将铜管 1 和铜管 2 的连接部位扩制成喇叭口形状，通过中间的双头螺纹接头将铜管喇叭口分别与接头两端对牢贴紧，然后用两把扳手将接头（螺母）旋紧即可。

2）半接头连接。如图 1-43 所示，在操作时，将铜管的连接部位扩制成喇叭口形状，并使铜管喇叭口与接头对牢贴紧，然后用两把扳手将接头（螺母）旋紧即可。

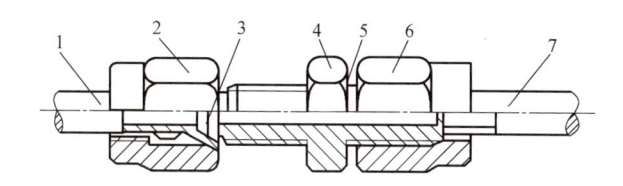

图 1-42　全接头连接

1—铜管 1　2、6—螺母　3—喇叭口　4—双头螺纹接头　5—连接处　7—铜管 2

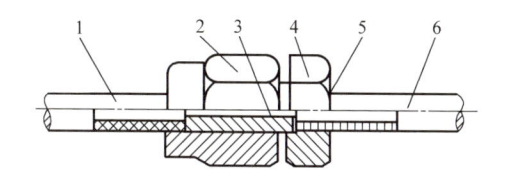

图 1-43　半接头连接

1—铜管 1　2—螺母　3—喇叭口　4—接头　5—连接处　6—铜管 2

扩展阅读——制冷剂的发展

一、全球制冷剂发展历程及趋势

1. 全球制冷剂发展历程

至今，制冷剂已发展有四代产品。第一代制冷剂对臭氧层的破坏最大，全球已经淘汰使用；第二代制冷剂对臭氧层破坏较小，在欧美国家已淘汰，在我国应用广泛，目前也处在淘汰期间；第三代产品对臭氧层无破坏，但是对气候的制暖效应较强，在国外应用广泛，处于淘汰初期；第四代制冷剂主要指 HFOs 制冷剂，代表产品包括 HFO-1234ze 和 HFO-1234yf，这两类制冷剂因性能卓越，受到广泛关注并被成功应用，但是制作成本较高，目前尚未进入规模化应用。表 1-5 为四代制冷剂产品基本情况。

表 1-5　四代制冷剂产品基本情况

历程	制冷剂类别	代表产品	对环境影响	使用现状
第一代	氯氟烃类（CFCs）	R11、R12 等	含氯物质，对臭氧层破坏大	全球已淘汰
第二代	氢氯氟烃（HCFCs）	R22、R123 等	含氯物质，因其含有氢，因此对臭氧层的破坏较小	欧美国家已淘汰，发展中国家 2040 年后禁用。国内应用广泛，处于淘汰期
第三代	氢氟烃类（HFCs）	R407C、R410A 等	含氢不含氯，对臭氧层无破坏，但对气候的制暖效应较大	国外应用较广，处于淘汰初期
第四代	碳氢氟类（HFOs）	HFO-1234yf 等	环保无污染	尚未规模化使用

2. 全球制冷剂发展趋势

（1）第三代 HFCs 制冷剂即将淘汰　第三代制冷剂 HFCs（氢氟烃）凭借着优秀的能效

23

和环保特性,自推出后在空调、制冷、发泡等行业得到了迅速且广泛的应用。但是近年来,全球变暖的危害成为焦点,被《京都议定书》列为六种温室气体来源之一的HFCs制冷剂也逐渐成为众矢之的。随着HCFCs制冷剂的淘汰,HFCs的消耗量急剧增加,其对全球变暖造成的危害得到全世界的高度关注。

2016年10月15日《蒙特利尔议定书》第28次缔约方大会上,通过了关于削减氢氟碳化物的修正案。修正案规定:发达国家应在其2011~2013年HFCs使用量平均值基础上,自2019年起削减HFCs的消费和生产,到2036年后将HFCs使用量削减至其基准值15%以内;发展中国家应在其2020~2022年HFCs使用量平均值的基础上,2024年冻结削减HFCs的消费和生产,自2029年开始削减,到2045年后将HFCs使用量削减至其基准值20%以内。经各方同意部分发达国家可以自2020年开始削减,部分发展中国家(如印度、巴基斯坦、伊拉克等)可自2028年开始冻结,2032年起开始削减。

2017年7月,欧洲议会批准了旨在削减用于暖通、空调和制冷领域的氢氟碳化物(HFCs)的《〈蒙特利尔议定书〉基加利修正案》(以下简称《基加利修正案》)。《基加利修正案》生效日期为2019年1月1日。截止2018年年底,中国尚未批准加入《基加利修正案》。

(2)欧美国家将大力推广第四代环保制冷剂 节能环保制冷剂是指不含氟利昂、不破坏臭氧层、无温室效应、可与常用制冷剂润滑油兼容的制冷工质。第四代制冷剂HFOs拥有零ODP(臭氧层消耗潜值)和极低的GWP值(全球变暖潜值),被认为是未来可替代HFCs的新一代制冷剂之一。第四代HFO-1234yf制冷剂是美国霍尼韦尔与杜邦公司共同开发的环保型制冷剂,目前受到欧美市场大力推广使用。

二、我国制冷剂发展现状与未来趋势

1. 我国制冷剂发展现状

第二代制冷剂HCFCs在我国产量已大幅消减并逐步退出市场。第二代制冷剂是用于取代CFCs的HCFCs(氢氯氟烃),最具代表性的产品为R22。发达国家已经淘汰HCFCs的使用,但是我国建筑空调和冷冻藏用制冷剂中R22产品长期占据主导地位。由于臭氧层破坏和全球变暖的重要影响,《蒙特利尔议定书》对R22制冷剂的禁用期限做出了明确的规定。根据规定,我国必须在2030年完成第二代制冷剂HCFCs生产量与消费量的淘汰,其中到2015年削减10%,到2025年削减67.5%,2030~2040年除保留少量维修用途外将实现全面淘汰。

目前第三代制冷剂仍是我国主流制冷剂。2019年,我国R22生产配额再次削减,根据生态环保部规划,2020年将进一步削减到基准的35%,在需求基本稳定的情况下,供需将愈发紧张。东岳集团拥有国内最大的R22制冷剂产能22万吨,也是2019年国内R22最大配额的企业,制冷剂用途R22生产配额为7.86万吨;巨化股份旗下的浙江衢化氟化学有限公司R22产能为11万吨,2019年公司获得制冷剂用途R22的生产配额为5.75万吨,仅次于东岳集团。随着HCFCs的淘汰进程,第三代HFCs制冷剂正在逐渐成为主流。

我国企业已拥有第四代制冷剂生产能力,但应用并未推广。随着全球逐步推广第四代制冷剂,我国也将逐步加入第四代制冷剂的生产和应用中。当前国际化工巨头科慕、霍尼韦尔、阿科玛已经加速了在国内建厂的步伐,国内企业中拥有第四代制冷剂产能的只有巨化股份和三爱富。其中,巨化为霍尼韦尔代工,三爱富为科慕代工。

2. 我国制冷剂应用趋势

（1）HFOs 和自然工质制冷剂将是中国制冷剂未来的发展方向　在制冷剂低 GWP 标准的趋势下，低 GWP 含氟替代品开发将加快，而其中 HFOs 和自然工质制冷剂是未来的发展方向。

（2）新领域对制冷剂有着大量的潜在需求，重点是冷链市场　制冷剂主要应用在制冷设备上，如冷水机、真空冷冻干燥机、低温冰箱、冷柜、低温恒温槽等。随着社会发展，人民生活水平提高，制冷剂的使用领域也越来越广泛。根据制冷设备的性能和用途，可以将制冷设备应用于以下领域：

1）冷链行业。食品的保鲜、冷加工、冷藏储存、冷藏运输，每个环节都需要相应的制冷设备，如食品冷加工装置、冷库、冷柜、食品展示柜、电冰箱等。

2）医疗行业。制冷设备在医疗行业也起着重要的作用，如药品的保存、疫苗的保存等。

（3）化工行业　例如，一些特殊的化工原料需要恒温的环境，这时就需要冷库；化工行业的化工反应釜在发生化学反应时会产生热量，为保证产品质量需要让反应釜在一定的温度下正常工作，这时就需要冷水机提供冷冻水，在反应釜的夹层里面流动带走热量。

（4）实验用品行业　例如，一些实验对温度有特殊要求，需要 -10℃ 甚至 -100℃ 的环境，这时就需要使用低温制冷设备；高寒环境下使用的仪器在进行模拟实验时也需要低温制冷设备提供相应的环境；测试某些材料（如液态氮、液态氦）在低温环境的耐受性时，也离不开低温制冷设备。

（5）空气调节及降温用　例如空调、冰箱等制冷设备，其中空调领域的消费量最大，空调年销量虽偶有下滑，但总体呈稳步增长态势。

课后习题

一、填空题

1. 常用割管器切割范围为（　　　　　）。
2. 常用割管器由（　　）、（　　）、（　　）和（　　）组成。
3. 由于所加工的铜管管壁较薄，因此调整手柄进给时，不能（　　　），否则将导致内凹收口和铜管变形，从而影响切割质量。
4. 倒角器主要用于去除切割加工过程中所产生的（　　　），消除铜管收口现象。
5. 胀管扩口器是将小管径铜管（ϕ19mm 以下）端部扩胀形成（　　　）的专用工具。
6. 胀管扩口器由扩管（　　）和扩管（　　）组成，夹具有（　　）和（　　）两种，扩管顶锥分为（　　）和（　　）两种。
7. 偏心扩口器用于为铜管扩喇叭口，以便通过配管将分体式空调器室内、外机组连接起来，相对于（　　　　　），偏心扩口器的使用更加（　　　　　）。
8. 弯管器是专门弯曲铜管、铝管的工具，弯曲半径不应小于管径的（　　）倍。弯好的管子，其弯曲部位不应有（　　　）。
9. 弯管器与铜管相对应，也有米制和寸制之分，其常用规格有米制（　　　　　）；

寸制（　　　　　　　　）。

10. 内六角扳手用于装拆（　　　　）。

11. 真空泵是利用（　　　）、（　　　）、（　　　）、（　　　　）等方法对容器进行抽气，以获得和维持真空的装置。

12. 真空泵和其他设备（　　　　　　　　　　　　）组成真空系统。

13. 用软管连接真空泵和双表修理阀，双表修理阀中间管接头（　　　　　　　）连接（　　　　），低压表侧管接头（　　　　　　　）连接（　　　　　　　），高压表侧管接头（　　　　　　　）连接（　　　　　　　）。

14. 真空压力表是一种既可以测量（　　　　　），又可以测量（　　　　）的压力测量仪表。

15. 真空压力表一般用于测量机器、设备或容器内的（　　　　）和（　　　　）的压力或负压。

16. 真空压力表使用注意事项：（　　　　　　　　　　）；（　　　　　　　　　　　）；（　　　　　　　　　　　）。

17. 直通阀有（　　　　　　）连接口：与阀门开关平行的连接口多与设备的维修管相接；与阀门开关垂直的两个连接口，一个（　　　　　　　　　　），另外一个在抽真空时接（　　　　　　　　　　），在充注制冷剂时连接（　　　　　　　　）。

18. 双表修理阀由（　　　　　　　　）两部分组成。

19. 常用连接软管的最高耐压为（　　　　　）。连接软管的接头为寸制（　　　　）管螺纹或米制（　　　　）管螺纹。

20. 双表修理阀米制/寸制转接头有（　　　　　　　　　　　）管螺纹两种形式。

21. 从制冷系统中收回制冷剂时，经常要使用专用的阀门，这种阀门称为（　　　　　　）。

22. 温度计是测温仪器的总称，可以准确地判断和测量温度，它利用（　　　　　　）的现象作为设计依据。

23. 卤素检漏灯主要由（　　　　　　　　　　　　　　）及其他辅助件组成，主要用于制冷系统检漏。

24. BW5750A电子卤素检漏仪由（　　　　　　　　　　　　）组成。

25. 当前能用做制冷剂的物质有80多种，最常用的是（　　　　　　　　）等。

26. 凝固温度是制冷剂使用范围的下限，凝固温度越（　　　　　），制冷剂的适用范围越（　　　　）。

27. 如果制冷剂与润滑油能任意互溶，则其优点是（　　　　　　　　　　　　）。

28. 按照化学成分，制冷剂可分为五类：（　　　　　　　　　　　　　　　　）。

29. 根据冷凝压力不同，制冷剂可分为三类：（　　　　　）、（　　　　　）和（　　　　　）。

30. 氨（R717、NH_3）是中温制冷剂中的一种，其蒸发温度为（　　　　　），使用温度范围是（　　　　　），当冷却水温度达到30℃时，冷凝器中的工作压力一般不超过（　　　　　）。氨的临界温度较高（　　　　　）。

31. 氟利昂是一种（　　　　　）和（　　　　　）的制冷剂。

32. 不同的（　　　　）的氟利昂制冷剂，其（　　　　）相差很大，可适用于高温、中温和低温制冷机，以适应不同制冷温度的要求。

33. R12具有较好的（　　　），其（　　　），采用风冷或自然冷凝时压力为（　　　）。R12的标准蒸发温度为（　　　），属于（　　　）温制冷剂。

34. 在压缩机中，冷冻油主要起（　　　）、（　　　）、（　　　）以及（　　　）四个作用。

35. 油温一般要保持在（　　　），最高不宜超过（　　　），而且温度要稳定，如果油温一直不稳定且缓慢上升，则说明系统（　　　）。

二、简答题

1. 简述倒角器的使用方法。
2. 简述偏心扩口器的使用方法。
3. 简述偏心扩口器的使用注意事项。
4. 简述双表修理阀的使用注意事项。
5. 简述制冷剂的热力学要求。
6. 简述氟利昂与水的关系。

课后习题答案

一、填空题

1. $\phi 3 \sim \phi 45mm$　 2. 支架，导轮，刀片，手柄　 3. 用力过猛　 4. 毛刺　 5. 喇叭口　 6. 夹具，顶锥，米制，寸制，偏心扩管顶锥，正扩管顶锥　 7. 胀管扩口器，方便、省力　 8. 5，凹瘪现象　 9. 6mm、8mm、10mm、12mm、16mm、19mm、1/4in、3/8in、1/2in、5/8in、3/4in　 10. 内六角圆柱头螺钉　 11. 机械，物理，化学，物理化学　 12. 如真空容器、真空阀、真空测量仪表、连接管路等　 13. 一般用黄色软管，真空泵或氟瓶，一般用蓝色软管，制冷系统低压接口，一般用红色软管，制冷系统高压接口　 14. 压力，真空度　 15. 中性气体，液体　 16. 读数时应垂直观察压力表；测量液体压力时应加缓冲管；测量值不能超过压力表测量上限的2/3，测量波动压力时不得超过1/2　 17. 三个，常固定装上真空压力表，真空泵的抽气口，钢瓶　 18. 压力表、表阀（含视窗）　 19. 3.5MPa，1/4in，M12×1.25　 20. 寸制1/4in、米制M12×1.25　 21. 顶针式开关阀　 22. 固体、液体、气体受温度影响而热胀冷缩等　 23. 喷嘴、扩压管、灯芯筒、酒精杯、调节阀、火焰圈、吸气软管　 24. 传感器、保护罩电源开关、软管、仪器壳体等　 25. 氨、氟利昂、水、少数碳氢化合物　 26. 低，大　 27. 润滑油能与制冷剂一起渗到压缩机的各个部件，为机体润滑创造良好条件，且在蒸发器和冷凝器的换热面上不易形成油膜阻碍传热　 28. 无机化合物制冷剂、氟利昂、饱和碳氢化合物制冷剂、不饱和碳氢化合物制冷剂和共沸混合物制冷剂　 29. 高温（低压）制冷剂，中温（中压）制冷剂，低温（高压）制冷剂　 30. -33.4℃，-70～5℃，1.5MPa，132℃　 31. 透明、无味、无毒、不易燃烧、不易爆炸，化学性质稳定　 32. 化学成分和结构，热力学性质　 33. 热力学性能，冷藏压力较低，0.8～1.2kPa，-29℃，中　 34. 润滑、密封、降温、能量调节　 35. 45～60℃，70℃，有故障

二、简答题

1. 1）用割管器截取铜管。
   2）将倒角器一端的刮刀尖伸进管口的端部，左右旋转数次。
   3）将铜管顶在倒角器另一端的刮刀上，左右旋转数次。
   4）反复操作，直至去除毛刺和收口。

2. 1）将固定圆棒及把手移到最顶端。
   2）将底座打开至需要的孔距。
   3）插入铜管，使管口与底座间的距离为 1~2mm。
   4）对准尺寸标示记号后旋紧侧面螺钉。
   5）由顺时针方向旋转至自动弹开后，再转 2~3 圈。
   6）操作完成后，将把手反方向转回到最顶端，固定棒放松后，即可取出铜管。

3. 1）铜管与夹板的米制/寸制形式要对应。
   2）侧面螺钉应对准孔位，锁紧夹具。
   3）铜管材质要有良好延展性（忌用劣质铜管），铜管应预先退火。
   4）铜管端口应平整、圆滑。
   5）喇叭口大小应适宜，太大则不便于安装，太小则易造成泄漏。
   6）铜管壁厚不宜超过 1mm。

4. 1）连接软管与真空泵和制冷系统的连接依靠橡胶圈密封，连接时不能用力过大，以免损坏橡胶圈而影响系统的密封性。
   2）高压表阀和低压表阀可以单独使用。
   3）使用时应轻拿轻放，以免影响双表修理阀的精度和使用寿命。
   4）测量压力时不能超过双表修理阀的测量范围，否则可能损坏压力表。

5. 1）在大气压力下，制冷剂的蒸发温度（沸点）要低。
   2）制冷剂在常温下的冷凝压力应尽量低些。
   3）对于大型活塞式压缩机来说，制冷剂的单位容积制冷量要求尽可能大，这样可以缩小压缩机尺寸和减少制冷工质的循环量；而对于小型或微型压缩机，单位容积制冷量可小一些；对于小型离心式压缩机，也要求制冷剂单位容积制冷量要小，以扩大离心式压缩机的使用范围，并避免小尺寸叶轮制造的困难。
   4）制冷剂的临界温度要高些、冷凝温度要低些。

6. 氟利昂和水几乎完全相互不溶解，对水分的溶解度极小。从低温侧进入装置的水分呈水蒸气状态，它和氟利昂蒸气一起被压缩而进入冷凝器，再冷凝成液态水，水以液滴状混于氟利昂液体中，在膨胀阀处因低温而冻结成冰，堵塞阀门，使制冷装置不能正常工作。水分还能使氟利昂发生水解而产生酸，使制冷系统内产生"镀铜"现象。

模块 2　制冷系统结构及主要元件

2.1　空调器的结构特点

本节介绍空调器代号的编写方法，窗式空调器、移动式空调器、分体式空调器、户式中央空调器的结构特点，以及它们制冷系统的组成，主要结构件的名称、分类、使用材料、作用和安装加工制造工艺。

制冷系统主要由压缩机、冷凝器、节流装置、蒸发器四大部件组成，要实现有规律的制冷，并且达到安全、节能、方便、舒适的目的，必须还要有与四大部件相配套的辅助元器件。

2.1.1　空调器分类及代号编写方法

空调器的种类很多，目前常见的空调器种类如图 2-1 所示。下面以家用空调器为例进行介绍。

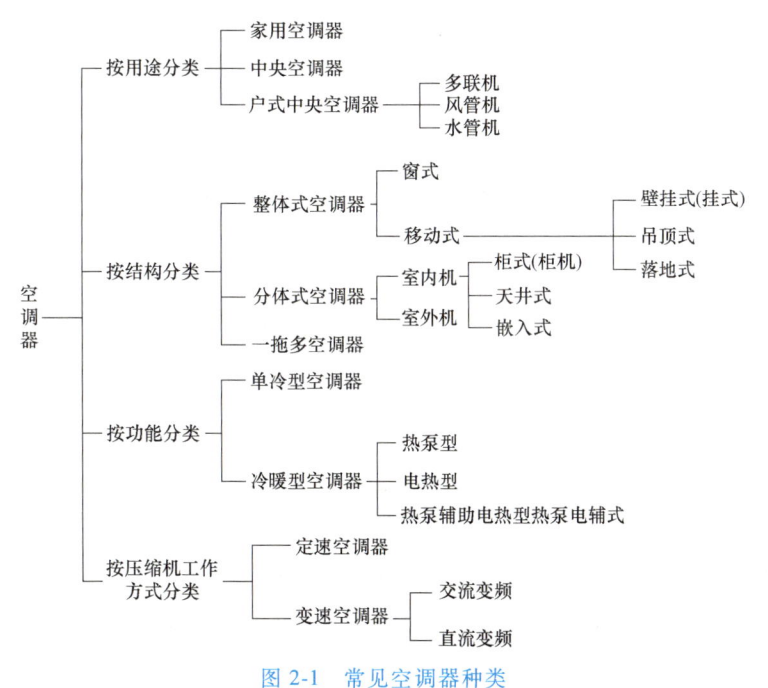

图 2-1　常见空调器种类

1. 家用空调器的分类

家用空调器可按两种方式分类：一种是按其结构分类，另一种是按其主要功能分类。

（1）家用空调器按结构分类　家用空调器按结构不同可分为整体式和分体式两种。整体式空调器（代号为 C）又可分为窗式、穿墙式、移动式。分体式空调器（代号为 F）又分为室内机组和室外机组。室外机组代号为 W；室内机组可做成吊顶式（代号为 D）、嵌入式（代号为 Q）、壁挂式（代号为 G）、落地式（代号为 L）、台式（代号为 T）等。

整体式空调器与分体式空调器的主要区别是：整体式空调器把全部器件组装在一个壳体内，使用时穿墙安装，空调器的蒸发器盘管部分置于墙内侧，冷凝盘管部分置于墙外侧；分体式空调器把空调器分成室内蒸发机组和室外压缩冷凝机组两部分，用管路和线路连接在一起。

（2）家用空调器按功能分类 家用空调器按功能不同可分为冷风型、热泵型、电热型三种。冷风型无代号，热泵型代号为 R，电热型代号为 D。三者主要区别是：冷风型只有制冷、除湿功能；热泵型有制冷、除湿及制热功能，制热是通过制冷系统进行热泵运行来实现的；电热型有制冷、除湿和制热功能，但它不是通过制冷系统制热的，而是通过电热器消耗电能来制热的。

2. 家用空调器的型号命名规则

（1）命名规则 国产家用空调器的型号按 GB/T 7725—2022《房间空气调节器》规定命名，其命名规则如图 2-2 所示。

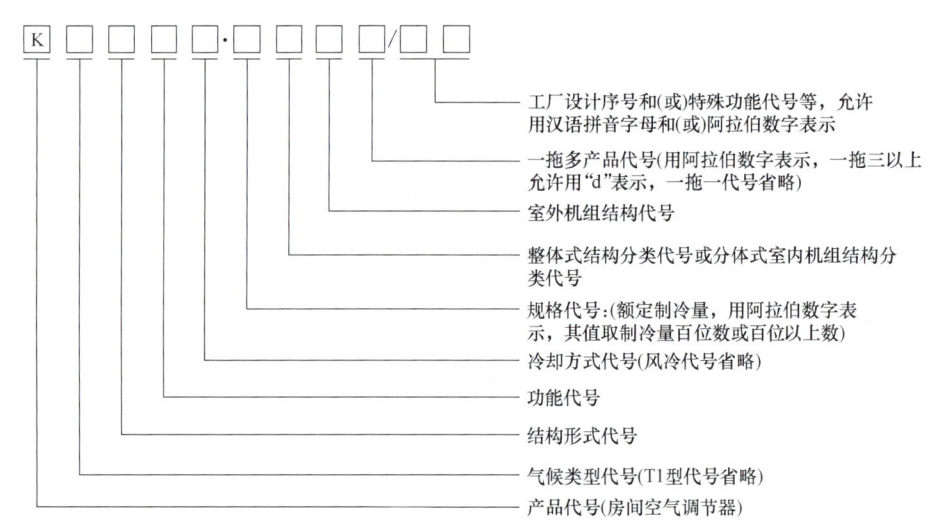

图 2-2 国产家用空调器的型号命名规则

（2）型号示例

1）KT3C-35/A，表示 T3 气候类型、整体（窗式）冷风型房间空气调节器，额定制冷量为 3500W，第一次改型设计。

2）KFR-28GW，表示 T1 气候类型、气体热泵型挂壁式房间空气调节器（包括室内机组和室外机组），额定制冷量为 2800W。

3）室内机组 KFR-28G，表示 T1 气候类型、分体热泵型挂壁式房间空气调节器室内机组，额定制冷量为 2800W。

4）室外机组 KFR-28W，表示 T1 气候类型、分体热泵型房间空气调节器室外机组，额定制冷量为 2800W。

5）KFR-50LW/Bp，表示 T1 气候类型、分体热泵型落地式转速可控型房间空气调节器（包括室内机组和室外机组），额定制冷量为 5000W。

6）室内机组 KFR-50L/Bp，表示 T1 气候类型、分体热泵型落地式转速可控型房间空气调节器室内机组，额定制冷量为 5000W。

7）室外机组 KFR-50W/Bp，表示 T1 气候类型、分体热泵型转速可控型房间空气调节器室外机组，额定制冷量为 5000W。

2.1.2 整体式空调器结构

1. 概述

整体式空调器的优点是结构紧凑，因泄漏点少，故制冷管道系统不容易发生泄漏，安装较为随意，维修和保养较为方便。它的缺点是，由于将振动和噪声较大的压缩机及轴流风扇合为一体，故振动大、噪声大，并且由于受结构的限制，能效比（EER）较低，制冷量一般在 5000W 以内，不易做成热泵。常见的整体式空调器，按结构分为窗式、移动式；按功能分为单冷型、热泵型、电热型。

2. 窗式空调器

窗式空调器和其他家用空调器一样，由制冷系统、空气循环系统和电气控制系统三大部分组成。

各系统所包含的结构件主要有钣金件、塑料件、防振隔声件、密封隔热件、空气处理组件、电气系统组件、制冷系统组件、空气循环系统组件等。

（1）制冷系统　制冷系统主要包含压缩机、冷凝器、蒸发器、节流装置、制冷管道以及辅助装置，如四通阀、（干燥）过滤器、储液器、单向阀、辅助毛细管、电辅助加热器、配管、消声器等。

（2）空气循环系统　空气循环系统主要包括风机、风扇（轴流风扇、贯流风扇、离心风扇）、风室（腔）、空气处理装置（换新风装置、负离子发生装置、触媒装置、过滤装置）。

（3）电气控制系统　家用空调器的电气控制分为微电子微电脑控制式和机械开关触点控制式。微电子微电脑控制式又分为遥控式、键控式和线控式三种方式。微电脑电气控制系统一般包括微电脑主控板、电源板、显示板、接收板、键控板、遥控器、线控器和相应的电器元件等。机械开关触点电气控制系统主要包括主控开关、温控器、风向开关、继电器、定时器和电器元件等。通常，遥控式主要用于分体机的控制上，线控式和机械式主要用于窗机上，而键控式主要用于柜式空调器上。

3. 移动式空调器

移动式空调器与窗式空调器一样，都是整体式空调器。移动式空调器结构紧凑，可以随意移动，且冷凝器由水来冷却，并以蒸汽的形式由风机通过管道排出房间外。移动式空调器的安装示意图和结构如图 2-3 所示。

2.1.3 分体式空调器结构

1. 概述

将空调器分成室内、室外两部分，中间用制冷管道和连线连接起来的空调器称为分体式空调器。分体式空调器结构灵活，形式多样。常见的分体式空调器，按照结构分为分体壁挂式、分体落地式、分体吊顶式、分体嵌入式、分体一拖多式等；按照功能分为单冷型、热泵

a) 安装示意图　　　　　　　　　　　　　　b) 结构

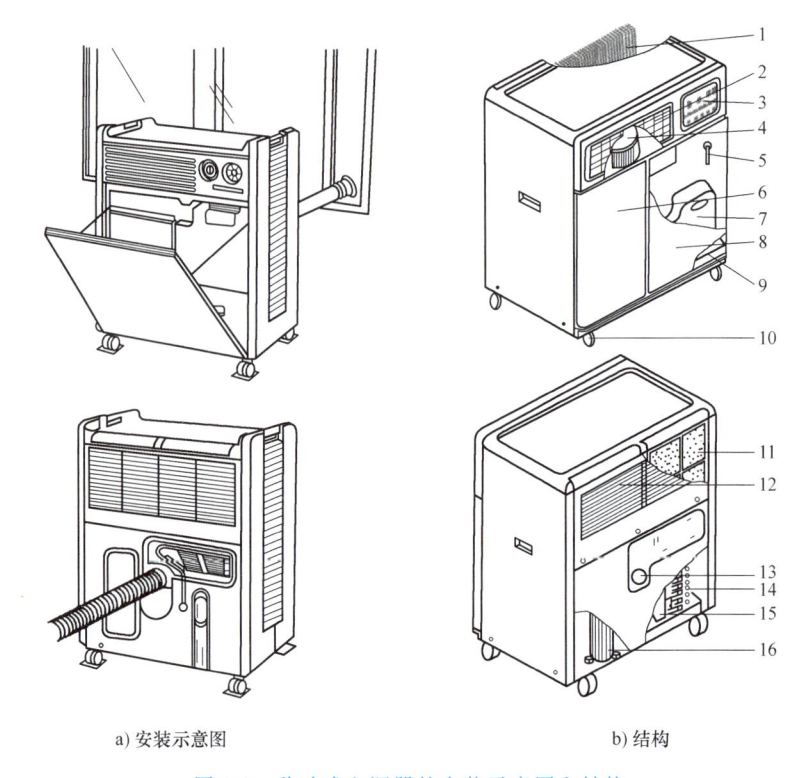

图 2-3　移动式空调器的安装示意图和结构

1—蒸发器　2—出风口　3—电控板　4—上风轮　5—压控手柄　6—前门（小）　7—水桶（内）　8—前门（大）
9—水槽　10—万向轮　11—过滤网　12—进风口　13—冷凝热排出口　14—冷凝器　15—甩水轮　16—压缩机

型、电辅助加热型三种。

（1）优点　分体式空调器具有以下优点：

1）运转宁静。由于分体式空调器主要的运转部件（如压缩机、轴流风扇及电动机）设置在室外机组中，因而其运转引起的振动与噪声不会传入室内，它比整体式空调器（如窗式空调器）的噪声低得多。一般室内机组的噪声在 40dB 以下，分体式空调器室内侧主要噪声来源是室内风扇电动机和气流。

2）外形美观。分体式空调器的室内机组造型轻巧、美观，无论是分体壁挂式、分体落地式、吊顶式，都各有特色，可以成为房间内的一种装饰品。

3）品种繁多。为适应不同建筑物和生活条件的需要，分体式空调器设计了多种不同形式的室内机组和室外机组。例如，室内机组有壁挂式、卧式落地式、细长立柜式、方柱式、吊顶式以及嵌入式等，室外机组有扁方形（单风扇、双风扇）和正方形（上吹、侧吹）等。此外，还有一台室外机组带动几台室内机组的多联式空调器。

4）功能齐全。由于微电脑技术已被广泛应用于分体式空调器，它在功能和操作自动化方面日益完善。除了一般空调器所具备的制冷、制热、去湿功能外，分体式空调器还具有空气净化、自动运转、定时控制、睡眠控制、负荷自动调节、除霜、风向自动控制、保护及故障显示功能，操作上可以实现红外线遥控。

5）自动化控制。20 世纪 90 年代初由日本三菱重工首先推出自动化程度很高的模糊控制空调器，它可以根据温度、湿度、辐射、气流、穿衣量和代谢量六种综合因素自动调节，为室内提供舒适环境。结合了变频技术的模糊控制空调器，可以根据冷热负荷的大小改变压缩机转速。在以较大的功率快速制冷或制热后，以较小的功率运转维持室温，节能效果更明显。

6）能效比高。分体式空调器分为室内、室外两部分，因而结构空间较大，冷凝器、蒸发器设计较为方便。设计中可以较为充分地考虑换热器的换热面积，同时送风系统的设计也较为方便，对流换热的效果也得到了加强。这使得分体式空调器的制冷效果优于窗式空调器。

7）制冷能力大。分体式空调器的结构空间大，因而可以将制冷量做得更大，一些分体式空调器的制冷量在8匹（20000W）以上。

(2) 缺点 分体式空调器也有不少缺点。

1）因室内与室外的连接而增加了至少六个可能的泄漏点，因而容易造成泄漏。

2）由于分体式空调器有室内、室外两个单元，并且室外单元多为高空悬挂安装，故保养和维修较为麻烦。

3）价格相对较贵。

2. 分体壁挂式空调器

分体壁挂式空调器和其他家用空调器一样，同样是由制冷系统、空气循环系统和电气控制系统三大部分组成。

与窗式空调器相比，分体壁挂式空调器室内与室外机体的结构相对简单一些，但总体的零部件多于窗式空调器，并且多出了室内与室外机连接管和高低压截止阀。

(1) 制冷系统 同窗式空调器。

(2) 空气循环系统 与窗式空调器相比，分体式空调器有两套独立的空气循环系统：一套是室外空气循环系统，它有单风道和双风道两种，风机为铁壳电动机，风扇为轴流风扇；另一套是室内空气循环系统，它的电动机一般为塑封电动机，风扇为贯流风扇。

(3) 电气控制系统 与窗式空调器相比，分体式空调器的电气控制系统全部为微电脑控制，控制系统比较复杂，控制功能更为齐全，使用更方便。

3. 分体落地式空调器

分体落地式空调器（柜式空调器）和其他家用空调器一样，由制冷系统、空气循环系统和电气控制系统三大部分组成。

总体上来看，分体落地式空调器与壁挂式在结构上基本相同，不同之处是室内机组落地摆放，外形尺寸大，体积也较大，分立式和卧式两种，制冷量可以做得更大。5匹（1匹＝735.499W）及以上室外机组采用双风道。8匹以上分体落地式空调器也有用水作载冷剂的，即室外冷凝器为风冷式，蒸发器为水冷式。另外，分体落地式空调器的节流装置一般是靠近蒸发器安装的（2匹小分体落地式空调器除外），空调器毛细管绝大部分都设置在室内侧，故高压截止阀不凉，而低压截止阀较凉。

(1) 制冷系统 分体落地式空调器的制冷系统大多增加了专门的储液器、消声器、压力保护开关，并且由于室内侧的蒸发器比较大，还增加了制冷剂平衡分配器和毛细管的数量。

(2) 空气循环系统 分体落地式空调器的制冷能力较大，室内、室外侧都有一个或两个风机和风扇。室内机组的风道也较为特别，风向采用90°折转，直接吹扫过蒸发器（分体式空调器和窗式空调器是空气吸扫过蒸发器），风压较壁挂式空调器大。

(3) 电气控制系统　分体落地式空调器的电气控制有独立键控、键控与遥控混合控制两种，而且其显示和操作部分更美观。

2.1.4　户式中央空调器结构

1. 概述

户式中央空调器由室外主机、室内风机盘管及其连接部分组成。户式中央空调器按照输送冷热量的介质不同，可分为多联式、风管式和水管式等三种类型。

(1) 优点　户式中央空调器具有以下优点：

1) 舒适。它适合作为别墅、公寓、家庭的暗藏式空调器，可使冷（热）风均匀地分布到各房间，形成"零"温差，而且噪声极低，保证了宁静的家居环境，避免了其他分体机常有的直吹过冷和房内冷热不匀现象。

2) 美观。空调风道与装修相结合，完全隐蔽，不占用室内空间，为现代家庭空调器（分体机、柜机）的换代产品。

3) 个性化的设计。户式中央空调系统是小型化的中央空调系统，可满足用户多居室需求，以家庭为单元，可适应用户的个性化需求，不受其他用户影响。

4) 制冷能量调节范围大。它采用区域温度控制，每一个房间可单独进行温度控制。随着季节、时间、环境等变化，系统工作负荷也随之变化。可根据负荷的要求自动控制机组的运行，从而达到最佳的性能。

(2) 缺点

1) 它的设计和安装要与装修结合，才能达到良好的舒适性和装饰效果。

2) 它工作时的电路负荷较大，老式住房要考虑电路负荷是否足够。

3) 价格较昂贵。以一个150m^2的三室二厅计算，普通冷暖分体式空调器共需19000元左右，而户式中央空调系统一般情况下，大约需要3万元。在安装价格上，户式中央空调器比起普通家用空调器并无优势。

4) 维护困难，维护费用高。

5) 安装复杂。

2. 多联式中央空调器

多联式中央空调器是一个制冷剂循环系统，以氟利昂为传送冷/热量的介质。它与传统家用空调器（如分体壁挂式、柜式空调器）系统的组成相似，也是由制冷系统、空气循环系统、电气控制系统组成。其主要区别是：多联式中央空调器的室内机有多种形式，可根据用户的需要来安装。图2-4所示为多联式中央空调器室内、室外机示意图。

(1) 制冷系统　多联式中央空调器以制冷剂为输送介质，用一台室外机带动多台室内机。室外机由外侧换热器、压缩机和其他附件组成，室内机由直接蒸发式换热器和风机组成。制冷剂通过管道由室外机送至室内机。以膨胀阀为核心的分配器装在制冷管道上，通过控制管道中制冷剂的流量以及进入室内侧散热器的制冷流量，来满足不同负荷时对热量的要求。该系统压缩机采用变频调速控制，当系统处于低负荷时，通过变频控制器控制压缩机的转速，使系统内制冷剂的循环流量得以改变，从而对制冷量进行自动控制，以符合使用要

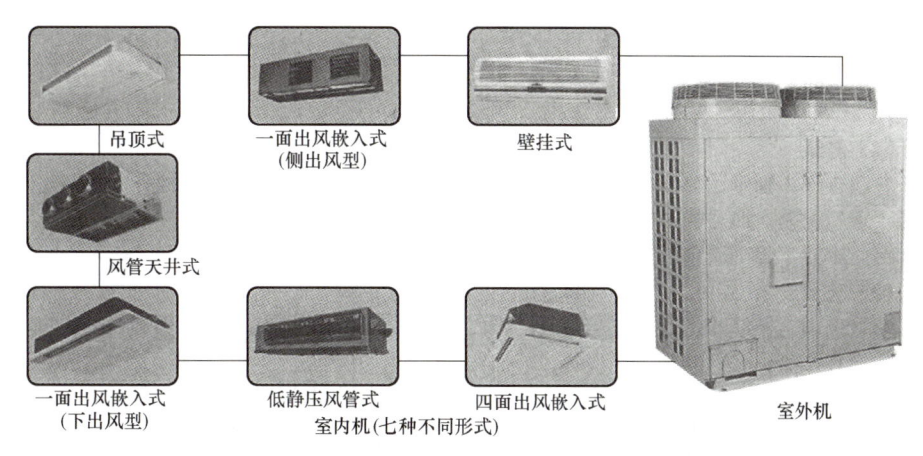

图 2-4 多联式中央空调器室内、室外机外观示意图

求。对于一般住宅用家用空调器系统，只需设一台变频压缩机即可。图 2-5 所示为多联式中央空调器室外机结构图。

（2）空气循环系统　与其他空调器相比，多联式中央空调器有两套独立的空气循环系统，分别为室外空气循环系统和室内空气循环系统。

室外空气循环系统以双风道为主，分为上抽风式和前排风式两种，风机为铁壳电动机，风扇为轴流风扇。室内空气循环系统的电动机一般为铁壳电动机，风扇为贯流风扇或离心风扇。

（3）电气控制系统　电气控制系统采用多种控制方式，包括独立控制（遥控/线控）、集中控制和网络控制。它集多种智能化控制技术于一体，可对每一台室内机进行单独控制，实现人性化管理。一台室外机最多可拖 16 台室内机。多联式中央空调器电气控制系统结构如图 2-6 所示。

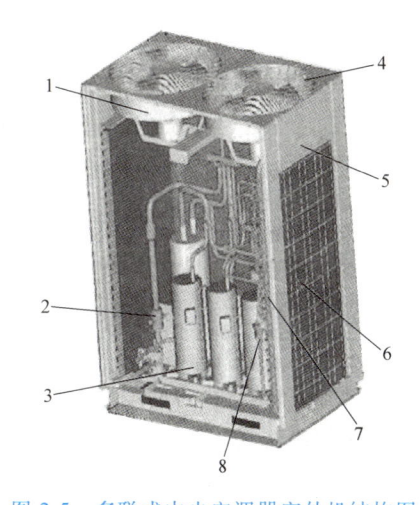

图 2-5　多联式中央空调器室外机结构图
1—进、排气格栅　2—高效压缩机　3—油气平衡控制阀　4—涡轮风机　5—耐腐蚀外机面板　6—U 形整体式换热器　7—制冷剂分配器　8—室外电子膨胀阀

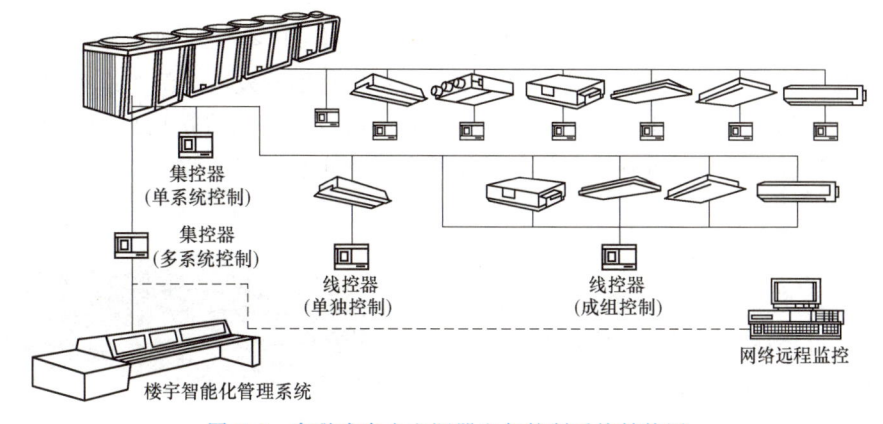

图 2-6　多联式中央空调器电气控制系统结构图

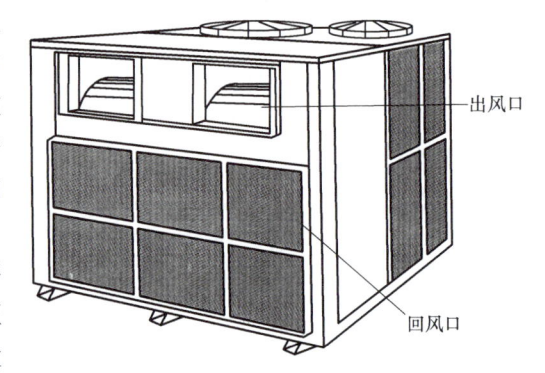

3. 风管式中央空调器

风管式中央空调器是以空气作为输送介质的，它利用组装一体式机组集中取冷量，将新风冷却/加热，再与回风混合后送入室内。风管式中央空调器安装平面示意图如图2-7所示。

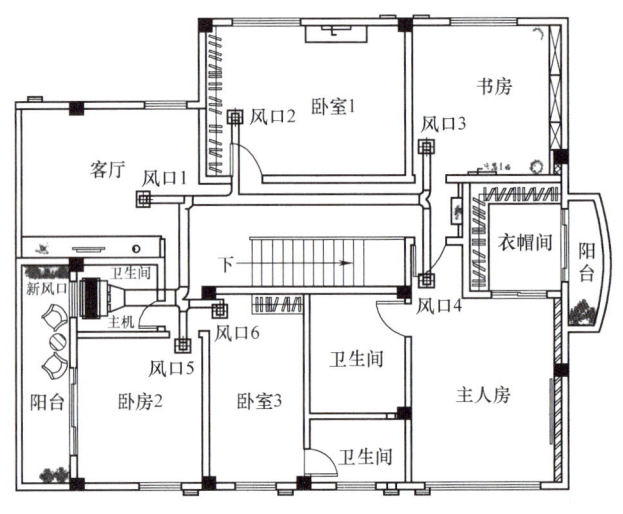

图 2-7 风管式中央空调器安装平面示意图

如果没有新风，则风管式中央空调器只将回风加热或冷却。风管式中央空调器为自动控制的组装式空调机，所有部件（即压缩机、蒸发器、冷凝器、离心风机、轴流风机、热力膨胀阀、换向阀、除霜控制器等）均组合在一个箱体内，如图2-8所示。其末端装置为安装在各个用冷场合的散流器，机组的回风口和送风口都有连接凸缘，方便机组与风管连接。

还有一种混合型户式中央空调器，它由多联式与局部风管式组合而成。室外机由多台压缩机和一台风冷冷凝器组成，室内机则由蒸发器和循环风机组成，其台数与压缩机台数相同，形式有多种，如吊顶式、暗藏吊顶式等，

图 2-8 风管式中央空调器室外机组

室内机图如图2-9所示。该系统的特点是室外机的冷凝器采用空气冷却，每台压缩机与室内机一对一配置，形成独立系统。室外机的冷凝器与室内机的蒸发器之间的连接铜管最长可达25m。暗藏式吊顶机（室内机）可接风管，并根据室内空间情况将送风口均匀布置在室内，还可接入新风管引进新风。风管式中央空调器既有分体式空调器的使用功能，又有中央空调器的送风效果。

风管式中央空调器的优点：相对于其他的户式中央空调器形式，风管式中央空调器的初次投资较小；可提高空气质量；室内只有风管，而无室内机和风机等，因此室内环境不存在机械噪声，使舒适度提高。

图 2-9 风管式中央空调器室内机

4. 水管式中央空调器

水管式中央空调器的工作原理与风管式中央空调器近似，主要区别是将传输热量的介质由空气变为水或乙二醇溶液。水管式中央空调器每个房间的末端设备称为风机盘管，它可以调节风机转速，因此，水管式中央空调器可以对每一个空调房间进行单独调节，较为节能。

（1）制冷系统　水管式中央空调器制冷系统一般配备一台压缩机，冷凝器有风冷或水冷形式。风冷直接用轴流风机强制散热，水冷则由冷却水塔、冷却泵、风机、Y形过滤器、水流开关等组成的冷却水系统完成热交换。蒸发器主要以水作为输送冷量或热量的传递介质，经由冷冻泵、补水阀、水箱、放空阀、平衡阀、循环水管线所组成的冷冻水系统输送到室内末端装置。末端装置采用风机盘管来进行热量交换。但该系统的缺点是：无法直接引入新风，造价较高，安装难度大，水管易腐蚀，维护难度较大。

（2）水管机组系统　图2-10所示为水管式中央空调器水管机组系统图。该系统的室内末端装置通常为风机盘管。

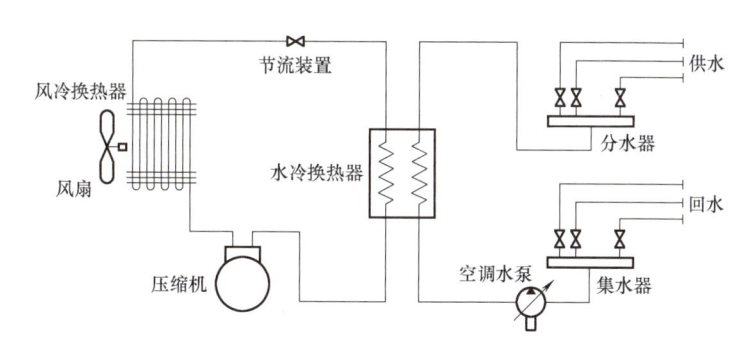

图2-10　水管式中央空调器水管机组系统图

风机盘管一般可以调节其风机转速，从而调节送入室内的冷（热）量。因此，水管式中央空调器水管机组系统可以对每个空调房间进行单独调节，满足不同房间不同的空调需求，同时其节能性也较好。此外，由于该水管机组的输配系统所占空间较小，因此一般不受住宅层高的限制。但此种系统一般难以引进新风，因此，对于通常密闭的空调房间而言，其舒适性较差。

（3）管道连接系统　图2-11所示为水管式中央空调器管道连接系统。室内的风机盘管有多种形式：明装与暗装、立式与卧式、吊顶式等。

（4）水管式中央空调器的特点　小型水管式中央空调器安装方便，因使用空气冷凝器而省去了冷却塔，可安装于屋顶、阳台或室外，只需连通冷（热）水管路、水泵即可进行系统冷（热）水循环。其机组运转噪声低，对环境影响小，与同等能力的其他类型空调器相比，运转更加平稳，从而拓宽了其适用范围。

小型冷（热）水管式中央空调系统可满足用户的多居室需求，可适应用户的个性化需求，不受其他用户影响；采用主机与末端分离安装方式，保证了宁静的居室环境；主机由微电脑控制，在室内可完成全部操作；室内末端装置安装可采用暗藏方式，极适宜与室内装修配合；系统可根据实际负荷自动化运行，节约能源及运行费用；将供冷、供暖费直接转化为电费，开机计费，停机则不计费，收费直观、合理。

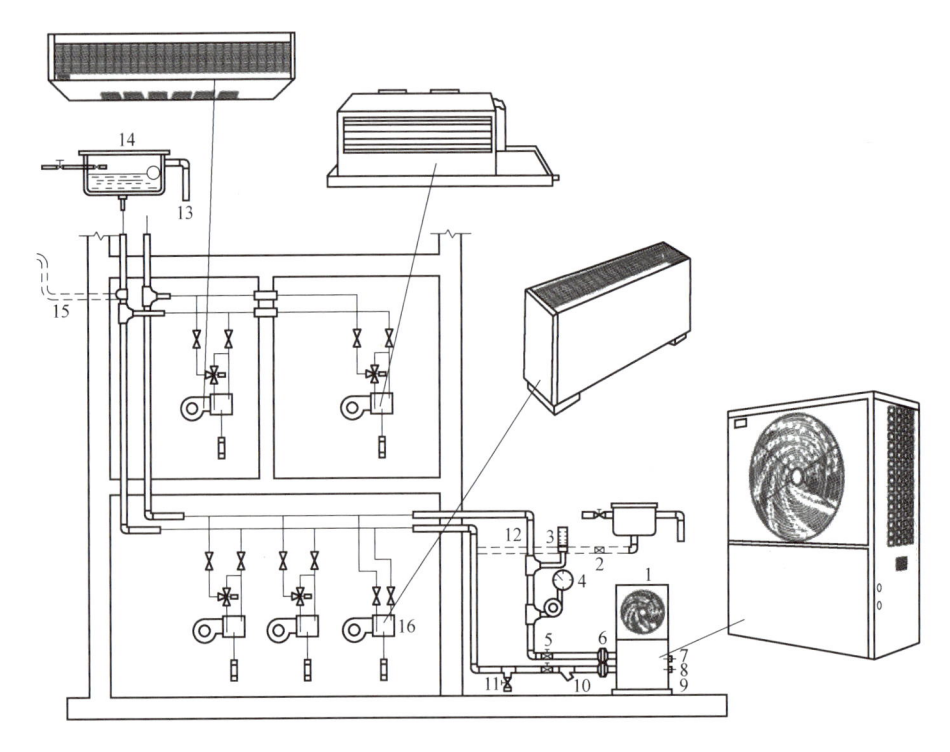

图 2-11 水管式中央空调器管道连接系统

1—冷水机组 2—逆止阀 3—温度计 4—压力计 5—截止阀 6—内螺纹活接头 7—电源线接口 8—排水口
9—基座 10—Y形水过滤器 11—排水阀 12—水流开关 13—溢水管 14—膨胀水箱 15—排气管 16—风机盘管

2.2 压缩机

制冷系统是由压缩机、冷凝器、节流装置（毛细管、膨胀阀）、蒸发器四大主件和制冷辅助件组成，并且用铜管（配管和连接管）把这些零部件连接起来形成的一个封闭系统。制冷循环示意图如图 2-12 所示。四大主件和制冷辅助件相配合，才能够顺利、安全地实现

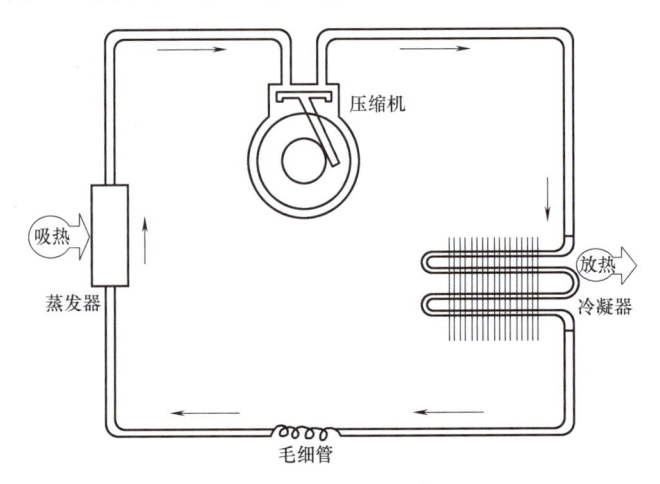

图 2-12 制冷循环示意图

制冷、制热。本节介绍压缩机的结构特点、主要功能及应用。

制冷压缩机是蒸气压缩式制冷循环的核心部件，是制冷系统的动力源。压缩机在电动机的带动下，吸入从蒸发器流出的低温、低压制冷剂蒸气，经压缩到冷凝压力后排入冷凝器。

电冰箱和小型空调机基本上都采用全封闭压缩机（图2-13），即压缩机和电动机装在一个由熔焊或钎焊焊死的外壳内，共用一根主轴。这种结构取消了轴封装置，减轻了整个压缩机的重量，缩小了压缩机的尺寸，降低了制冷剂泄漏的概率，更减小了压缩机运行时的噪声。露在机壳外表的只有吸气管、排气管、工艺管、输入电源接线柱和压缩机支架等。下面以往复活塞式、旋转式、涡旋式和变频式4种压缩机为例进行介绍。

压缩机按能量调节方式的不同可分为普通压缩机、变频压缩机和变容压缩机，其中变频压缩机又可分为交流变频压缩机和直流变频压缩机。

图 2-13　全封闭压缩机
1—吸气管　2—排气管　3—工艺管　4—压缩机支架

普通压缩机不能够对制冷量进行调节，空调器制冷量的调节是通过改变风机转速实现的。变频压缩机通过外部的电气控制系统，对电源的频率和电压进行调节，并通过特制的压缩机实现对速度的连续无级调节，从而控制能量的大小。变容压缩机一般通过自身机械调节机构实现对能量的调整，如螺杆压缩机的滑阀调节机构、离心式压缩机的回气装置或吸气调节装置、活塞压缩机的高低压旁通装置等。

2.2.1　往复活塞式压缩机

往复活塞式压缩机是发展最早的一种，它通过活塞在气缸内做往复运动来压缩和输送气体。

1. 工作过程

压缩机工作时，电动机带动曲轴旋转，活塞经连杆把旋转运动变为直线运动。压缩机结构如图2-14所示。其工作过程为膨胀、吸气、压缩、排气，如图2-15所示。

（1）膨胀过程　活塞从上止点开始向下止点运动，残留在气缸内的制冷剂蒸气随之膨胀，压力与温度下降。此时，吸气阀关闭，压缩机不吸气，当压力下降到与吸气压力相等时，膨胀过程结束。

（2）吸气过程　活塞在气缸中继续向下运动，当气缸内气体的压力下降到低于吸气压力时，进气阀被顶开，气体流入压缩机，直至活塞运动到下止点，气缸容积最大，气体停止流入，吸气过程结束。

（3）压缩过程　活塞从下止点向上止点方向运动，气缸的容积减小，气体压力和温度随之上升，将进气阀关闭。当缸内气体压力超过排气管路中的气体压力时，排气阀被顶开，缸内气体的压力不再升高，压缩过程结束。

图 2-14　压缩机结构
1—进气阀　2—进气管
3—排气阀　4—排气管
5—气缸　6—活塞
7—连杆　8—曲轴

39

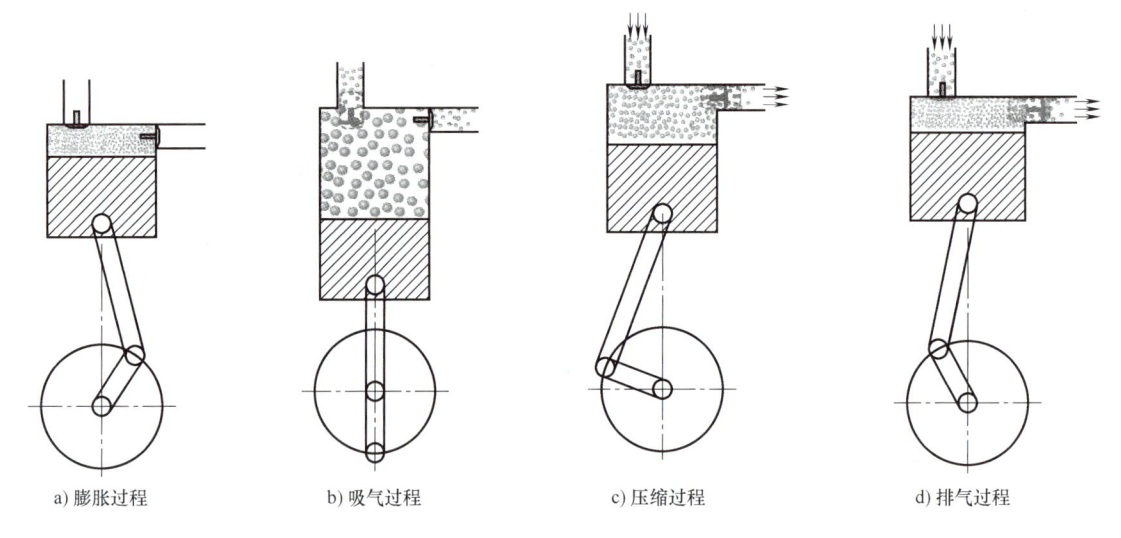

a) 膨胀过程　　　　b) 吸气过程　　　　c) 压缩过程　　　　d) 排气过程

图 2-15　压缩机工作过程示意图

（4）排气过程　活塞继续上移，由于排气阀已被打开，高温、高压的制冷剂气体被排出，直至活塞运动到上止点，排气阀关闭，排气过程结束。

活塞在气缸中每往复运动一次，就要依次进行一次膨胀—吸气—压缩—排气的工作过程，从而完成制冷剂的吸入、压缩和排出的任务。

2. 分类

往复活塞式压缩机分为连杆式和滑管式两种。连杆式、滑管式均因采用的传动机构为连杆、滑管故而得名。

（1）连杆式压缩机　连杆式压缩机主要由气缸、活塞、曲轴、连杆、阀片、机壳等部分组成。通过电动机的旋转使曲轴带动连杆运动，从而使活塞在气缸内做往复直线运动。电动机位于机壳的上部，卧式气缸在机壳的下部，整个机体通过压簧固定在机壳内，其结构如图 2-16 所示。

（2）滑管式压缩机　滑管式压缩机主要由气缸、曲轴、滑管、活塞、机壳等部分组成。利用曲轴上的偏心轴头带动滑块在一头为活塞的丁字形滑管滑动，把旋转运动演变为活塞的往复运动。其结构如图 2-17 所示。

2.2.2　旋转式压缩机

旋转式压缩机与往复活塞式压缩机相比，具有体积小、重量轻、噪声低、制冷效率高的特点。它由壳体、电动机组件、压缩机组件三部分组成，如图 2-18 所示。

旋转式压缩机气缸内装有偏心轮，偏心轮上套装一个转子，转子与气缸两者相互接触，电动机带动曲轴旋转时，转子紧贴在气缸内壁做偏心运动，其结构如图 2-19 所示。

旋转式压缩机的工作过程（图 2-20）：在气缸上开有吸气口和排气口，由于转子的一侧总是与气缸壁紧密接触，形成密封线，转子与气缸间形成一个月牙形的工作腔，分隔成吸气腔和排气腔，两密封腔体的容积随偏心轮旋转而改变，从而不断吸入低温、低压的制冷剂气体，排出高温、高压的制冷剂气体。

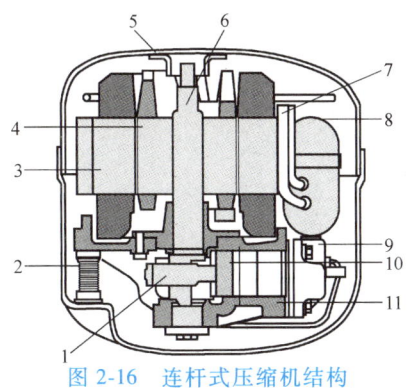

图 2-16 连杆式压缩机结构

1—连杆　2—悬挂弹簧　3—定子　4—转子
5—机壳　6—曲轴　7—排气管　8—消声器
9—气缸盖　10—活塞　11—气缸

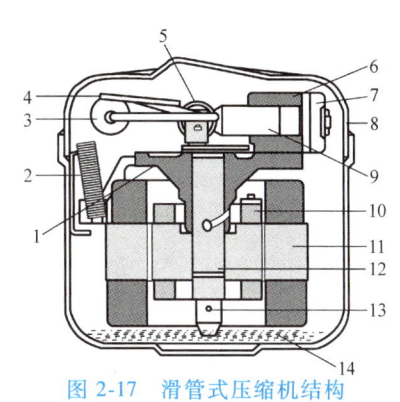

图 2-17 滑管式压缩机结构

1—框架　2—悬挂弹簧　3—排气管消声器
4—排气管　5—滑管活塞组件　6—气缸
7—气缸盖　8—机壳　9—活塞　10—转子
11—定子　12—曲轴　13—油泵机构　14—润滑油

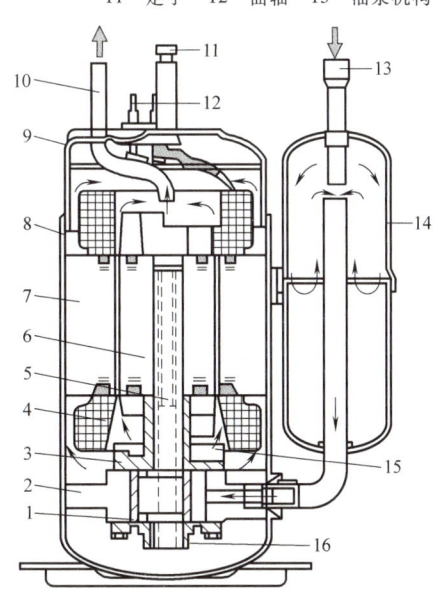

a) 实物图　　　　b) 结构图

图 2-18 旋转式压缩机

1—滚动转子　2—气缸　3—上轴承　4—电动机绕组　5—曲轴　6—电动机转子　7—电动机定子　8—下壳
9—上壳　10—排气管　11—工艺管　12—接线端子　13—吸气管　14—气液分离器　15—排气阀片　16—下轴承

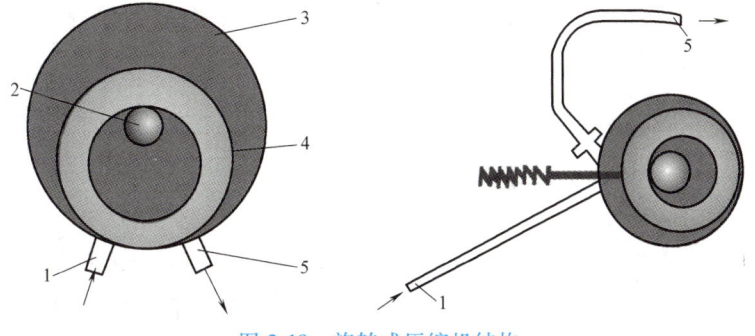

图 2-19 旋转式压缩机结构

1—吸气口　2—曲轴　3—气缸　4—转子　5—排气口

41

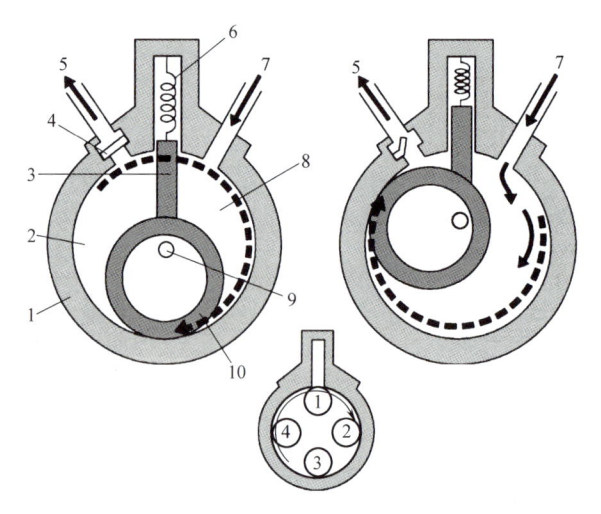

图 2-20 旋转式压缩机工作过程

1—气缸 2—排气腔 3—刮片 4—排气阀 5—排气口 6—弹簧
7—吸气口 8—吸气腔 9—偏心轴 10—滚动转子

2.2.3 涡旋式压缩机

涡旋式压缩机结构如图 2-21 所示。

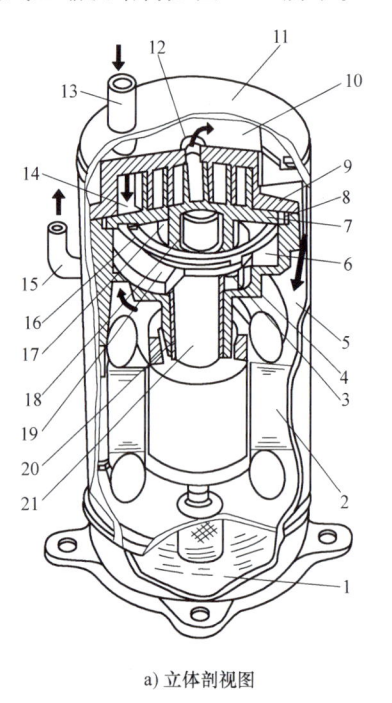

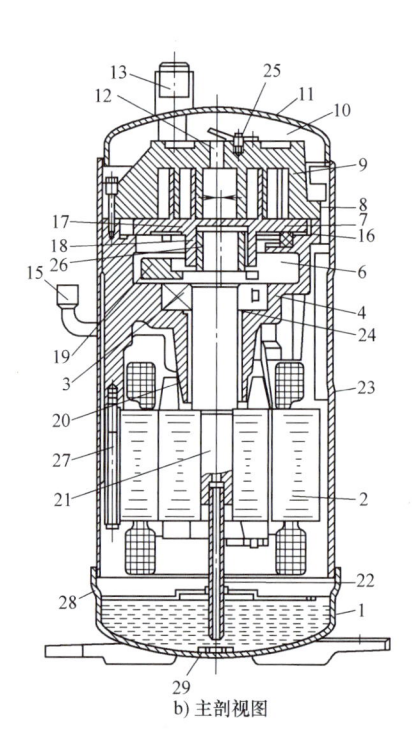

a) 立体剖视图　　　b) 主剖视图

图 2-21 涡旋式压缩机结构

1—储油槽 2—电动机定子 3—主轴承 4—支架 5—壳体腔 6—管压腔 7—动涡盘 8—气道 9—静涡盘
10—高压缓冲腔（壳体腔） 11—封头 12—排气孔口 13—吸气管 14—吸气腔 15—排气管 16—十字环
17—背压孔 18、20—轴承 19—太平衡块 21—主轴 22—吸油管 23—壳体 24—轴向挡阀
25—止回阀 26—偏心调节块 27—电动机螺钉 28—底座 29—磁环

涡旋式压缩机有两个涡旋,一个是固定的,另一个是可动的。在涡旋定子的圆周上设置有吸气口,在端盖中心设置有排气口,如图2-22所示。

a) 结构图　　　　b) 实物图

图2-22　涡旋结构

1—定涡旋　2—吸气口　3—动涡旋　4—排气口

涡旋式压缩机利用这两个涡旋件相对旋转,使密闭空间产生移动及体积变化,从而周期性地由外侧到中心依次减小月牙空间的容积,是一边向中心移动一边缩小容积的一种压缩机构。被压缩的高压制冷剂气体从端盖中心的排气口排出。研究表明,功率为1.1~11kW的涡旋式制冷压缩机与其他结构形式的制冷压缩机相比,其体积最小,重量最轻,容积效率与制冷系数(EER值或COP值)最高,振动与噪声最小,而且制冷系数不会随运行时间的增加而减小,还略有提高。涡旋式压缩机适用于热泵技术、变频调速技术。当排气量(吸气容积)为60~150cm^{3}时,采用涡旋式压缩机的汽车空调系统有明显的优越性。

综合起来,涡旋式压缩机有以下特点:

1)多个压缩腔同时工作,相邻压缩腔之间的气体压差小,气体泄漏量少,容积效率高(可达90%~98%)。

2)驱动动涡盘运动的偏心轴可以高速旋转,因此涡旋式压缩机的体积小、重量轻。

3)动涡盘与主轴等运动件的受力变化小,整机振动小。

4)由于没有吸、排气阀,涡旋式压缩机运转可靠,且特别适用于变转速运转和变频调速技术。

5)由于吸、排气过程几乎连续进行,涡旋式压缩机的噪声很低。

6)轴向和径向柔性机构提高了涡旋式压缩机的工作效率,而且可保证轴向间隙和径向间隙的密封效果不因摩擦和磨损而降低,即涡旋式压缩机的密封性有效且可靠。

7)在热泵式空调装置中,涡旋式压缩机有着良好的工作性能。

8)动涡盘上承受的轴向气体作用力随主轴转角发生变化,很难加以平衡,因此轴向气体力往往带来摩擦功率消耗。

9)旋盘的加工精度,特别是涡旋体的几何公差有很高要求,端板平面的平面度以及端板平面与涡旋体侧壁面的垂直度,应控制在微米级。因此,须采用专门的加工方法、加工技术和加工设备。

2.2.4　变频式压缩机

普通压缩机依靠温度控制器控制压缩机的开、停,从而调整室内温度,其一开一停不仅消耗很多电能，还造成室内温度忽高忽低。变频空调则依靠空调压缩机转速的快慢达到控制室温的目的，室温变化小，电能消耗较少，使舒适度大大提高。

变频压缩机可以分为两部分：变频控制器（即变频器）和变频压缩机。变频控制器是将城市电网中的交流电转换成方波脉冲输出的装置。通过调节方波脉冲的频率（即调节占空比），就可以控制驱动压缩机的电动机转速，频率越高，转速也越高，反之亦然。

变频压缩机是通过对电流的转换来实现电动机运转频率的自动调节，把50Hz的电网频率变为30~130Hz的变化频率；同时，还使电源电压范围达到142~270V，彻底解决了由于电网电压不稳而造成的空调器不能工作问题。

变频空调在每次开始启动时，先以最大功率、最大风量进行制热或制冷，接近所设定的温度后，空调压缩机便在低转速、低能耗状态下运转。这样不但温度稳定，还避免了由于空调压缩机频繁地开停所造成的寿命衰减，而且耗电量大大下降，实现了高效节能。

2.3 冷凝器

冷凝器是制冷设备的重要热交换器之一，压缩机排出的高温、高压制冷剂过热蒸气，由于与外界冷却介质空气存在温差，在通过冷凝器时对外放热，使温度降低，冷凝成高温、高压的液体，进入干燥过滤器。

制冷过程中，过热蒸气在冷凝器中冷凝时，一般经过如下三个放热过程：

1）过热蒸气冷却为干饱和蒸气。过热蒸气进入冷凝器后放热的初始阶段，由排气温度下降至冷凝温度，成为干饱和蒸气。这个过程只占用冷凝器的一小部分传热面。

2）干饱和蒸气冷凝为饱和液体。干饱和蒸气在管中流动时，由于逐渐放热而冷凝成饱和液体。这是在冷凝器中的主要放热过程，大部分热量（潜热）由这个过程释放，它占用了冷凝器的大部分传热面。此过程中的制冷剂状态为气、液两态并存。

3）饱和液体冷却成过冷液体。在冷凝器的末端，饱和液体进一步被冷却，成为过冷液体，压力保持不变。该过程也只占用冷凝器的小部分传热面。过冷液体对于制冷系统有重要意义，它可以使制冷剂在进入毛细管入口或膨胀阀之前不产生蒸气，有利于提高制冷效果。

根据冷却介质的不同，冷凝器可分为风冷（空冷）式和水冷式两大类。家用空调器等小型制冷设备所用的主要是风冷式，水冷式主要用于大中型制冷设备中。

2.3.1 空气冷凝器

空气冷凝器是以空气为冷却介质的冷凝器，制冷剂在冷凝管中流动，空气在管外掠过，低于制冷剂温度的空气吸收制冷剂热量后，散发在周围环境中。由于空气的导热系数很小，所以空气侧的放热系数很低，影响了冷凝器的传热系数。为了提高空气侧的传热性能，通常在管外加翅片，增加空气侧的传热面积，并在风机的鼓风下，提高了空气侧的传热能力。采用内螺纹铜管可以将换热效率提高17%左右。

1. 分类

空气冷凝器按冷却方式分为直冷式和风冷式（也称间冷式），直冷式依靠空气自然对流进行冷却，风冷式靠风扇强迫空气流动进行冷却。空气冷凝器按结构分为百叶窗式、钢丝式、翅片式和内嵌式四种。百叶窗式、钢丝式和内嵌式多属于直冷式，翅片式多用于风冷式。

(1) 百叶窗式冷凝器　百叶窗式冷凝器由直径 5~6mm 的铜管或者镀铜钢管弯成冷凝盘管，再卡装在冲有百叶窗孔的散热片上，并喷黑漆制成，如图 2-23 所示。其制造工艺简单，但散热效果不如钢丝式。

(2) 钢丝式冷凝器　钢丝式冷凝器用镀铜钢管或钢管弯成冷凝盘管，在盘管两侧均匀焊上直径 1.6~2mm 的钢丝，并在表面涂上黑漆，如图 2-24 所示。其散热性能好，整体强度好，材料费用低，但焊接工艺复杂，须使用大容量接触焊机。

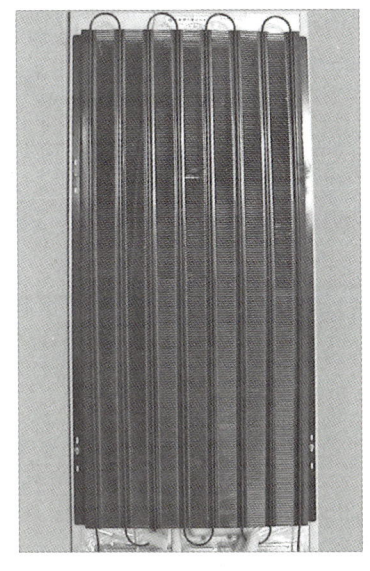

图 2-23　百叶窗式冷凝器

图 2-24　钢丝式冷凝器

(3) 翅片式冷凝器　翅片式冷凝器属于风冷式冷凝器，它的结构是由多组弯管胀接铝合金散热翅片制成的，如图 2-25 所示。翅片像百叶窗，便于散热，其材料为普通碳素钢板

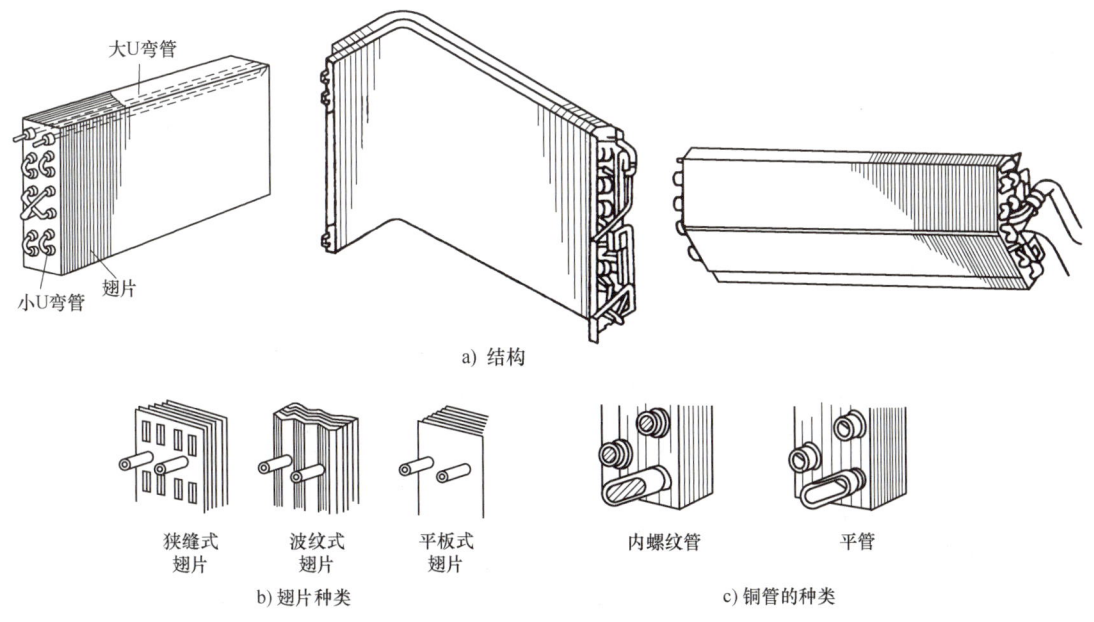

a) 结构

b) 翅片种类　　　　　　c) 铜管的种类

图 2-25　翅片式冷凝器

或铝合金。

(4) 内嵌式冷凝器　内嵌式冷凝器将蛇形盘管挤压或用胶粘贴在箱体的侧面或者背部的薄钢板外壳内侧,如图 2-26 所示。其外观整洁美观,不易损坏,但散热效果较差,几乎不能维修。

2. 特点

(1) 优点　空气冷凝器的优点是:结构简单,加工方便,制造成本低。它不需要用冷却水,这样可节省水配管、冷却水泵和排水设备等,只要通风良好的地方都可以安装。由于它是空气传热,即使在大气污染严重的地方使用,也没有严重的腐蚀。它很适用于气源热泵。

(2) 缺点　空气冷凝器的缺点是:冷凝压力高,与水冷式冷凝器相比,其制冷量要低,能效比小。由于冷凝器安放在室外,对分体式空调器来讲,其配管长而消耗材料多,压力损失大,有冷量损耗。由于它使用了风机,会造成环境噪声。

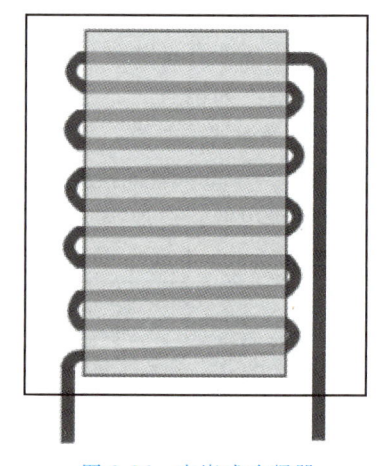

图 2-26　内嵌式冷凝器

2.3.2　水冷凝器

以水为冷却介质的冷凝器为水冷凝器。冷却水可一次流过冷凝器,吸热后排至下水道,也可经过冷却塔冷却后继续循环使用。小型空调器常用的水冷凝器一般有壳管式、套管式和板式。

(1) 壳管式冷凝器　壳管式冷凝器的外壳是由容器钢板卷制的圆筒,如图 2-27 所示,冷凝器两端焊着带有许多孔的管板,两板的每一相对应小孔中穿一根无缝钢管或铜管,管与管板的紧固密封用胀管或焊接,管板两端装有铸铁端盖,端盖上铸有分水箱,使冷却水在管群内分成几个来回流动的流程,以提高冷却水流速,水通过冷却管的往返次数称为流程数。流程数少则2个,多则12个。

流程数的多少决定于水的流速,冷却水流速一般选在 1.5～3m/s。流程数多,则水的流动阻力大。冷却水在冷凝管内流动时,由管子的下部进入,由上部流出。制冷剂蒸气由壳体上部进入,与冷凝管外表面接触而放热冷凝,液体滴在壳体底部积存起来,然后从下部的出液口流出。

制冷剂侧比水侧的放热系数低,为提高制冷剂侧的放热系数,一般在铜管外表面加低螺纹肋片,

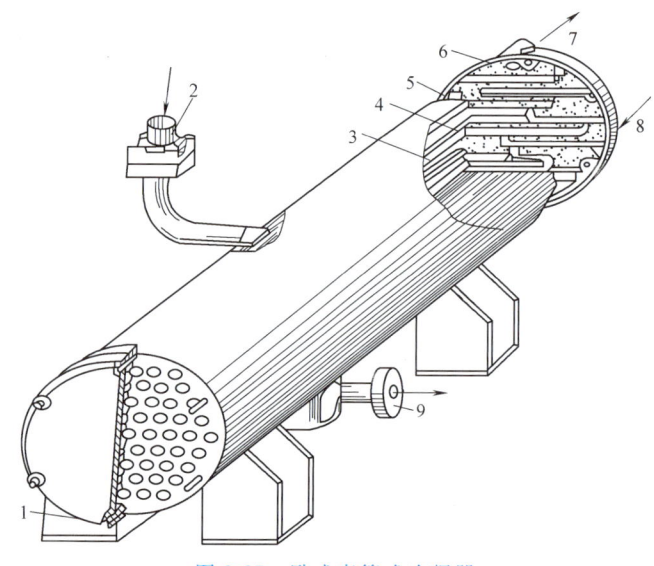

图 2-27　卧式壳管式冷凝器

1—放水阀头　2—进气口　3—冷凝管　4—管板　5—橡胶圈
6—端盖　7—出水口　8—进水口　9—出液口

以增加制冷侧的传热面积。

卧式壳管式冷凝器下部可以储存制冷剂，它往往可兼作储液器。但在兼作储液器时，制冷剂加入量要予以注意。若制冷剂加入量过多，则一部分冷凝管浸在液体中，使有效冷凝面积减少，会造成冷凝压力上升。冷却水的质量也应予以考虑，若水质差，管子内表面容易结垢，传热效果差，易造成冷凝压力与冷凝温度上升，使制冷量下降，功率消耗增加。另外，壳管式冷凝器上还设有制冷剂进口阀、制冷剂出液阀和安全阀（或易熔塞）等。

（2）套管式冷凝器　套管式冷凝器是以一根较大直径的薄壁钢管，内穿一根或数根小直径的铜管，再弯成圆形或椭圆形制成的，如图 2-28 所示。其形状与套管式蒸发器基本相同。管的两端用特制接头将内、外管的内径分隔为互不连通的两个容积体。冷却水在小管内流动，下进上出。制冷剂蒸气由盘管的上端进入，制冷剂液体从下端流出，使冷凝器中的两种流体为逆向流动，提高了其传热平均温度差。为提高制冷剂的传热效果，内冷凝管外加工成低螺纹肋管。冷却水在管内流速一般为 1~2m/s，冷却水的进出温差一般为 8~10℃。

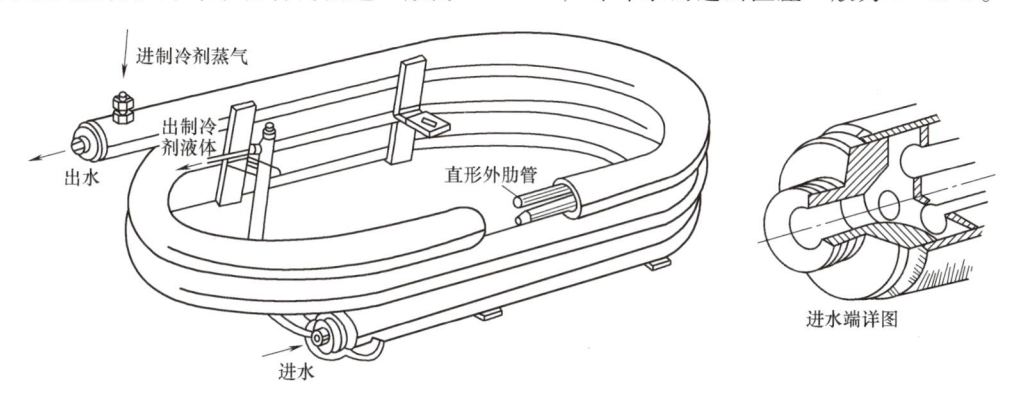

图 2-28　套管式冷凝器结构

（3）板式冷凝器　板式冷凝器的结构如图 2-29 所示。这种冷凝器是目前所有换热器中换热效率最高的，其体积比壳管式冷凝器减少 60%，广泛用于模块式冷热水机组和户式中央空调器。

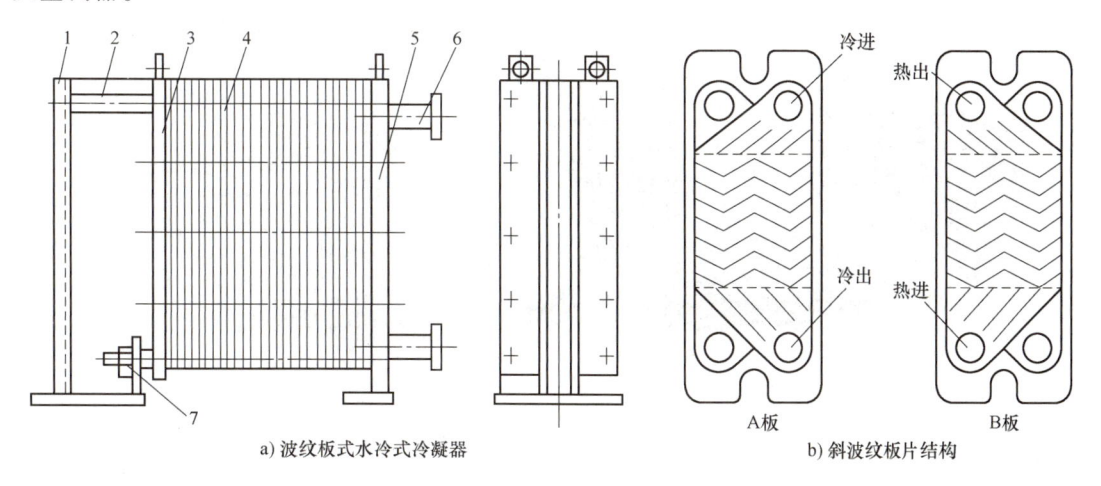

图 2-29　板式冷凝器结构

1—支架　2—轴　3—活动压紧板　4—波纹板片　5—固定压紧板　6—接管　7—压紧螺栓

2.4 蒸发器

在制冷系统中，经节流后的湿蒸气在蒸发器中蒸发吸热，它是产生冷源的换热器。蒸发器的工作过程是一个汽化吸热过程。制冷剂经节流过程后，成为气液混合体，但其中液体占大部分。降压后的制冷剂液体在蒸发器中流动时，激烈地进行吸热汽化，称为沸腾，这一步才是获得制冷效应的热力过程，是制冷系统的最终目的。这一过程在蒸发器内进行，此后制冷剂变为气态，再经过压缩进入冷凝过程。

蒸发器吸收的热量来自于两部分：一是冷却空气所放出的显热；二是空气中水蒸气冷凝时放出的潜热。换句话说，系统制冷量一部分用于降低被冷却空气的温度，另一部分用于空气中水蒸气的冷凝（除湿）。

蒸发器的种类很多，大部分蒸发器用来冷却空气，还有少部分是用来冷却水的蒸发器，即冷水机组。下面介绍几种蒸发器的结构与特点。

2.4.1 冷却空气的蒸发器

冷却空气的蒸发器，按冷却方式分为自然对流式和强制对流式蒸发器，按结构分为翅片式蒸发器、钢丝式蒸发器、板管式蒸发器和吹胀式蒸发器。

（1）翅片式蒸发器　翅片式蒸发器的组成结构与空气冷凝器一样，只是外观造型不一样，如图 2-30 所示。其管内是流动的制冷剂，流程（往复流动路数）可分多路。管外是强迫流动的空气，管排数按需要而定，一般为 2~3 排。由于在管表面增加了翅片，使原有的传热面积得到了扩大，从而提高了换热效率。翅片式蒸发器多采用强制对流式蒸发器，需要依靠风扇以强制对流的冷却方式加速空气流动，完成热交换。它具有坚固、热效率高、占用空间小、寿命长等特点。

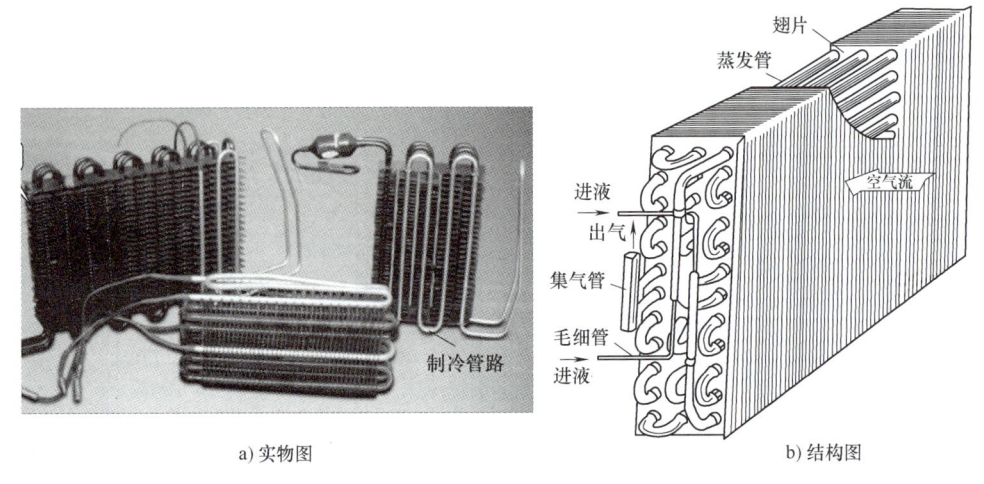

a) 实物图　　　b) 结构图

图 2-30　翅片式蒸发器

由传热原理可知，尽管使用了空气强迫对流，但其空气侧的放热系数也远低于管内制冷剂的放热系数。为提高空气侧的放热系数，可在蒸发器管外加翅片，用增加空气侧的传热面积的方式，来增加空气侧的传感强度。翅片管的类型很多，有代表性的为以下三种：

1）褶皱绕片式翅片管。它是将剪切成条状的铜片在打褶机上压成皱褶，在绕片机上将皱片绕在铜管上，然后将整根翅片管溜锡，使翅片与铜管焊接在一起，如图 2-31a 所示。褶皱绕片式翅片管的传热性能较好，但由于其加工工艺较复杂，特别是溜锡的劳动强度高，空气污染严重，生产率低，这种类型的翅片管已不多见。

2）L形绕片式翅片管。它是用绕片机将铜片直接绕在铜管上构成的翅片管，如图 2-31b 所示。其制作工艺与褶皱绕片式相似，只是由于根部铜皮不打褶，铜皮受拉伸力很大，因此不能绕较高的翅片。由于肋片根部无皱褶，故空气的流动阻力较小。L形绕片式翅片管由于加工较麻烦，在冷冻设备上应用较少。

3）套片式翅片管。它的加工方法与空气冷凝器相同，是目前应用最广泛的翅片或空气冷却换热器，如图 2-31c 所示。

（2）钢丝式蒸发器　钢丝式蒸发器在制冷盘管的两侧均匀地点焊上钢丝，其结构与钢丝盘管式冷凝器类似，具有散热面积大、热效率高、工艺简单、成本低的特点，如图 2-32 所示。

（3）板管式蒸发器　板管式蒸发器是将铜管或者铝管盘绕在黄铜板或铝板围成的矩形框上，通过焊接或者粘接而成的，具有结构可靠、设备简单、规格变化容易、使用寿命长、维修率低且方便的优点，但因其传热效果较差，故多用于直冷式双门电冰箱的冷冻室，如图 2-33 所示。

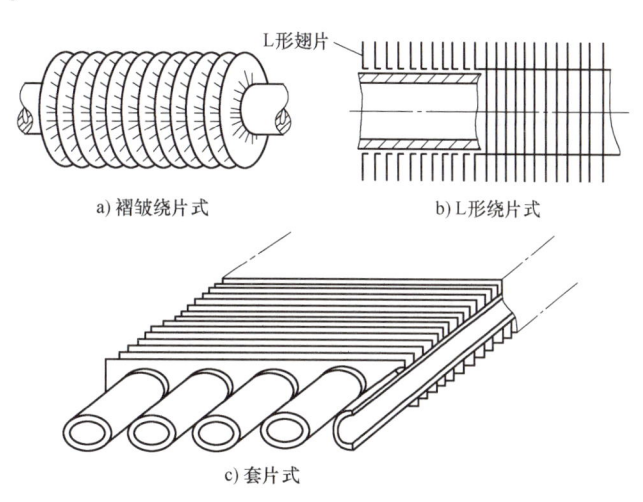

图 2-31　各类翅片管的结构
a) 褶皱绕片式　b) L形绕片式　c) 套片式

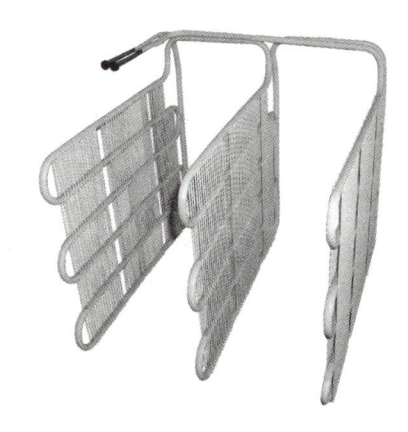

图 2-32　钢丝式蒸发器

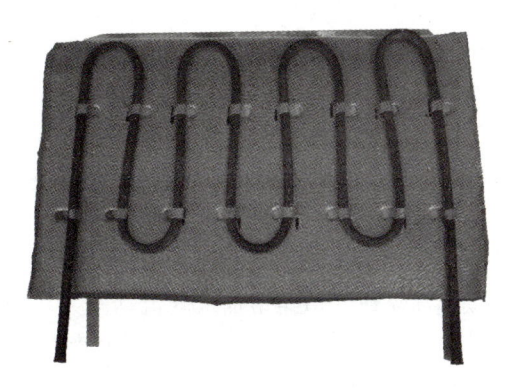

图 2-33　板管式蒸发器

(4)吹胀式蒸发器 吹胀式蒸发器管路用丝网将阻焊剂（石墨）根据蒸发管道的设计印在一块铝板上，然后将这块中间印有石墨管路图案的铝板与另一块无印刷管路的铝板复合，两层铝板进行热轧和冷轧后，再用高压氮气将印刷管路吹胀，清洗石墨后加工成所要形状。这种蒸发器的特点是传热效率高，降温快，结构紧凑，成本低，如图2-34所示。

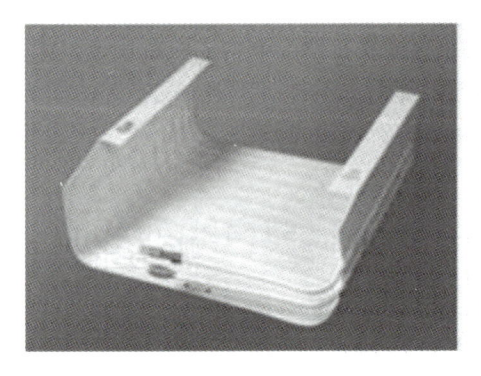

图2-34 吹胀式蒸发器

2.4.2 冷水机组蒸发器

冷水机组蒸发器过去是大、中型的机组，一般用于中央空调器中，以水作为介质，把冷源送往各个房间。目前冷水机组蒸发器已发展成小型制冷装置，成为一种模块式的冷水机组。这种机组体积小，搬运灵活，安装场地小，可以几台并列安装，组合使用，作为一种小集中式空调器。

冷水机组的载冷剂是水，用于空调中以冷却水为介质的蒸发器，最常用的有两种类型：一种是干式壳管式蒸发器，另一种是套管式蒸发器。

(1)干式壳管式蒸发器（图2-35） 它是将一个细长的筒体与两端的圆板（称管板）用焊接形式连接起来，并具有一定的密封性。管板上有许多管孔，将蒸发管插入管孔，并伸出管板外，用胀管密封或焊接密封。管板外再盖以端盖，端盖与管板接触面有垫片充填密封，并用螺栓紧固。端盖上有分隔肋，把端盖内腔分为多个部分，一般是一分为四，这样就有四个流程。筒体两端各焊接一段钢管，管口装有法兰，以便与水管连接。筒体内装有十多块折流板，一只端盖上有进出口接管，进口小，出口大，并装有法兰，以便与系统连接。这就是干式壳管式蒸发器的整个结构。

干式壳管式蒸发器的管内装有制冷剂（水冷式冷凝器正好相反，管内走水），它分几路进入蒸发管，这样可缩短流动路程，减小流动阻力，分路数由制冷剂蒸气的流速决定，液体制冷剂由热力膨胀阀供给。筒体内的载冷剂是水，它沿着折流板上下成波浪式流动，以提高其流速，加强扰动，从而改善液体与蒸发管的接触面，提高其传热效率。折流板的间隔小，可以提高流速，但会增加水的流动阻力。另外，流速太快，会加速管的腐蚀，所以，其流速有限定，一般在0.3~2.4m/s；用铜管为蒸发管时，其平均流速取1.0m/s。

(2)套管式蒸发器（图2-36） 在一根大直径的金属管（一般为无缝铜管）内穿一根或数根小直径铜管（光管或翅片管），再将它弯曲成圆形或椭圆形，管的两端用接头焊接起

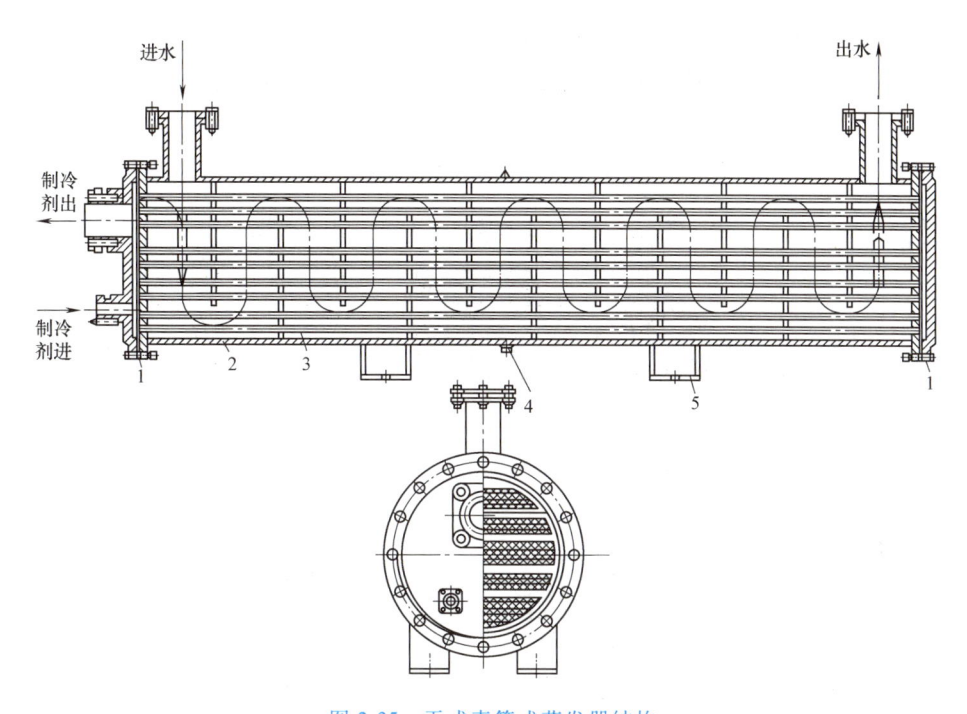

图 2-35 干式壳管式蒸发器结构

1—端盖 2—筒体 3—蒸发器 4—螺塞 5—支座

来以便密封,并将大、小管的内径分隔为互不连通的两个空间,靠近大管两端的外壁焊两只接头,就形成了一只完整的套管式蒸发器。制冷剂有从内管流动,也有从外管流动的。为提高其传热效率,可在制冷剂侧加翅片,由于制冷剂侧的放热系数比水侧低,所以翅片要加在制冷剂一侧。若内管装制冷剂,则内管的内部应加翅片,如图 2-36 中断面 A—A 所示;若两管之间装制冷剂,则内管外部应加低螺纹肋片。

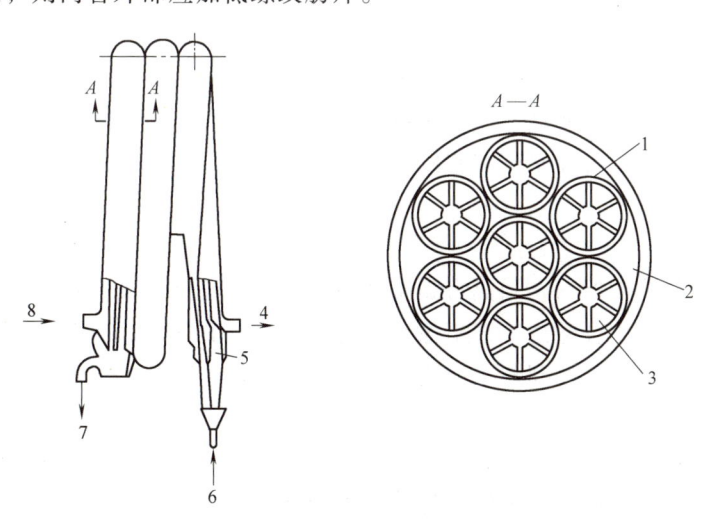

图 2-36 套管式蒸发器结构

1—内翅片管 2—冷水通路 3—制冷剂通路 4—冷水出口 5—分配头
6—制冷剂进口 7—制冷剂出口 8—冷水进口

套管式蒸发器的优点是流体流速高，放热系数也高，结构紧凑，是一种高效率的蒸发器，但这种蒸发器存在水侧容易冰冻和清洗困难的缺点。它在小容量的冷水机组中有一定发展前途。

（3）其他形式的蒸发器　其他形式的蒸发器如图 2-37 和图 2-38 所示。

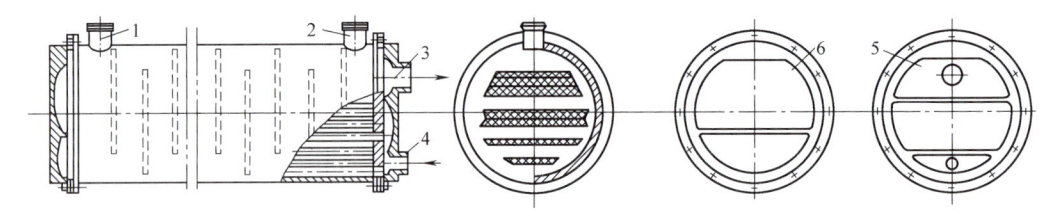

图 2-37　直管干式蒸发器结构

1—载冷剂出口管　2—载冷剂进口管　3—制冷剂出口管　4—制冷剂进口管　5—前端盖　6—后端盖

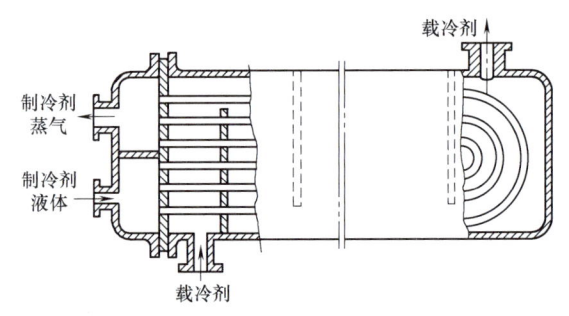

图 2-38　盘管（U 形管）干式蒸发器结构

2.5　节流装置

节流装置的主要作用是：调节制冷量（制冷剂流量）、降压、确定压比等。节流过程也可以认为是降压过程。制冷剂液体在流动中需要再汽化，必须降低压力，其方法是用节流元件来减小流量，降低压力，使液态制冷剂有膨胀的空间。在小型空调器中可采用毛细管来实现节流过程，大型制冷设备须采用膨胀阀进行节流。

2.5.1　分配器

空调器所使用的蒸发器，在用热力膨胀阀为节流器的场合，大多是把制冷剂分成多路进入蒸发器。然而向盘管中分配制冷剂不像水、盐水和蒸气的分配那样简单，要把由膨胀阀流出来的液体和气体均匀地分配到各条通路，用简单地集管分配是达不到均匀分配要求的，必须使用特制的分配器。

分配器的类型很多，有离心式、节流式、文丘里式。由于节流式分配比较均匀且产品比较容易加工，目前大多空调系统都使用这种类型的分配器。

节流式分配器是由一个分配本体和一个可装拆的节流喷嘴环组成。节流环的出口有一圆锥体，各条流路的液体沿圆锥体分开流出，圆锥的底部，有许多均匀分布的孔用于连接毛细管，如图 2-39 所示。制冷剂由入口经节流喷嘴环而进入分配体，再经圆锥体分别进入各分路孔，而后由毛细管送入蒸发器各分路蒸发管中。节流喷嘴环孔的尺寸，可按分配头的容量而定，即应按容量需要来选择或更换节流喷嘴环。当高压制冷剂液体经膨胀阀节流后，流出膨胀阀的是气液混合体——湿蒸气。虽然液体的质量占80%以上，但蒸气却占有较大的容积，液体和蒸气以不同的速度流动，并且分成不同的层次。由于重力作用，液体在管子底部流动，而蒸气在上部流动。若用一般的分液管，就会出现气液分配不均匀，使一部分分液管收入的液体多而蒸气少，另一部分分液管则收入的液体少蒸气多，造成一部分蒸发管内液体过多而汽化不了，另一部分蒸发管内液体却少而不能够汽化，使整个蒸发器面积不能充分发挥，从而减少了有效的蒸发面积，达不到应有的制冷量。使用分配器就可避免上述情况发生。

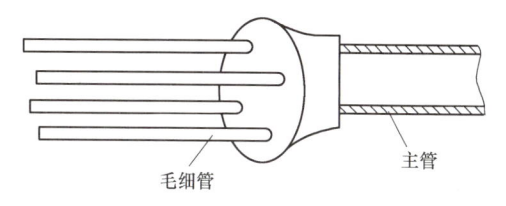

图 2-39 节流式分配器

当湿蒸气进入分配器通过节流喷嘴孔时，将产生较大的压力降，使其流速增加，从而出现湍流，加剧了制冷剂的扰动，使气液制冷剂充分混合。流出节流孔后，混合制冷剂通过许多流出孔通路，保证了流体等量地流向各分路管。

2.5.2 毛细管

毛细管是一根细长的铜管，其内径在 $\phi0.5\sim\phi2.6\text{mm}$，长度为 $0.4\sim5\text{m}$，如图 2-40 所示。

毛细管在制冷系统中作为一种节流元件使用，它接在冷凝器（或储液器）输液管与蒸发器进口之间，起降压节流作用，如图 2-41 所示。毛细管能起节流作用，是因为其内孔小而管长的特点。当高压氟利昂液体进入毛细管后，其流速突然剧增，流动阻力也急速增加，使压力逐渐下降；当到达毛细管出口时，其压力就已接近蒸发压力，这些湿蒸气（液体占极大部分）进入蒸发器就会吸热膨胀而汽化（沸腾）。

图 2-40 毛细管

毛细管一般用在冰箱、房间空调器以及柜式空调器中。不需要特别对制冷剂的流量进行调节时，一般可用毛细管代替膨胀阀，既经济又简单。毛细管还可用在小型冷冻设备中，压缩机停机时，高、低压区段的压力通过毛细管很快就达到平衡。压缩机在无压差下起动时，转矩小，电动机瞬间就能达到额定转速，制冷系统很快就能在设定的条件下运行，能快速发挥制冷效果。

图 2-41 毛细管的连接

制冷系统中的毛细管的孔径与长度是固定的，它只能保持一定的高低压差，其调节范围很窄，不像热力膨胀阀和电子膨胀阀那样有很宽的调节范围。由于小型空调器的运行工况比较固定，不需要很宽的调节范围，用毛细管作节流元件是较理想的选择。一般主机越大，毛细管越短越粗。毛细管的内径和长度要和制冷设备的容量、使用条件、制冷剂的填充量相匹配。

毛细管常见故障有以下三种：

1) 毛细管脏或镀铜堵塞。由于毛细管的内径比较小（一般小于2mm），当制冷系统比较脏时，一些杂质会堵塞毛细管。当制冷系统含水分较多时，会产生镀铜现象，运行时间一长，毛细管内径就会越来越小，影响正常的节流膨胀，使制冷效果变差。

2) 毛细管节流时发出啸叫声。由于毛细管出口处的制冷剂流动速度很高，如果毛细管与后边的铜管插接与焊接不当，就会产生很难听的高频噪声。正常情况下，应使毛细管端口不能缩口，一般应剪成斜口，同时插管时不要碰管壁。

3) 毛细管泄漏。这主要是因毛细管在振动过程中摩擦导致的。消除方法是包裹消声防振胶泥。

2.5.3 膨胀阀

1. 热力膨胀阀

热力膨胀阀是根据蒸发器出口制冷剂气体的过热度，自动调节供给蒸发器内制冷剂流量的节流阀。其特点是所提供的液体制冷剂在蒸发器内能完全蒸发为气体，充分发挥蒸发器的热交换效率，保证不会出现过热或过冷现象。热力膨胀阀的调节机理是利用感温包内制冷剂所感应到的蒸发器出口处的温度作为传感信号，并转换为压力传送到膨胀阀体，以控制阀内节流孔的开度，从而调节制冷系统中制冷剂的循环量。正常的过热度维持在3~8℃，以保证蒸发器出口的制冷剂是过热蒸气，防止液体倒流回压缩机。

热力膨胀阀结构如图2-42所示。从功能来看，它可划分为三部分：一是信号传感部分，二是执行调节部分，三是整定部分。

1) 信号传感部分。热力膨胀阀的上半部分是信号传感部分，它是由感温包、毛细管和动力传递部分等组成的一个密封系统，与阀体内部不相通。动力传递部分下面有一块厚度为0.1~0.2mm的金属薄膜片，它受压力作用后能上下移动（一般为1mm左右）。它相当于一个转换器，即将温度转换为压力的信号，传到动力传递部分后，将压力作为一种动力去推动膜片，完成信号接收和传递工作。感温包内充以制冷剂，将感温包紧扎在蒸发器出口的吸气管上，使感温包内制冷剂的温度随吸气管温度而变化，制冷剂的压力也随之相应变化。这一压力变量通过毛细管传给动力传递部分，成为一种推动力，薄膜片接受推动力后产生位移，从而把温度信息转换成为动力并传给执行调节部分，完

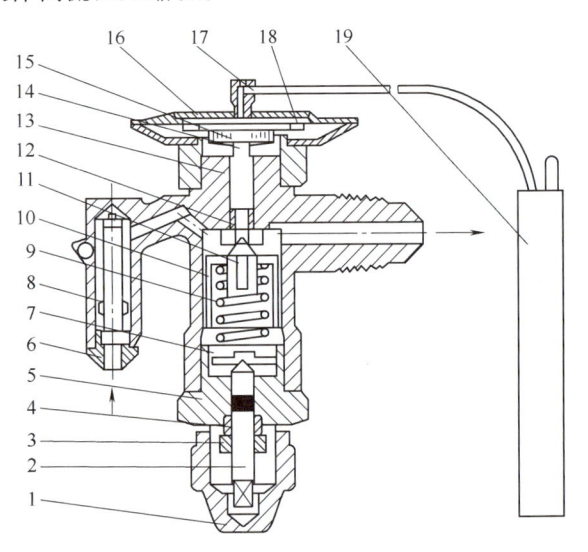

图2-42 热力膨胀阀结构

1—密封盖 2—调节杆 3—垫料螺母 4—密封垫料 5—调节座
6—喇叭接头 7—调节块 8—过滤网 9—弹簧 10—阀针座
11—阀针 12—阀孔座 13—阀体 14—顶杆 15—垫块
16—动力座 17—毛细管 18—薄膜片 19—感温包

成信号传感的职能。

2）执行调节部分。热力膨胀阀的中间部分为执行调节部分，它由垫块、顶杆、阀孔座组成。薄膜片的位移量传给垫块，垫块将位移量传给顶杆，顶杆又传给阀孔座，孔座上的阀针在阀孔内上下移动，使阀门开大或关小，从而调节制冷剂的流量。

3）整定部分。热力膨胀阀的下半部分为整定部分，它由弹簧、调节块、调节杆组成。整定部分在制冷系统进行调试时，用以调节膨胀阀的整定值，也就是调节制冷系统所要求达到的蒸发温度，保持一定的过热度。在调试时，需由调节杆来调节弹簧的预紧压力，使制冷系统能达到运行的最终蒸发温度要求。它是调整热力膨胀阀自动调节范围的机构。

2. 电子膨胀阀

电子膨胀阀作为电子控制元件，具有精度高，动作快速、准确，节能效果明显等优点，特别是它能与其他智能控制方法相结合，实现系统的优化控制，在制冷空调器中有着广阔的应用前景。

家用空调器在制热工况下室外蒸发器常常会结霜。传统的除霜方法是将四通阀换向，采用逆循环除霜，除霜时间约为 11min，室内温度波动较大。采用电子膨胀阀后，在除霜期间，阀口置全开的位置，并配以室内风机开关占空比为 0.5，室外风机全关控制，除霜时室内温度波动小，除霜时间减少到以前的一半。加之室内换热器的送风温度也不会降得太多，从而减少了除霜能耗，提高了室内的舒适度。

采用电子膨胀阀来控制压缩机排气温度，可以防止因排气温度的升高对系统性能产生的不利影响，同时可省去安全保护器，节约成本，提高工作效率。采用电子膨胀阀的制冷系统，停机时将膨胀阀全关，防止冷凝器的高温液体流入蒸发器，造成再次起动时的能量损失；而在开机前将膨胀阀全开，使系统高低压侧平衡，然后开机。这样既实现了压缩机的轻载起动，又减少了压缩机起、停造成的热损失，还节省电费。

电子膨胀阀分以下三种类型：

（1）热电膨胀阀　热电膨胀阀是由阀体和温度传感器以及电热调节器组成的节流阀。它以电加热量的大小来调节双金属片的变形量，以推动阀针移动，控制阀门的开度。

图 2-43 所示为热电膨胀阀的结构。图中，下面部分是阀体；上面部分是动力源室，它由双金属片与电加热器组成。电源由调节器（微电脑）供给，调节信号从传感器反馈给调节器。传感器是电热的转换器，即将温度的变化转换为电参数的变化，如电阻或电势的变化等。通常用热敏电阻作为传感器，当传感器感受到温度降低时，电加热器的加热量增大，使双金属片向阀门关小的方向移动，从而关小阀门；反之，则开大阀门。阀门受传感器温度瞬间变化的影响而频繁地调节阀门的开度大小，使膨胀阀及时地随制冷系统负荷的变化而调节流量。双金属片分驱

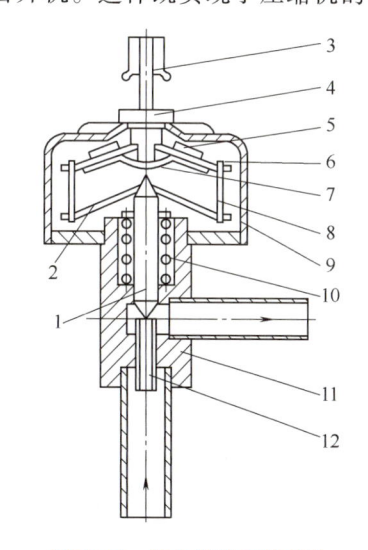

图 2-43　热电膨胀阀的结构

1—阀芯　2—补偿双金属片　3—接线端子
4—玻璃套管　5—电加热器　6—绝缘带
7—驱动双金属片　8—板　9—盖
10—弹簧　11—阀体　12—阀孔

动用与补偿用两种，它们通过用传热小的材料制作的连接板连接在一起。驱动双金属片为主动片，电加热器紧贴在驱动双金属片上，对其进行加热，加热量大小受传感器控制；补偿双金属片是被动片。当驱动双金属片受热后，双金属片就变形向下弯；补偿双金属片则向下压，推动阀芯向下移动，把阀门关小，反之就开大。

（2）柱塞式电子膨胀阀　柱塞式电子膨胀阀以电磁力为驱动源，传感器感受信号并将其传给微电脑，微电脑发出指令以调节驱动力，从而控制阀门的开度。

图2-44所示为柱塞式电子膨胀阀的结构图。管1为进液管，其内为来自冷凝器的高压液体。管2为流出的低压气液混合体的通道。低压气液混合体是经过阀门节流后，通过管2流向蒸发器的。阀芯与电磁线圈中的柱塞相连接，以往复运动来调节阀口的开度。电磁阀接通电源后，其电磁力与通电电流成正比，作为柱塞驱动力的电磁力在克服了弹簧的压缩力后将柱塞移至新的位置而处于新的平衡，从而控制节流口的开口面积。如果电磁线圈停止通电，则电磁力消失，弹簧压迫柱塞移动而关闭阀门。这样便可由电磁阀的电磁力来控制膨胀阀的开与关，从全开到全闭时间为20ms。

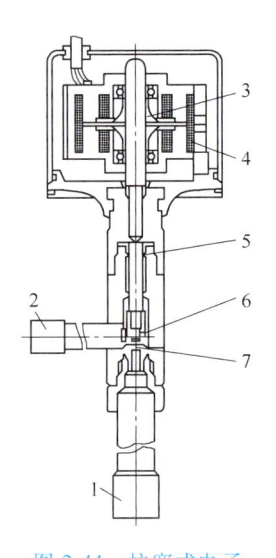

图2-44　柱塞式电子膨胀阀的结构
1—管1　2—管2　3—转子
4—定子绕组件　5—弹簧箱
6—阀针　7—喷嘴

柱塞式电子膨胀阀有两个传感器，一个贴在蒸发器进口管道上，一个贴在蒸发管的出口管道上。这两个传感器都将温度信号转换为电信号送到微电脑进行处理，然后发出适当的信号给电子膨胀阀，以调节阀门开度。

柱塞式电子膨胀阀具有与热电膨胀阀同样的优点，且柱塞式电子膨胀阀的反应更敏捷，从全开到全闭的时间更短，过热度控制可通过微电脑进行自由选择。

（3）电动式电子膨胀阀　电动式电子膨胀阀是一种用步进电动机驱动的电子膨胀阀，它通过给步进电动机施加一定逻辑关系的数字信号，使步进电动机通过螺纹驱动阀针的向前或向后运动，从而改变阀口的流量面积来达到控制流量的目的。这种电子膨胀阀又可分为直动型和减速型两种。直动型电动式电子膨胀阀由步进电动机直接带动阀针，而减速型电动式电子膨胀阀由步进电动机将动力通过减速齿轮组来推动阀针的动作，如图2-45所示。通过减速齿轮组可以产生较大的推力，所以目前许多步进电动机驱动的电子膨胀阀都是采用的这一种驱动方式。步进电动机驱动的电子膨胀阀因其更适用微电脑控制，并有较好的稳定性，逐渐被更多的制冷系统所采用。

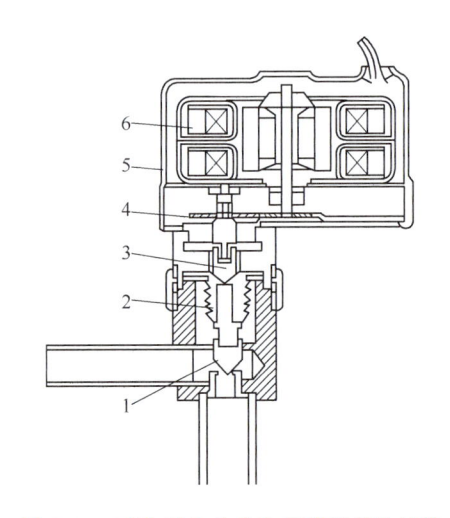

图2-45　减速型电动式电子膨胀阀的结构
1—阀芯　2—波纹管　3—传动器
4—齿轮　5—外壳　6—脉冲电动机

2.6 中央空调常用元件

2.6.1 风机盘管

风机盘管是中央空调器的主要组成部分，它是整个系统的末端设备，直接参与室内热量的交换。在户式中央空调系统中，风机盘管管道里主要是已冷却并节流降压的制冷剂，它被送到房间内，通过风机进行表面式的温湿度调节。

风机盘管的形式有卧式、立式和顶置式等。风机盘管通常与水冷机组（夏季）或热水机组（冬季）组成一个供冷或供热系统，分散安装在每一个需要空调器的房间内（如宾馆的客房、医院的病房、写字楼的写字间等）。为了缩小体积以及降低气流噪声，风机盘管多采用贯流式风机并用多级电动机驱动，以便对风量进行调节。

1. 风机盘管机组形式

风机盘管机组形式有卧式和立式两种，按安装方式又分为暗装式和明装式等。

1) 卧式暗装，一般吊装在顶棚内，送风口位于其前方，回风口位于其下部或后部。
2) 卧式明装，一般吊装在顶棚下，送风口位于其前方，回风口位于其下部或后部。
3) 立式暗装，一般装于房间的窗台下面，送风口位于其上方、前方或斜上方。
4) 立式明装，一般可设置在房间的地面上，送风口位于其上方、前方或斜上方。
5) 立式半明装，即使用立式暗装型风机盘管设在墙内加装饰面板。
6) 低矮式暗装，一般设在较低的窗台下。
7) 低矮式明装，可直接设置在房间的地面上。
8) 卡式，吊装在顶棚内，带有可装在顶棚上的百叶回风口过滤器及百叶送风口。
9) 立柱式暗装，一般设置在墙内。
10) 立柱式明装，一般直接设置在地面上的墙角处。

2. 风机盘管机组的工作原理

风机盘管空调系统的工作原理是将风机和盘管（小型表面式换热器）组成的机组直接安装在空调房间内，风机将室内一部分空气进行循环处理（经空气过滤器过滤和盘管进行冷却或加热）后直接送入房间，以达到对室内空气进行温度、湿度调节的目的。

房间所需要的新鲜空气，可以通过门窗的渗透或直接通过房间所设新风口进入房间，也可将室外空气经过新风处理机组集中处理后由管道送入室内，或者由风机盘管的空气入口处与室内空气进行混合再经风机盘管进行热湿处理后送入室内。

风机盘管处理空气的冷媒和热媒由集中设置的冷源和热源提供。因此，风机盘管空调系统属于半集中式空调系统，同时由于这种空调系统冷量或热量分别由空气和水带入空调房内，所以此种空调系统又称为空气-水空调系统。

3. 风机盘管机组的主要构造

机组由盘管叶轮、电动机、盘管、空气过滤器、室温调节装置及箱体等组成，其构造如图 2-46 所示。

1) 风机叶轮，它有两种形式，即离心多叶式和贯流式。叶轮直径一般在 150mm 以下，静压在 98.07Pa 以下。

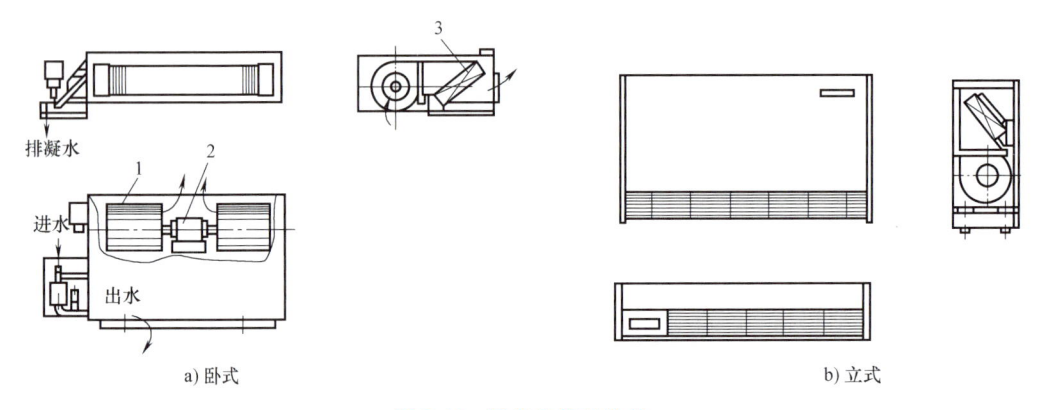

图 2-46 风机盘管的结构
1—风机 2—电动机 3—盘管

2）风机电动机，由于对机组噪声的要求高，一般采用电容式电路，运转时通过改变电动机的输入电压来进行电动机调速，从而改变机组的风量大小。

3）盘管，常采用铜管串铝片制成，盘管的排数一般为两排或三排。

4）空气过滤器，过滤材料一般采用粗孔泡沫塑料或纤维织物。

5）调节装置，一般机组具有三档（高、中、低）变速调节风量功能。

4. 机组的代号表示

风机盘管机组的代号如下：

$$FP\ ①\ ②\ ③\ ④\ ⑤$$

FP——表示风机盘管空调器；

①——用数字表示风机盘管空调器的名义风量（×100 m^3/h）；

②——用汉语拼音首字母表示安装形式，L 表示立式，W 表示卧式，D 表示低矮式，K 表示卡式，Z 表示立柱式；

③——用汉语拼音首字母表示结构形式，M 表示明装，A 表示暗装，BM 表示半明装，C 表示风机部分为敞开式；

④——用汉语拼音首字母表示出口方向，S 表示向上，Q 表示向前，X 表示向斜上方；

⑤——用汉语拼音首字母表示进、出水管方向，Z 表示面对机组正面，机组进、出水管在机组的左面，Y 表示位于右面。

5. 机组特点

风机盘管空调系统具有以下特点：

1）风机盘管空调系统在运行中噪声比较小。

2）风机盘管系统具有各自独立调节的优势。风机盘管空调机组内的风机转速可以分为高、中、低三档，而且水路系统又采用冷、热水自动控制以及房间温度调节器控制等，因而既可以灵活地调节各房间内的温度，室内无人时又可停止机组的运转，既能节约能源，又能经济运行。

3）系统可以比较容易地实现分区调节控制。由于在设计时冷、热负荷已按各房间的朝向、使用目的、使用时间等将系统分割为若干区域，从而为实现分区控制创造了条件。

4）由于风机盘管属于系统的末端机组类型，而且体积较小，因而布置和安装都比较方便。

5) 与集中空调系统相比,省去了回风管道,缩小了送风管道的断面尺寸,因而减少了建筑面积、空间占用及一次投资费用。

6) 风机盘管空调系统与普通的集中式空调系统相比,可降低 20%~30% 的运行费用;与诱导式空调系统相比,可降低 10%~20% 的运行费用。

7) 由于风机盘管机组已定型化、规格化、系列化,因而便于选择、安装及更换。

2.6.2 冷却塔

冷却塔是利用空气将从冷凝器中排出的高温冷却水中的一部分热量带走,而使水温下降的专用冷却水散热设备,主要用于水冷式空调机组。

1. 冷却塔的分类

在制冷设备工作过程中,从制冷机组冷凝器中排出的高温冷却循环水通过水泵送入冷却塔,依靠水和空气在冷却塔中的热湿交换,使其降温冷却后循环使用。按行业不同,冷却塔的分类如图 2-47 所示。

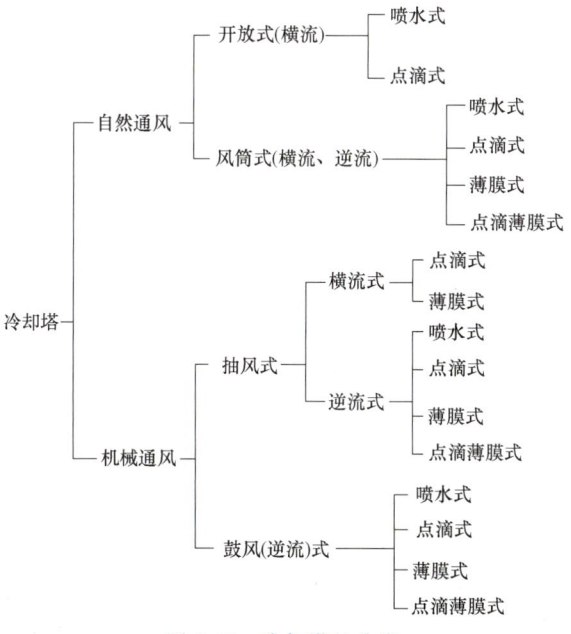

图 2-47 冷却塔的分类

2. 冷却塔的结构

在家用中央空调制冷设备中,机械通风逆流式冷却塔比较常用,其外形及结构如图 2-48 和图 2-49 所示。

塔体一般由上、中塔体及进风百叶窗组成,材料为玻璃钢。风机为立式全封闭防水电动机,圆形冷却塔的风叶直接装于电动机轴端。而对于大型冷却塔风机叶片则采用减速装置驱动,以实现平稳运转。布水器一般为旋转式,利用水的反冲力自动旋转布水,使水均匀地向下喷洒,与向上或横向流动的气流充分接触。大型冷却塔为了布水均匀和旋转灵活,布水器的转轴上安装有轴承。

图 2-48 冷却塔的外形

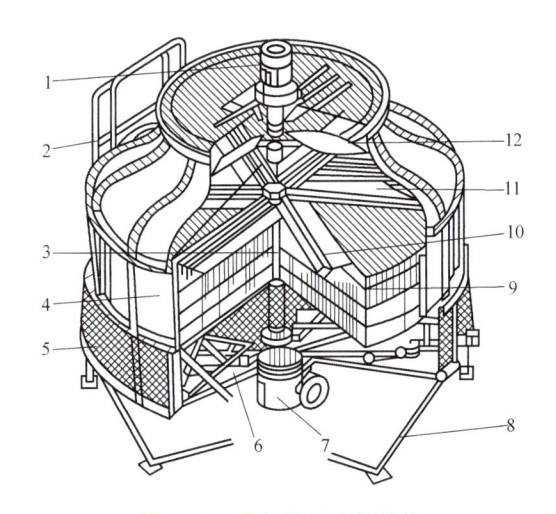

图 2-49 冷却塔的内部结构

1—电动机　2—梯子　3—进水立管　4—外壳　5—进风防溅网
6—集水盘　7—进出水管接头　8—支架　9—填料
10—布水器　11—挡水板　12—风机叶片

逆流式冷却塔的填料多采用改性聚氯乙烯或聚丙烯等，当冷却水温达 80℃ 以上时，则采用铅皮或玻璃钢填料。

2.6.3　安全阀

为防止制冷系统高压压力超过限定值而造成管道爆裂，需在制冷系统的管道上设置安全阀（又称溢流阀）。这样，当系统中的高压压力超过限定值时，安全阀自动开启，将制冷剂泄放至低压系统或排至大气。图 2-50 所示为一种制冷系统常用的安全阀结构。

它主要由阀体、阀芯、调节弹簧、调节螺杆等组成。安全阀的进口端与高压系统连接，出口端与低压系统连接。当系统高压力超过安全限定值时，高压气体顶开阀芯从出口排入低压系统。通常安全阀的开启压力限定值为：2.0~2.1MPa（R22 制冷装置）。

2.6.4　止回阀

止回阀的作用是在制冷系统中限制制冷剂的流动方向，制冷剂只能单向流动，所以又称为单向阀。图 2-51 所示为常用止回阀的结构。

当制冷剂沿图 2-50 中箭头方向进入时，它依靠自身压力顶开阀芯而流动。反之，当制冷剂流动中断或呈反向流动时，阀门关闭。止回阀多装在压缩机与冷凝器之间的管道中，以防止压缩机停机后冷凝器或储

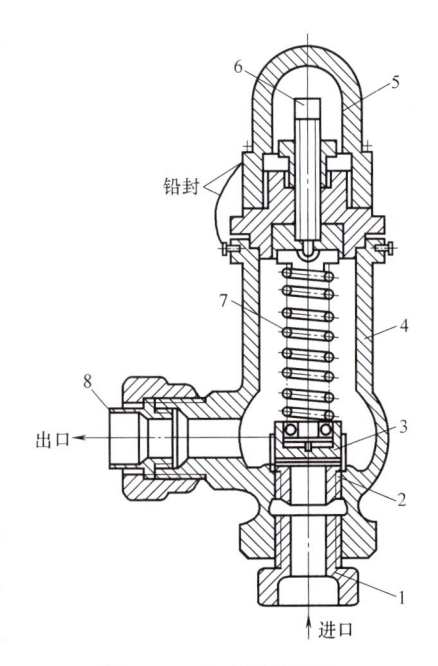

图 2-50　安全阀的结构

1—接头　2—阀座　3—阀芯　4—阀体　5—阀帽盖　6—调节螺杆
7—调节弹簧　8—排出管接头

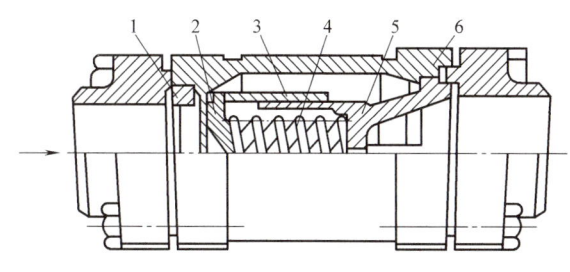

图 2-51 常用止回阀的结构
1—阀座 2—阀芯 3—阀芯座 4—弹簧 5—支承座 6—阀体

液器内的制冷剂倒流。

2.6.5 易熔塞

在氟利昂制冷系统中，常用易熔塞来保证高压储液器的安全。图 2-52 所示为易熔塞的结构和安装示意图。

易熔塞中铸有易熔合金，易熔合金的熔化温度很低，一般在 75℃ 以下。易熔合金的成分不同，其熔化的温度也不同。

在制冷系统中使用时，可根据系统中要控制的压力大小来选择不同熔化温度和成分的易熔塞。

易熔塞的工作原理：制冷系统工作时，如果储液器中的压力骤然升高，其中制冷剂的温度也会随之升高；当温度升高到易熔合金熔化温度时，易熔合金立即熔化，形成空隙，储液器中的制冷剂被排到大气中，从而保证了人身和设备的安全。

图 2-52 易熔塞的结构和安装示意图
1—熔塞 2—易熔合金 3—铜垫片

易熔塞熔化后，若要重新使用，应重新浇铸易熔合金，并经过检漏后方能继续使用。

2.7 辅助装置

空调器的制冷系统除了主要部件外，还需有一些辅助元件，以确保制冷系统安全运行、节能运行，增加运行功能。此处在介绍制冷管路系统附件的同时，将小型制冷装置的附件也一起进行介绍。

2.7.1 过滤器和干燥过滤器

1. 过滤器

过滤器的作用是用滤网收集制冷系统中的固体杂质，阻止它混在制冷剂、润滑油中流动，确保制冷系统的正常运行。制冷系统的各部件在制作中虽经严格清洗，但还是有少量杂质残存在里面。各部件的杂质汇集起来就成为一定量的固体杂质，它们混在制冷剂和润滑油中流动，极易使系统产生故障。

滤网有各种各样的结构，它是用黄铜、不锈钢、蒙乃尔合金等金属丝织成的网，网孔眼数一般为每 $25.4cm^2$ 有 60~100 目。对于截面积较大的滤网，为了增加其强度，可用 10 目金属丝网和多孔板结合起来使用。

常见的过滤器结构如图 2-53 所示。

过滤器或滤网一般安装在以下部位：

1）输液管。过滤器设在各阀门的上游，即截止阀、膨胀阀、毛细管的前面，膨胀阀前还另设有滤网。

2）吸气管。在压缩机的吸气腔前设滤网，可防止混入制冷剂内的杂质进入压缩机内。

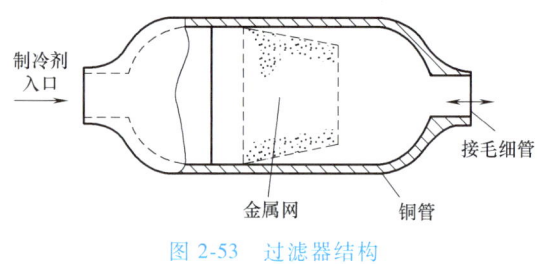

图 2-53　过滤器结构

3）润滑系统。在用油泵对压缩机进行润滑的结构中，曲轴底部（进油口）一定要使用滤网。

2. 干燥过滤器

制冷系统中不但有污物，还有水分。水分的来源是多方面的，冷冻油中含有水分，制冷剂中也含有水分，经过干燥处理后，它们的含水量都应比较小。但由于种种原因，系统内还是会有微量水分侵入，甚至水分会超量。制冷系统的水分会导致金属部分腐蚀、电动机绝缘强度下降、冷冻油变质、毛细管冰堵等不利现象。为了彻底吸除水分，根据需要在制冷管道系统中安装了干燥过滤器，目的是把系统中残余水分吸附在干燥剂中，不使其在系统中流动。有一种混合式固体干燥剂，它由吸附酸能力较强的活性氧化铝和吸湿能力强的分子筛等两种以上的干燥剂混合而成，经挤压成形为灯芯状，并且具有过滤作用，一物三用，是一种比较理想的干燥过滤器。

干燥过滤器分为单入口（图 2-54）和双入口式（图 2-55），安装在毛细管的进口端，如图 2-56 所示。在制冷剂通过时，由分子筛或硅胶等组成的干燥剂吸收其中的水分，防止产

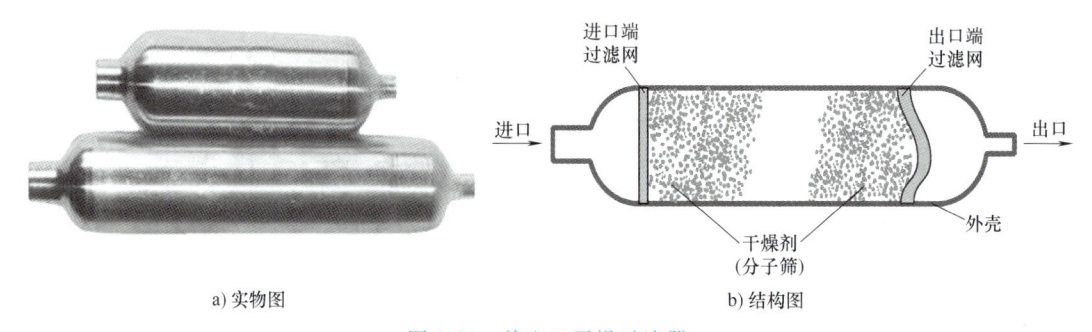

a) 实物图　　　　b) 结构图

图 2-54　单入口干燥过滤器

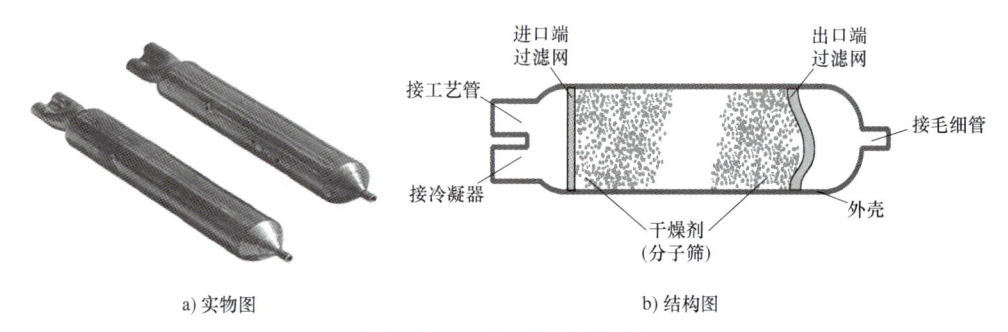

a) 实物图　　　　b) 结构图

图 2-55　双入口干燥过滤器

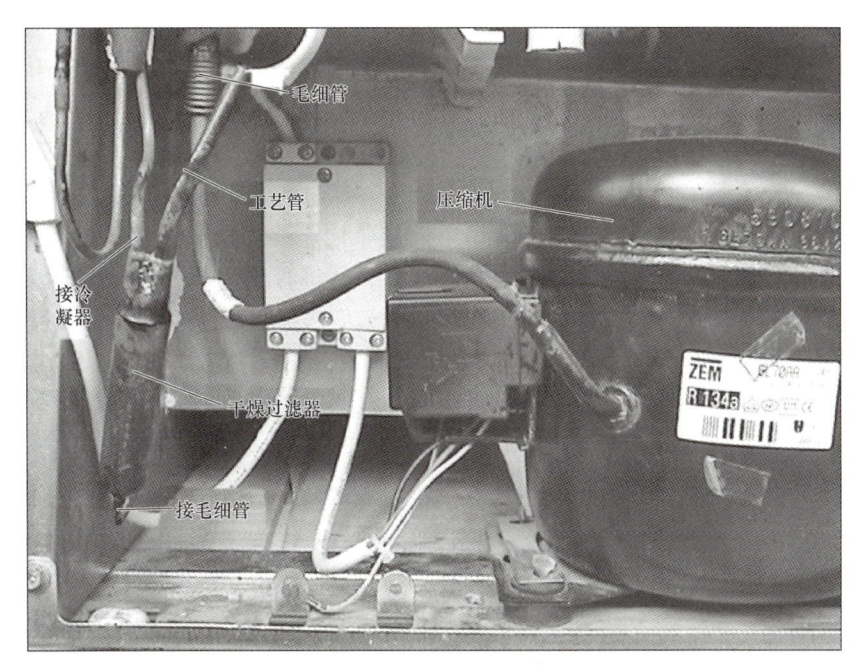

图 2-56 电冰箱制冷系统中的干燥过滤器

生冰堵，过滤网滤除其中的杂质，防止堵塞毛细管或损伤压缩机。

2.7.2 视液镜与湿度计

1. 视液镜

视液镜安装在冷凝器（或储液器）与节流元件之间，用以检查制冷剂的流动状态，其外形如图 2-57 所示。在正常情况下，视液镜通过的是过冷液体。当从视液镜中看到有气泡混在液体中流动时，可能是系统内的制冷剂不足，需要补充制冷剂；或者是毛细管或配管细长，流动阻力大，液管内有闪发蒸气，发生这种情况应及时改善或纠正。

当制冷系统在运行中需充注制冷剂时，视液镜开始有较多气泡流过，之后，气泡逐渐减少，最后气泡消失，通过的全是液体。这时制冷系统循环的制冷量为最佳充注量。对装有储液器的制冷系统，在充制冷剂时，当看到视液镜中流动的全是液体后，还可适量增加充注量。

图 2-57 视液镜外形图

2. 湿度计

湿度计用以观察和判断氟利昂制冷剂中的含水量情况，它与视液镜合为一体。有的视液镜底部装有湿度显示板，由于系统中制冷剂的含水量不同，显示板会显示不同的颜色，成为测量含湿量的湿度计，如图 2-58 所示。可以根据湿度计显示的颜色，判断制冷剂中的水分是否处在安全允许值内。

图 2-58 湿度计状态显示

例如，涂有金属盐溴化钴（$CoBr_2$）时，不含水时为绿色，含水时依含水量由小到大变成：绿色→蓝色→淡紫色→粉红色。如果显示含水量增加到危险的程度就需要更换干燥器，以减少含水量。

2.7.3 旁通电磁阀

旁通电磁阀的结构及作用与一般的通用电磁阀不同。通用电磁阀用于制冷系统停机时，切断输液管的继续输液，防止蒸发器内充满液体后，开机时压缩机产生液击事故。而旁通电磁阀装于输液管与吸气管之间或压缩机排气管与吸气管之间，以手动开关、温度开关或其他开关来控制电磁阀，如图 2-59 所示。阀门为常闭状态，上端为螺线管，其结构与通用电磁阀的螺线管一样。当接通电源时，阀芯被吸起而打开阀门；断电后，因阀芯自重及压簧往下压而关闭阀门。

若在空调器中装一只旁通电磁阀，进口接高压排气管段，并在其出口处接一根毛细管至压缩机吸气管段，在高湿低温度天气，打开旁通电磁阀，空调器就以除湿为主、降温为辅运行，使室内温湿度达到舒适范围，这种阀称为除湿阀。

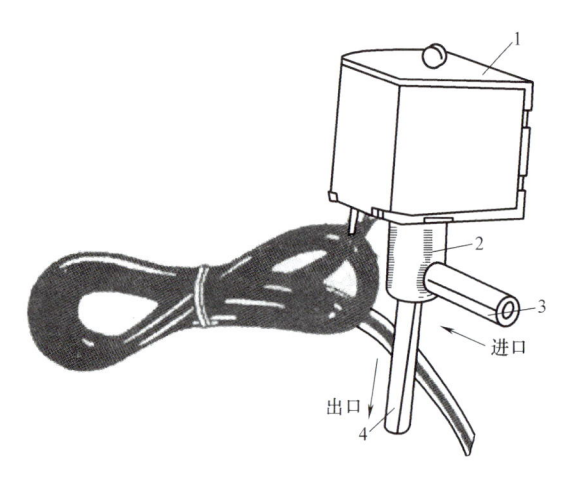

空调器减负荷运行的目的是降低空调器的运行负载。当空调器在超高温环境下运行时，其运行工况极为恶劣。例如，环境气温高于 40℃ 时，空调器的负荷已超过其额定负载，空调器已不能工作了。若空调器上装了减负荷旁通阀，就可打开旁通阀，放一部分制冷剂液体（也应经过节流）去冷却压缩机，降低其吸气和排气温度。

图 2-59 旁通电磁阀外形
1—螺线管　2—阀门　3—进液管　4—出液管

这样就改善了压缩机的运行条件，同时系统制冷量减少，减轻了压缩机的负载，空调器可以继续运行。

2.7.4 单向阀

单向阀的作用是只许流体沿一个方向流动，不许流体反向流动。在需要单向流动的流程中，可用单向阀限制流体的流向。图 2-60 所示为单向阀的结构。

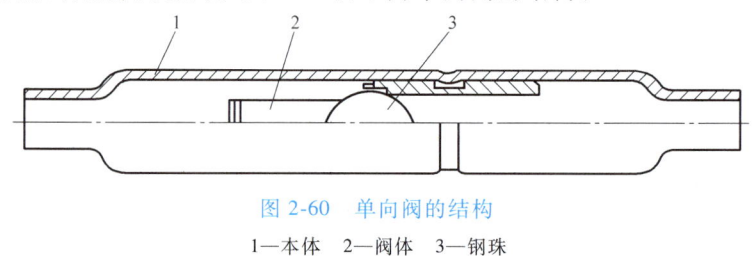

图 2-60 单向阀的结构
1—本体　2—阀体　3—钢珠

在以热力膨胀阀为节流元件的热泵空调器中，膨胀阀是单向流动的阀，而当热泵运行，制冷剂要反向流动时，膨胀阀就关闭，制冷剂流动被阻，不能制热。这时，可在膨胀阀的进出管口并接一只单向阀，其流向与膨胀阀相反，这样，当热泵运行处于反向流动时，可经过单向阀使流程畅通。在冷泵运行时，膨胀阀畅通，而单向阀不通。另外，热泵空调器为了增强制热效果，保证空调器在冬天环境温度较低的情况下也正常工作，需要加长毛细管，让蒸发温度降低，常使用单向阀组件，如图2-61所示。

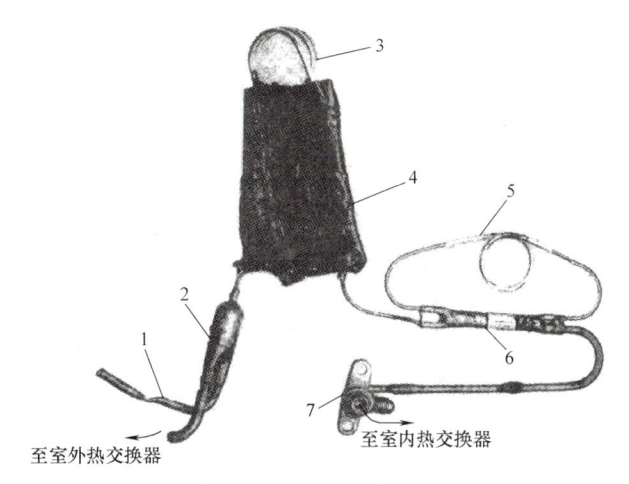

图 2-61　单向阀组件图

1—工艺管　2—过滤器　3—主毛细管　4—防振胶　5—辅助毛细管　6—单向阀　7—高压截止阀

采用空气冷凝器的空调器（一般为分体式），当冷凝器位置高于压缩机时，在停机期间，排气管内制冷剂蒸气冷凝为液体，倒流到气缸的气阀内，甚至流到气缸内。为了防止起动时发生液击事故，往往在靠近压缩机的排气管上安装单向阀来阻止其倒流。

单向阀具有构成单向导通功能，即制冷时导通，制热时不导通。当它用于制热时，会增加毛细管节流长度，提高制热能力。当单向阀球体或密封面比较脏或变形时，就会出现密封不实泄漏，导致制热效果下降。另外，焊接单向阀时，要用湿布包裹单向阀体，避免其内部尼龙支架烧损。

2.7.5　气液分离器

气液分离器是防止液体制冷剂直接进入压缩机（一般称液体倒流）内的装置。它装在压缩机吸气管部分，将进入气液分离器中的液体留下，让蒸气进入压缩机，以防压缩机液击。

气液分离器一旦接到大量的液体制冷剂，就将其储存于容器内，只让气体进入压缩机。它需要有收容制冷剂充注量40%~70%液体体积的容积，还需有在装置中使循环的油回流到压缩机的回流油管。气液分离器也兼有消声的作用。图2-62所示为不同形式的气液分离器结构。

2.7.6　冷凝压力调节阀

制冷系统运行时，不管是什么季节，都希望它能处在设定的稳定工况下运行，不希望有波动出现。但实际上，季节变化时环境温度随之变化，冷凝温度和压力都会变化，使制冷系统在变化的冷凝压力下运行，这对压缩机运行不利，运转中往往会出现故障。为防止这类故障出现,制冷量为 20000kW 以上的冬季需要运行的制冷装置(包括空调器),应装设冷凝压力调节阀,以保持恒定的冷凝压力,维持压缩机的稳定运行。

图 2-63 所示为冷凝压力调节阀结构图。图中下面为进口,水平管为出口,上面有弹簧,并用波纹管密封,顶上有调节螺钉,以调整弹簧的预紧力。弹簧压迫着阀芯,使阀芯压向阀门座。由冷凝器来的高压液体,通过压力顶开阀芯,并维持一定的开度,使冷凝器保持设定的压力。当冷凝器因环境温度的降低而使冷凝压力下降时,弹簧力将阀口关小,减小液体流动,使冷凝压力维持在设定值;当冷凝压力高于设定值时,弹簧力小于冷凝压力,阀芯被顶开一些,以保持原压力。

a) 中大型制冷装置用气液分离器　　b) 旋转压缩机气液分离器

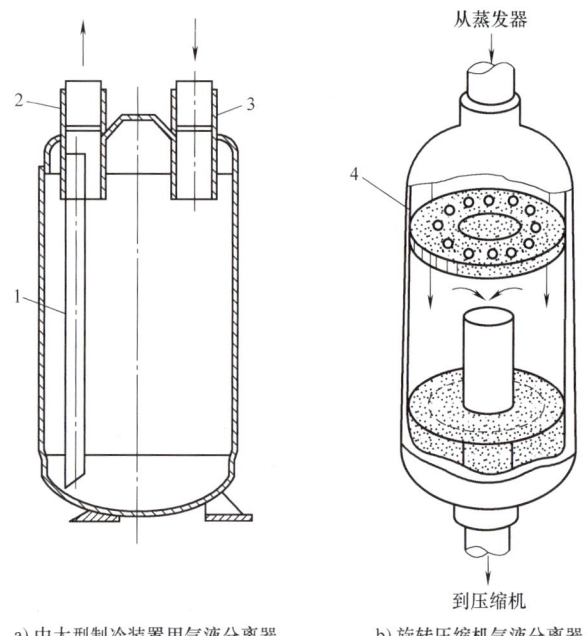

图 2-62　不同形式的气液分离器结构图
1—抽吸管　2—吸气管　3—导入管　4—障板

2.7.7 气门嘴

为了便于检修,对功率稍大些的空调器,需要安装检修阀,目前以气门嘴代替检修阀已很普遍,气门嘴的结构与汽车轮胎上的气门嘴一样(图 2-64),以便于空调器检修时,测量压力、补充制冷剂;抽真空时,充氮气、回收制冷剂等。

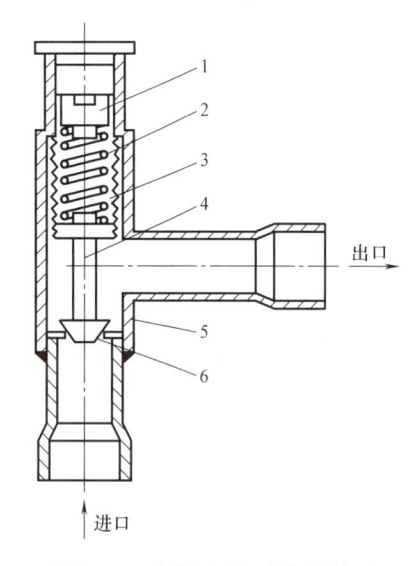

图 2-63　冷凝压力调节阀结构图
1—调节螺钉　2—弹簧　3—波纹管　4—阀芯
5—阀体　6—阀口

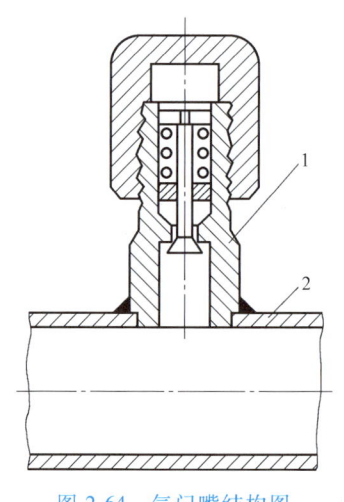

图 2-64　气门嘴结构图
1—气门嘴　2—系统接管

用专门的连接软管与气门嘴相接,当软管接头旋到一定位置时,芯棒就慢慢将气门芯顶开,随即快速旋紧,气门嘴的阀门就被打开。注意此时连接软管的另一端应事先装上压力表或储液器,否则空调器内的制冷剂就会逸出。当旋下接扣时,芯棒退出,气门芯被弹簧压出,气门则被关闭。这种气门嘴阀门结构简单、小巧,安装方便,可以直接焊接在吸、排气管上,以作检修之用。注意,气门嘴本身也存在微漏,所以操作完一定要拧上密封螺母并旋紧。

2.7.8 水量调节阀

用水冷却的冷凝器,为了安全运行和节约用水,可安装水量调节阀,按冷凝压力的高低调节冷凝器的水量,可以稳定冷凝压力使其不受波动。

水量调节阀的结构如图 2-65 所示。它由阀体部分和控制部分组成,上部为控制部分,下部为阀体。控制部分外围由壳体与里面的波纹管组成一个密封体,顶部有接头。制冷系统中的高压蒸气由接头处进入密封容器内。波纹管内装有弹簧,调节杆与紧固在波纹管顶上的压板连接,与波纹管顶部连成一体,当波纹管移动时,阀杆也同步联动,开闭阀门。弹簧压在波纹管顶平面的下面,它有向上的弹力,而在波纹管外部有往下压的冷凝压力,这两种力成为抗衡力,可在某一位置上取得平衡,这就是要保持的冷凝压力。该设定值的大小可通过调整调节杆、弹簧压力来确定。当系统冷凝压力偏高时,冷凝压力大于弹力,蒸气压力将波纹管往下压(移动),下面的阀门就开大些,反之则关小些。停机时,冷凝压力大幅度下降,弹力大于压力,将阀门关闭。

2.7.9 高低压截止阀

分体室外机装有专用的高、低压截止阀,高压截止阀装在冷凝器的出口段,低压截止阀装在压缩机的吸气段。低压截止阀均使用三通截止阀,而高压截止阀有使用二通截止阀和三通截止阀两种情况。这种专用的截止阀的作用有:生产中抽真空和充注制冷剂,安装中连接室内外机,使用和维护中测压力、补充制冷剂等。

高低压截止阀的种类很多,2 匹以下的分体机在室外侧的进出管路上分别安装一个二通截止阀和一个三通截止阀,3 匹以上分体机则安装两个三通截止阀。三通截止阀的第一通与压缩机的出口焊接起来,另一通与室内外连接管的细管相连;低压截止阀的引管与冷凝器的吸气管焊接起来,第二通与室内外连接管的粗管相连;低压截止阀还有第三通,称为旁通孔(也称维修口),供测量压力、补充制冷剂或抽真空、充氮气、回收制冷剂等用,不用时应将阀头用密封螺母拧紧。三通截止阀根据制造厂家不同,阀体结构也

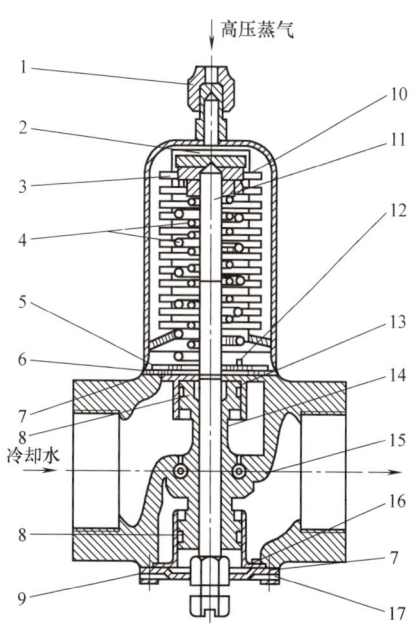

图 2-65 水量调节阀结构图

1—接头 2—压板 3—弹簧座 4—调节弹簧
5—密封圈 6—弹簧座 7—垫圈 8—O 形密封环 9—底板 10—波纹管 11—调节杆
12—卡环 13—上导套筒 14—锥形阀门
15—阀座 16—下导套筒 17—螺钉

有一定变化，根据旁通孔与室内机连接口是否在同一轴线上分为两种：一种是非同轴型三通阀，如图 2-66 所示；另一种是同轴型三通截止阀，如图 2-67 所示。

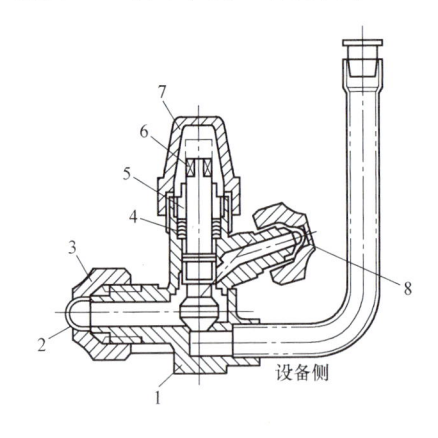

图 2-66　非同轴非自封三通截止阀
1—连接管子的阀座　2—扩口螺母密封盖
3—扩口螺母　4—阀座　5—密封座
6—阀轴　7—罩帽　8—扩口螺母盲塞

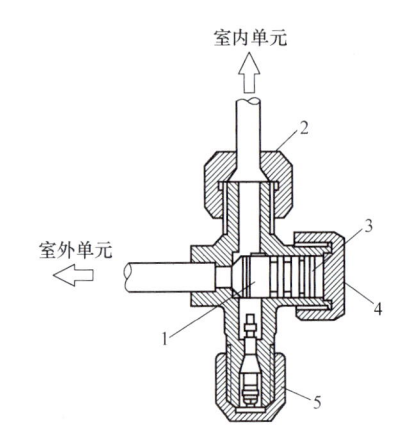

图 2-67　同轴型自封三通截止阀
1—中心轴　2—锥形螺母　3—锁挡　4—盖形螺母
5—灌注或排气口

二通、三通截止阀是空调器的易损部件，很容易泄漏。其泄漏原因包括：开关阀芯次数太多导致的损坏泄漏，人为操作不当导致的泄漏。

截止阀的密封属于机械静密封，内部的 O 形密封圈只是在开关阀芯时起到暂时密封作用，当截止阀的阀芯处于中间状态时，就会造成慢漏。所以关闭阀芯时要一直向前关到底，打开阀芯时要一直向后开到头。

截止阀的机械静密封由密封面的金属挤压变形来密封，所以当阀芯开关次数超过 6 次时，就可能导致密封面变形，出现密封不实现象。在平时操作中，应尽量减少开关阀的次数。

另外，截止阀上的螺母属于密封螺母，必须拧紧，以保证密封的效果。

焊接截止阀接管时，一定要用湿布裹住阀体，同时将维修口的气门嘴卸下来，以避免 O 形密封圈和气门嘴的橡胶密封垫烧坏，导致泄漏。

2.7.10　消声器

消声器的作用是消除由于压缩机排出气体的冲击流而产生的脉动噪声，一般安装在排气管路易产生噪声的地方。其结构很简单，相当于一个容器，其外形如图 2-68 所示。

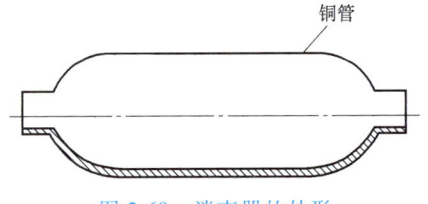

图 2-68　消声器的外形

2.7.11　电磁阀

电磁阀是用电磁力操纵的阀门，它可受温度继电器、压力继电器或手动开关等控制。在制冷和空调装置中，电磁阀常用作遥控截止阀、双位调节系统的调节机关或安全保护设备。它适用于各种气体、液体制冷剂、润滑油以及水的管路中。

电磁阀的类型很多，从启闭的动作原理来划分，可分为两类：一类是直接作用式，即一次开启式；另一类是间接作用式，即二次开启式。

1. 直接作用式电磁阀

直接作用式（ZCL-3 型）电磁阀的结构如图 2-69 所示。它主要由阀体、电磁线圈、阀芯、动铁心、弹簧等部分组成。其上半部为电磁线圈部分，线圈由高强度漆包线绕制而成；下半部为阀体，阀体用隔磁导管将工质封闭。隔磁导管用防磁不锈钢材料制成，动铁心、定铁心均用软磁不锈钢材料制成，阀针用非磁性不锈钢制成，阀口材料采用聚四氟乙烯。

工作原理：电磁线圈通电时，产生磁场，吸引动铁心并带动阀针上移，阀门开启；电磁线圈断电时，磁场消失，动铁心和阀针靠自重和弹簧力下落，阀门关闭。

由于这种阀门靠重力和弹簧力关闭，因此要求垂直安装，不能反接，以免阀芯被卡住，造成失灵；并且要注意阀体上的箭头应与管路工质的流向一致。

三通电磁阀也是直接作用式，可以用于制冷系统作为制冷压缩机汽缸卸载装置的油路控制，也可在制冷管路中控制制冷剂的不同流向。其结构如图 2-70 所示。

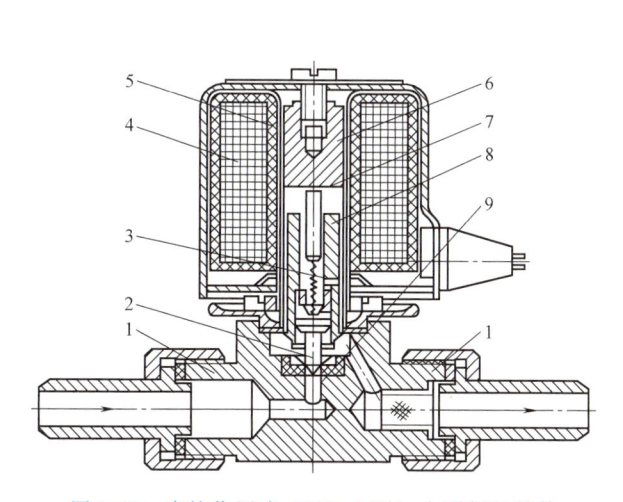

图 2-69 直接作用式（ZCL-3 型）电磁阀的结构
1—阀体　2—阀芯　3—弹簧　4—电磁线圈　5—套管
6—定铁心　7—短路环　8—动铁心　9—阀口

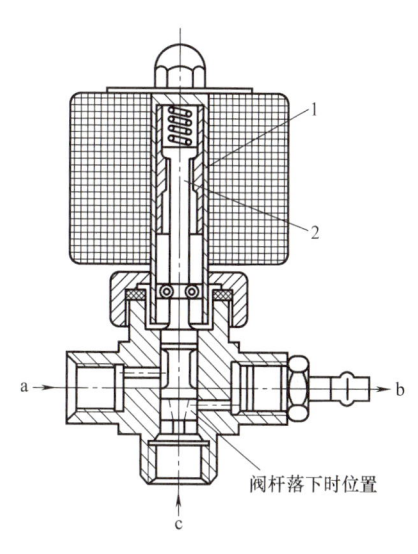

图 2-70 三通电磁阀的结构
1—阀芯　2—阀杆

三通电磁阀与二通电磁阀相比，它的底部还有一个通道口 c，并且进口 a 和出口 b 连接的通道不在同一水平面上。电磁阀通电，阀杆提起，这时 b 与 c 连通，而与 a 不通；电磁阀断电，阀杆落下，阀芯把 c 堵死，a 与 b 连通。由于铁心只能有两个位置，三路不能同时连通。可以看出，a 与 c 在任何情况下都是不通的。三通电磁阀的使用要求同二通电磁阀。

2. 间接作用式电磁阀

间接作用式电磁阀又称为继动式电磁阀，如 ZCL-6、ZCL-10、ZCL-15、ZCL-20 等型号，其结构如图 2-71 所示。该阀上半部结构同 ZCL-3 型，小阀座装在大阀盖上，大阀芯用聚四氟乙烯压配在活塞上，大阀座装在大阀体上。

工作原理：电磁线圈通电后产生磁场，吸引动铁心和阀针，小阀口打开，使活塞上腔压力因通过导压孔通向阀的出口而下降，活塞上、下腔产生压差，使活塞浮起，大阀口开启；

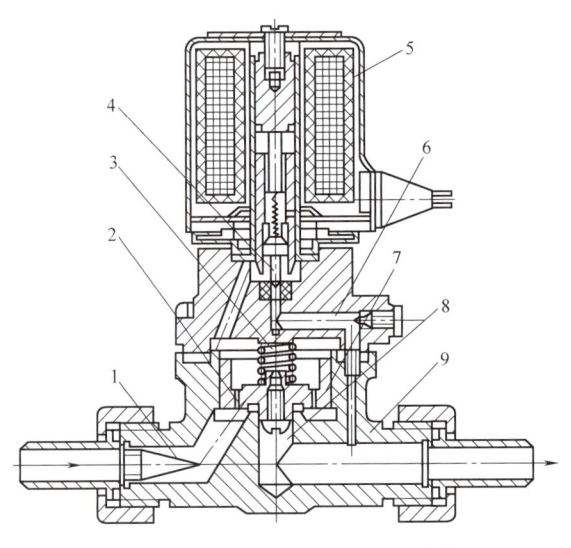

图 2-71 间接作用式电磁阀的结构

1—滤网 2—平衡孔 3—弹簧 4—小阀芯 5—电磁先导阀 6—导压孔 7—活塞
8—大阀口 9—大阀体

电磁线圈失电后,阀针落下,小阀口关闭。活塞上、下腔的压力通过活塞上的平衡孔均衡,在活塞自重和弹簧力的作用下,活塞压下,大阀口关闭。

间接作用式电磁阀在工质流过时有压力损失,阀口全开压损为 0.014MPa。

电磁阀底部设有手动顶杆,必要时(如电磁线圈烧坏)可手动顶开活塞以维持正常工作。

2.8 空气循环装置

空气循环系统主要由风机、风扇(包括轴流风扇、贯流风扇、离心风扇)、风道和风室(腔)、空气处理装置(如过滤网、换新风装置、负离子发生装置、触媒装置)、导风叶片等组成。

通风系统是强迫空气对流、加速空气流动、提高换热器热交换效率的组合部件。一般蒸发器侧的风机为离心风扇,其特点是风压比较高,而风量偏小些。它可克服流动时的阻力,使吸入的空气经蒸发器进行热交换后,成为冷空气,再送入室内,并能吹出一段距离,一般可达到 4~5m。冷凝器侧的风扇为轴流风扇,其特点是风压较低,风量较大,风道距离短。它把周围的空气吸入与冷凝器热交换后,只要将热空气吹出冷凝器即可,不需要吹出一段较远距离,因而其风压可小些,而风量则要大些,故采用轴流风扇比较合理、经济。

通风系统是保证空调器正常运转的必要条件。无论是室内侧还是室外侧送风系统,一旦停止送风或风力达不到设计标准,压缩机就会发生过热保护或液击现象。当室内侧发生送风故障时,蒸发器还会发生严重挂霜的情况。

2.8.1 风扇

1. 轴流风扇

轴流风扇装在室外热交换器里侧,它是室外空气循环的动力。它由径向 3~6 块叶片及中央的中心板构成,其优点为风量大、效率高、噪声小。由于夏季室外温度较高,进入室外热交换器的气体温度高,所以空调器室外风扇大都采用压力低、流量大的轴流风扇,如图 2-72 所示。

2. 贯流风扇

贯流风扇实际上属于离心风扇的一种。室内风扇要求噪声低,因此转速宜选低转速。这种风机的叶轮为前向式叶片,叶片的轴向长可以做得很长,呈滚筒状,两端面密封。当叶轮旋转时,叶片之间吸入的气体被加速,在离心力的作用下,气体抛向叶轮周围,体积压缩,密度增加,产生静压力,同时加大了气流速度,产生动压(即提高了动能),使气体由风口送出。在此情况下,叶轮中心部分形成低压空间,空气不断吸入,形成空气进、出的不断循环。其结构如图 2-73 所示。这种风扇的特点是,可以在叶轮直径较小、转速较低的情况下,产生较高的压头,效率也很高,噪声较小,因此多用于小型风扇中,同时叶轮的轴向宽度可自由选取,以获得较大的风量。由气腔形成的涡室用以引导吸气位置和排出位置。

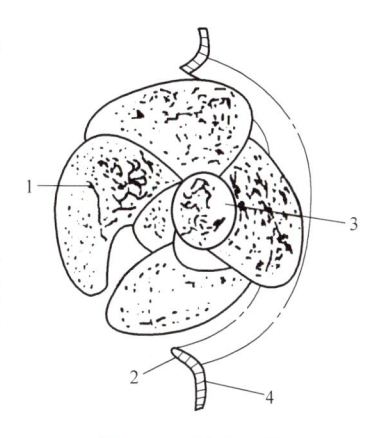

图 2-72　轴流风扇
1—叶片　2—喇叭口　3—中心板
4—测流孔

3. 离心风扇

窗式空调器的室内侧和柜机室内机一般使用的是离心风扇,其送风系统主要由叶轮、进风风腔(相当于集流器)、风道(蜗壳状)等零部件组成。离心风扇叶片在风扇的拖动下,在风道内高速旋转,叶片之间的气体在离心力的作用下,使叶轮外径与风道之间的空间形成正压力(即高于环境大气压力),由径向经风道吹出,同时在叶轮内径及吸气处形成负压力(低于环境大气压力),外界气体在大气压力的作用下,被吸到叶轮内,以补充排出的气体,再被叶轮的离心力抛向风道而排出风扇,如此源源不断地将气体输送出去,如图 2-74 所示。离心风扇吸入空气的方式包括轴向进风和径向进风两种。

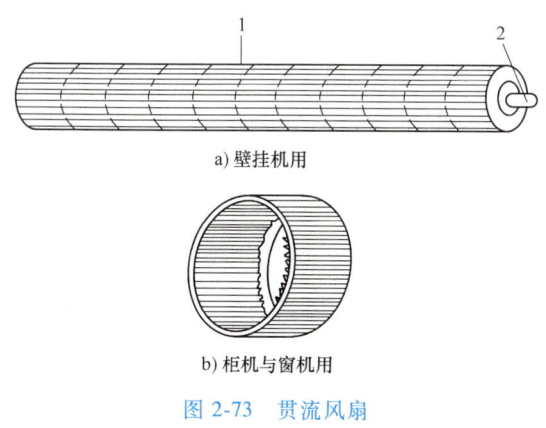

a) 壁挂机用

b) 柜机与窗机用

图 2-73　贯流风扇
1—叶轮　2—轴

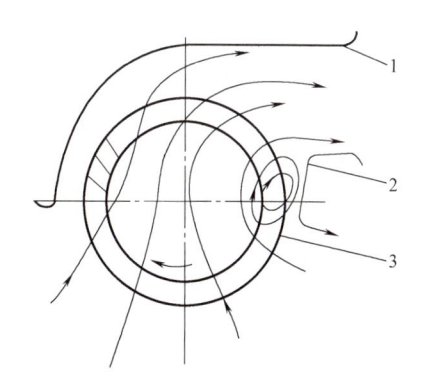

图 2-74　前向式叶轮离心风扇
1—机壳　2—风舌　3—叶轮

叶轮形式对风机性能有很大影响,按照叶片的倾斜方向分为后向式叶轮、前向式叶轮和径向式叶轮。

1)后向式叶轮的叶道断面逐渐变化,顺流性较好,气体被增压及加速的过程比较平缓，气流的静压成分较高。所以使用后向式叶轮时，气体流动损失小，效率较高，噪声较小，所配电动机也不会出现超载现象，但缺点是产生的全风压较低，在相同风量下，比其他形式风扇叶轮直径要大，或者转速要高。

2）前向式叶轮的叶道较短，叶道断面变化大，顺流性差，气体被增压及加速过程比较剧烈，气体的脱流和涡流情况比较多，气流的动压成分较高，流动损失较大，效率较低，噪声较大。在相同风量风压下，前向式风扇的效率较低，噪声较大，所配电动机可能出现超载现象，但是它可产生较高的压头，比其他形式风扇的叶轮直径要小，或者转速要低。目前在要求尺寸小、功率消耗较小的小型或微型风扇中，采用前向式叶轮较多，且基本上是多叶的前向式叶轮。

3）径向式叶片结构简单，生产成本低，参数介于前向型叶片和后向型叶片之间，但是效率较低，所以应用不是十分广泛，只在矿井等少数场合使用。

2.8.2 过滤网

所有空调器室内机进风口都设有过滤网，随着人们对空气质量的要求越来越高，过滤网的结构越来越多，功能也越来越丰富。

1. 普通空气过滤网

空气过滤网（图 2-75）材料为塑料纤维或多孔泡沫塑料，可以滤去空气中直径为 $10\mu m$ 以上的尘埃。空气中直径 $1\sim150\mu m$ 的尘埃占尘埃总量的 85%，因此经过空气过滤网后，空气中的大多数灰尘被滤除，沉积在过滤网上。过一定时间后，灰尘会堵塞过滤网，造成空气通路受阻，风量减少，换热效果降低，所以空气过滤网应经常清洗，以保持空气畅通。

2. 健康型过滤网

健康型过滤网（图 2-76）采用蜂窝网状结构，并填装活性炭。这样的过滤网既有较大的过滤面积，又能吸收烟味、臭味，能有效地滤去直径 $0.01\mu m$ 的尘埃、花粉和霉菌等。这种过滤网经过一定时间的使用后，要重新更换，不能循环使用。

图 2-75 普通空气过滤网　　　　图 2-76 健康型过滤网

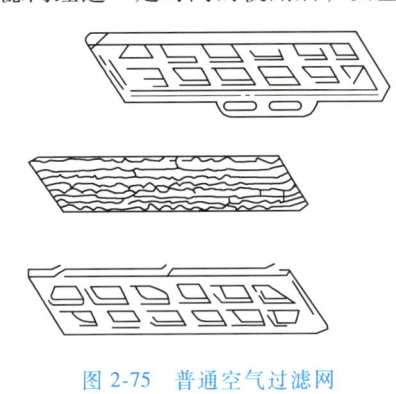

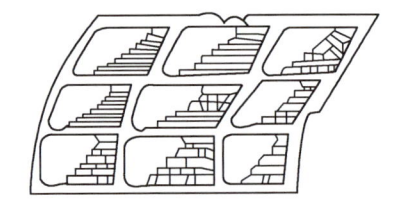

2.8.3 导风叶片

为了使房间温度分布更加均匀或实现定向送风，空调器室内机的出风口处设置了导风叶片，如图 2-77 和图 2-78 所示。导风叶片根据导风方向分为左右导风叶片和上下导风叶片，根据运转方式分为手动导风叶片和自动导风叶片。手动导风叶片可随意调节叶片位置；自动导风叶片由步进电动机或同步电动机调节，可实现定向送风和连续扫风（窗机和柜机左右导风叶片为自动摆动，挂机为上下导风叶片自动摆动）。

　　　　a) 左右导风叶片　　　　　　　　　　b) 上下导风叶片

图 2-77　壁挂机导风叶片

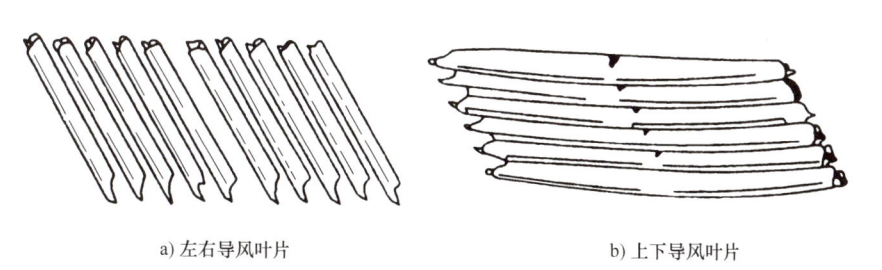

　　　　a) 左右导风叶片　　　　　　　　　　b) 上下导风叶片

图 2-78　柜机导风叶片

2.9　技能训练——压缩机、冷凝器、蒸发器的检修

2.9.1　准备工作

实训设备：压缩机、冷凝器、蒸发器、干燥过滤器。
实训工具及耗材：万用表、气焊、肥皂水。

2.9.2　项目任务书

【任务描述】

压缩机、冷凝器、蒸发器和干燥过滤器是制冷系统的重要组成部分，也是常见的故障原件。这些元件出现故障后会导致系统不制冷、制冷效果不良等现象。通过本任务的训练，掌握上述几种元件的检测方法，学会更换故障元件的操作方法。

【任务说明】

（1）压缩机的检测与替换　检测压缩机是否正常，如果不正常，替换压缩机。
（2）冷凝器的检测与替换　检测冷凝器是否正常，如果不正常，替换冷凝器。
（3）蒸发器的检测与替换　检测蒸发器是否正常，如果不正常，替换蒸发器。
（4）干燥过滤器的检测与替换　检测干燥过滤器是否正常，如果不正常，替换干燥过滤器。

2.9.3　任务实施过程和步骤

1. 压缩机的检测与替换

（1）压缩机的一般检测方法　压缩机基本上采用全封闭式，它将压缩机与电动机组装在一个封闭的壳体内，壳体由上、下两部分焊接成一体，一般不能拆卸，壳体上只有3根管路和3个接线端子，如图2-79所示。

图 2-79 压缩机外部结构示意图
1—接线端子 2—吸气管 3—排气管 4—工艺管

压缩机三个接线端子分别为运行端（R）、起动端（S）和公共端（C），正常情况下，运行绕组的阻值最小，起动绕组的阻值较大，R和S之间的阻值是运行绕组和起动绕组的阻值之和。

压缩机的故障种类很多，只有在完全确定是内部故障后，才可以实施焊开外壳，进行大修。

压缩机的一般检查方法有两种：手指法和实测法。

1）手指法。对压缩机吸、排气性能的检测是最简单易行的方法，也是检测压缩机性能的重要依据。卸下压缩机，但仍使其通电工作。

① 检查压缩机的排气管。用手堵住压缩机排气口如图2-80所示，然后松开手，因为压缩机内有压力，所以在排气口就可以感觉到排气，也应该听到排气声，这样就表明压缩机排气良好；若排气很小，甚至没有，说明排气缸盖垫或气缸体纸垫已击穿，同时也有可能为吸、排气阀片已击碎；若有排气，但气量不足，表明压缩机效率较差；若没有排气，能听到"嘶嘶"声，但停机后马上消失，说明高压缓冲S管与机壳连接处、出气帽处断裂或出气帽垫片冲破漏气，需要更换或者开壳修理。

图 2-80 压缩机排气管检查

② 检查压缩机的吸气管。用手堵住吸气口，感觉有吸引力，说明压缩机吸气能力良好。否则，说明压缩机吸气有故障，如图2-81所示。

图 2-81　检查压缩机吸气管

2）实测法。检测压缩机的电动机，主要检测电动机的绕组。一般压缩机侧面有电动机绕组的接线柱，如图 2-82 所示。R 为运行端，S 为起动端，C 为公共端。压缩机电动机的好坏，可通过检测上述三个接线端子进行判别。压缩机电动机常见的故障有绕组短路、绕组开路、绕组接地等。

① 检测起动端 S 与公共端 C 之间的阻值，将万用表调到 R×1 档，调零后，测量 SC 间的电阻值为 15.4Ω，如图 2-83 所示。

图 2-82　压缩机电动机的接线柱

图 2-83　检测起动端 S 与公共端 C 间的电阻

② 检测运行端 R 与公共端 C 之间的阻值，应为 30.3Ω，如图 2-84 所示。

③ 检测起动端 S 与运行端 R 之间的阻值，应为 45.7Ω，如图 2-85 所示。可见起动端与公共端之间的阻值和运行端与公共端之间的阻值之和等于起动端与运行端之间的阻值。

检测以上各绕组阻值应满足上述要求，若测量某个绕组阻值为无穷大，说明该绕组开路。若检测时某个绕组值过小，可能有短路情况发生，这时要测量绕组接地情况，即用一只

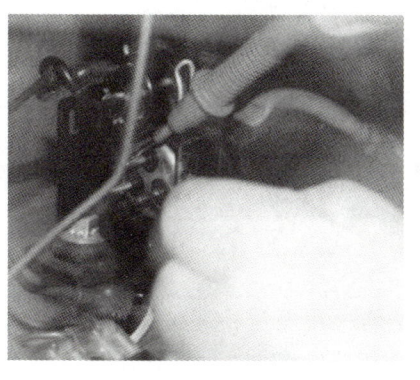

图 2-84　检测运行端 R 与公共端 C 间的电阻

表笔与公共端接触，用另一只表笔接地；若阻值很小，说明该端已经接地，需要开盖进行绝缘处理，如图2-86所示。

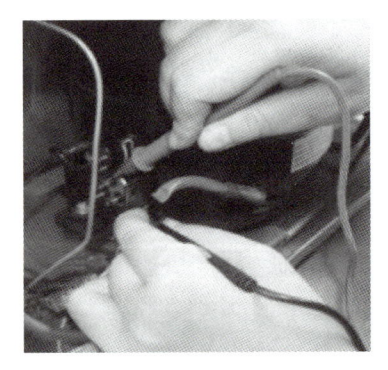

图2-85　检测起动端S与运行端R间的电阻

图2-86　检测对地电阻

（2）压缩机的替换

① 先分别把起动继电器和热保护继电器拆下，然后卸下固定压缩机的固定爪，如图2-87所示。

② 焊割吸气管和排气管，如图2-88所示。

③ 取下压缩机后，换上同型号的压缩机，安装固定好，再焊接吸气管、排气管，然后对制冷系统进行吹污、干燥、抽真空、充注制冷剂。

2. 冷凝器的检测与更换

（1）冷凝器的检测　冷凝器主要由各种管路组成，它的故障多是泄漏或堵塞。泄漏一般出现在管口的焊接处，因为制冷剂中含有润滑油，所以可以用白纸对管路进行擦拭，检测是否有油渍渗出；也可以用肥皂水涂于各焊接处，若有气泡冒出，说明该处泄漏，如图2-89所示。

图2-87　卸下压缩机的固定爪

图2-88　焊割吸气管和排气管

内嵌式冷凝器通常采用测压检漏法，如果确定冷凝器泄漏，那么原来的冷凝器只能废弃，在冰箱的背部重新接外露式冷凝器代用。

（2）冷凝器的替换　换冷凝器时，先用焊枪割开冷凝器进气口与压缩机排气管的焊接处，然后割开冷凝器与干燥过滤器的焊接处，如图 2-90～图 2-92 所示，取下冷凝器。将同一型号的冷凝器再焊回上电冰箱。

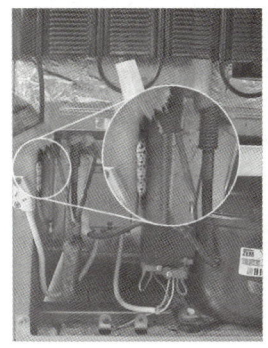

图 2-89 用肥皂水检测冷凝器管口

图 2-90 冷凝器与压缩机和干燥过滤器的焊接处

图 2-91 割开冷凝器进气口与压缩机排气管的焊接处

图 2-92 割开冷凝器与干燥过滤器的焊接处

3. 蒸发器的检测与替换

（1）蒸发器的检测　蒸发器的故障主要是泄漏或堵塞。因为蒸发器与回气管使用的材料不同，所以蒸发器与回气管的接口部分易腐蚀，从而发生泄漏，如图 2-93 所示。检漏最常用的方法是用肥皂水检漏，把肥皂水涂在易漏区域，观察有气泡冒出，即为该点泄漏，如图 2-94 所示。

（2）蒸发器的替换　图 2-95 所示为电冰箱冷冻室的蒸发器及其接口。进气管和回气管位于蒸发器的底部，蒸发器的进气口和回气口分别与毛细管和压缩机的回气管相连。

取下蒸发器时多采用气焊加热的方法。先卸下冰箱背部蒸发器连接端口的保护盖，然后取出隔热泡沫，就会看到进气管和回气管，用焊枪分别将进气管端口和回气管端口熔断，如图 2-96 所示，小心取出蒸发器。更换的蒸发器必须与原蒸发器型号一样。

4. 干燥过滤器的检测与替换

（1）干燥过滤器的检测　干燥过滤器的作用就是滤除制冷系统中的杂质和水分，也就是说只有当干燥过滤器的过滤网破损后，污物才会堵塞毛细管，所以制冷系统的脏堵堵塞的就是干燥过滤器。

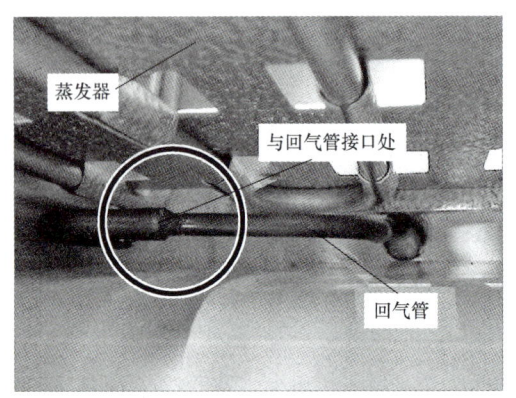

图 2-93 蒸发器与回气管的接口处

图 2-94 肥皂水检漏

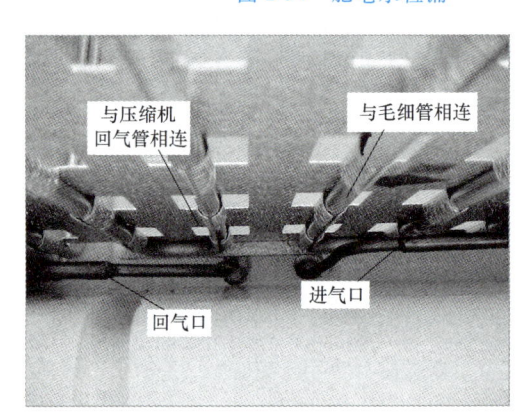

图 2-95 电冰箱冷冻室的蒸发器及其接口

干燥过滤器发生脏堵时一般有以下三种现象：
① 用手握住干燥过滤器时，发现其前后有一定的温差。
② 干燥过滤器部分结露或者结霜。
③ 听不到蒸发器正常循环时发出"嘶嘶"的制冷剂流动声，只能听到压缩机发出沉闷的过负荷声。

（2）干燥过滤器的替换　干燥过滤器没有维修的价值，坏了就必须换新的。
1）把损坏的干燥过滤器拆下。
① 为避免焊接时损伤其他部件，焊接前应用挡板隔离箱体，如图 2-97 所示。

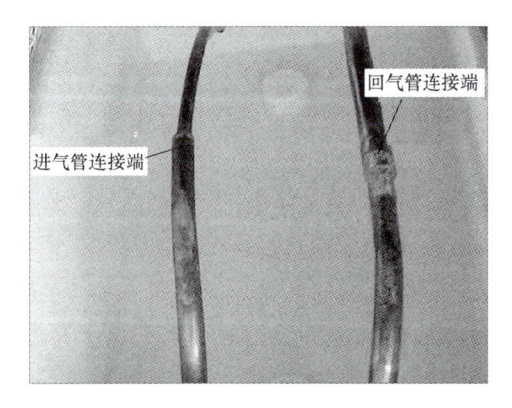

图 2-96 电冰箱背部蒸发器的管路连接端口

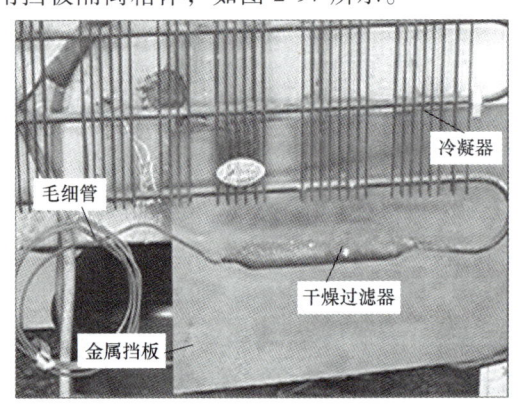

图 2-97 金属挡板放置于箱体前

② 将焊枪火焰调为中性焰，加热毛细管与干燥过滤器的接口，如图 2-98 所示。

③ 温度足够后，用钳子夹住毛细管，让其与干燥过滤器分离，如图 2-99 所示。

图 2-98　加热毛细管与干燥过滤器的接口 　　　图 2-99　用钳子将毛细管与干燥过滤器分离

④ 用同样的方法将干燥过滤器与冷凝器分离，如图 2-100 所示。

2）将新的干燥过滤器装上。新的干燥过滤器开封后必须马上使用，避免空气和水分进入系统。

① 将冷凝器插入新的干燥过滤器，焊好其接口处，如图 2-101 所示。

② 焊接冷凝器与干燥过滤器的接口，焊接毛细管前先观察其管口是否有毛刺或不平整，若有则必须用切管器将毛细管口切齐，如图 2-102 所示，然后插入干燥过滤器中，如图 2-103 所示。

图 2-100　将干燥过滤器与冷凝器分离 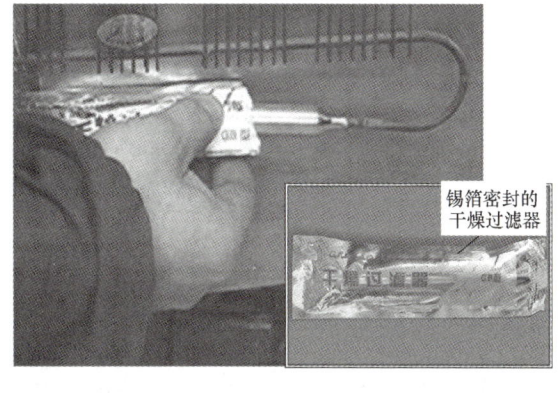　　　图 2-101　干燥过滤器与冷凝器的管子对插

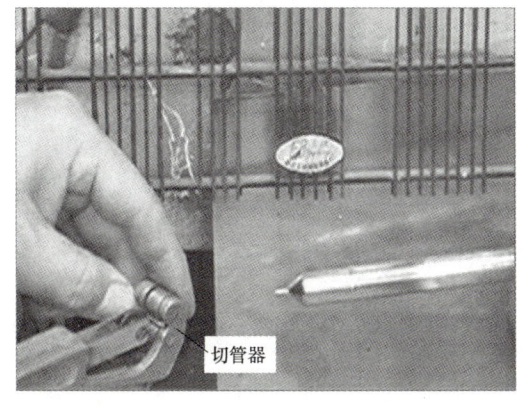

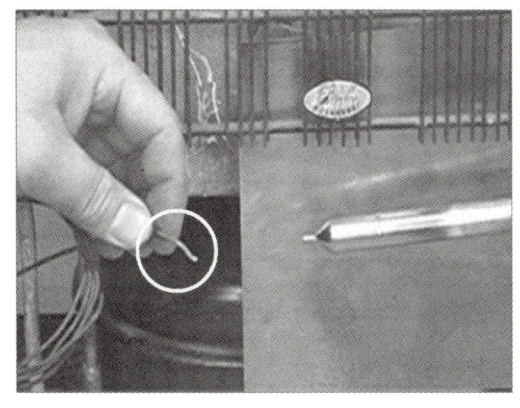

图 2-102　将不平整的毛细管口切齐

③ 焊好毛细管与干燥过滤器的接口，如图 2-104 所示。

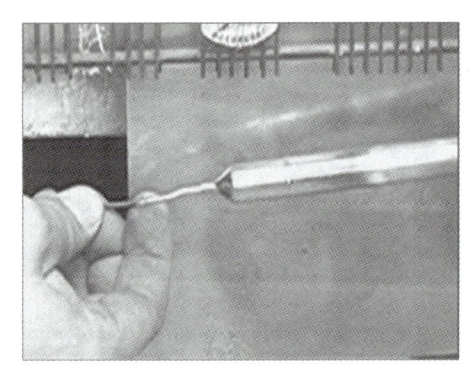

图 2-103　毛细管与干燥过滤器对插 　　　　图 2-104　焊接毛细管与干燥过滤器

④ 更换后的干燥过滤器一般需要两次抽真空，然后再向系统内充注定量的制冷剂，如图 2-105 所示。

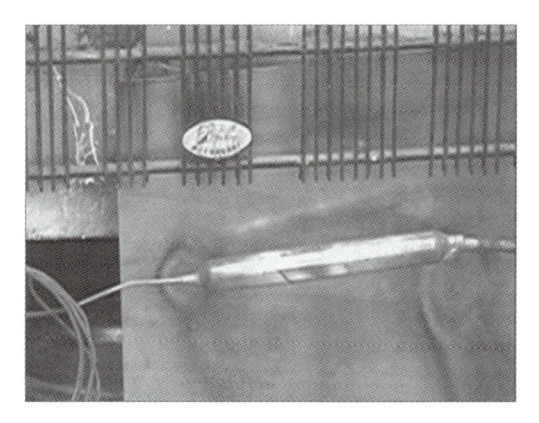

图 2-105　更换后的干燥过滤器

2.9.4　任务考核

压缩机、冷凝器、蒸发器、干燥过滤器的检修任务考核评价表见表 2-1。

表 2-1　压缩机、冷凝器、蒸发器、干燥过滤器的检修任务考核评价表

评分内容及配分	评分标准	得分
压缩机的检查与替换 （35 分）	能用手指法判断压缩机是否正常（5 分） 能用实测法判断压缩机是否正常（10 分） 能用气焊断开压缩机吸气管和排气管（5 分） 能用气焊连接新压缩机的吸气管和排气管（10 分） 焊接处美观、无泄漏（5 分）	
冷凝器的检查与替换 （20 分）	能用肥皂水检测冷凝器是否出现泄漏（5 分） 能用气焊替换冷凝器组件（10 分） 焊接处美观、无泄漏（5 分）	
蒸发器的检查与替换 （20 分）	能用肥皂水检测蒸发器是否出现泄露（5 分） 能用气焊替换蒸发器组件（10 分） 焊接处美观、无泄漏（5 分）	

(续)

评分内容及配分	评分标准	得分
干燥过滤器的检查与替换(25分)	能判断干燥过滤器是否正常(5分) 能用气焊替换干燥过滤器(10分) 焊接处美观、无泄漏(5分) 焊接过程中没有损伤毛细管(5分)	

扩展阅读——安全生产

近年来，在生产作业和建筑拆除、维修工程中，焊割作业日益频繁，因违规电焊作业引发的火灾、爆炸等事故频频发生。焊接是一项对操作技能要求较高的作业，焊接工作中存在弧光辐射、金属烟尘、有害气体、高频电磁场、射线和噪声等有害因素，因此在工作中一定要注意安全！在生产作业中要注意以下几点：

（1）具有防范意识　凡事预则立，不预则废。

技术不熟练前，每次操作把操作流程在头脑里预演一遍，以免出错。技术熟练后，要集中精力操作，保证不分心。

（2）具有法律意识　底线思维，法律是不可逾越的红线。

《中华人民共和国安全生产法》第六条，生产经营单位的从业人员有依法获得安全生产保障的权利，并应当依法履行安全生产方面的义务。触犯法律，需要承担民事、刑事、行政责任。

（3）具有责任意识　时刻牢记安全责任重于泰山，人以安为乐，厂以安为兴。

在日常的学习生活中，要自觉遵守法律法规和公共秩序，不随意违规，不违反操作程序，在有序参与中增强参与意识和实践能力，激发活力和创造力，为未来更好地学习、生活和工作，以及成为有担当的时代新人打下坚实的基础。

课 后 习 题

一、填空题

1. 蒸汽压缩式制冷系统由（　　　　　　）、（　　　　　　）、（　　　　　　）和（　　　　　　）四部分组成。

2. 压缩机三个接线端子分别为（　　　　　　）、（　　　　　　）和（　　　　　　）。

3. 冷凝器按结构分为（　　　　　　）、（　　　　　　）、（　　　　　　）和（　　　　　　）四种。

4. 蒸发器按结构分为（　　　　　　）、（　　　　　　）、（　　　　　　）和（　　　　　　）四种。

5. 气割是利用（　　　　）气体与氧气混合燃烧的火焰将金属加热到（　　　　　　），并在氧气射流中剧烈（　　　　　　），而将金属分开的加工方法。

二、选择题

1. 活塞式制冷压缩机实现能量调节方法是（　　　　）。

A. 顶开吸气阀片 B. 顶开高压阀片
C. 调节电机转速 D. 关小排气截止阀

2. 往复活塞式制冷压缩机中，设计有轴封装置的机型是（　　）
   A. 全封闭式压缩机 B. 半封闭式压缩机
   C. 开启式压缩机 D. 涡旋式压缩机

3. 充制冷剂进行检漏试验时，可以借助于（　　）。
   A. 卤素灯 B. 清水 C. 肥皂水 D. 观察法

4. 测定系统真空度的一般仪表是（　　）。
   A. 正压压力表 B. 负压压力表 C. U形压力计 D. 微压计

5. 干燥过滤器中的分子筛可吸附制冷系统中残留的（　　）
   A. 空气 B. 冷冻机油 C. 水分 D. 有机械杂质

6. 制冷压缩机灌注冷冻油的型号与（　　）有关。
   A. 冷凝压力 B. 蒸发温度 C. 环境温度 D. 制冷剂

三、简答题

1. 气焊的应用范围是哪些？
2. 画出制冷系统的基本原理图。
3. 简述节流阀的作用？

课后习题答案

一、填空题

1. 蒸发器、压缩机、节流阀、冷凝器　　2. 起动端、运行端、公共端　　3. 百叶窗式、钢丝式、翅片式、内嵌式　　4. 翅片式、钢丝式、管板式、吹胀式　　5. 可燃、燃点、燃烧（氧化）

二、选择题

1. C　　2. C　　3. C　　4. B　　5. C　　6. D

三、简答题

1. 由于气焊火焰具有温度低的特点，它特别适用于薄板的焊接以及低熔点材料的焊接。它不但能应用于工具钢和铸造类需要预热和缓冷的材料的焊接，还能应用于有色金属的焊接、钎焊及硬质合金堆焊，以及磨损件等的补焊和结构件的火焰校正等。

2. 如图2-12所示。

3. ①控制制冷剂进入蒸发器的多少，从而控制制冷量；②使制冷剂节流降压，帮助制冷剂实现蒸发吸热。

模块 3　　分体式空调器安装与调试

3.1　热泵空调系统

3.1.1　热泵空调系统的组成

热泵空调系统方框图如图 3-1 所示，其结构简洁，层次清晰，主要部件包括压缩机、压力表、四通电磁阀、室外换热器、视液镜、过滤器、毛细管节流组件、空调阀、室内换热器、气液分离器等。

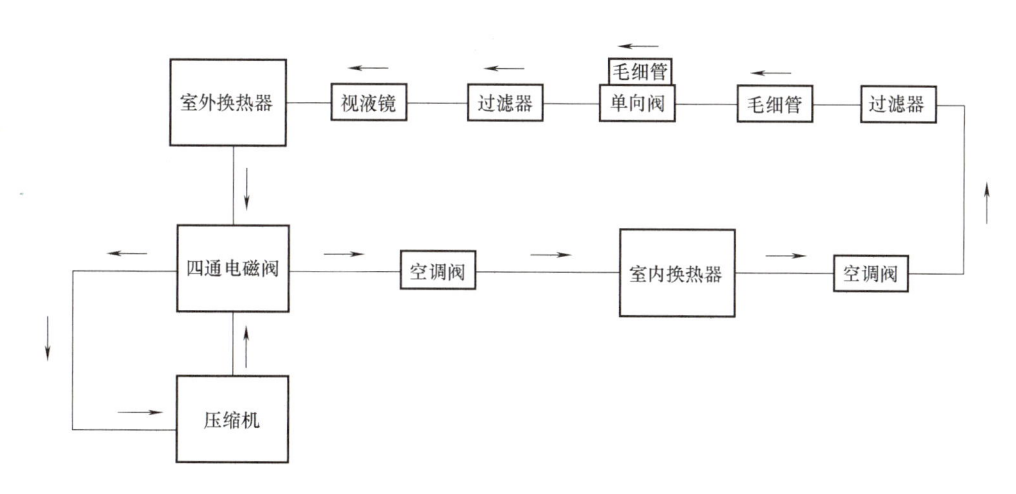

图 3-1　热泵空调系统方框图

1. 空调制冷原理

空调制冷时，系统的结构组成及热力系统流程如图 3-2 所示。

空调在制冷工况下，低温低压的制冷剂气体由回气管 21、气液分离器 23 进入压缩机 1，经压缩机 1 压缩后，变为高温高压的制冷剂气体，经高压排气管 2 进入四通电磁阀 22 的①端，从四通电磁阀 22 的②端进入室外换热器进口 4、室外换热器 5，经室外换热器 5 和室外换热器风机 6 对空气的强制对流，制冷剂变成高压中（常）温的制冷剂液体，此液体流经室外换热器出口 7，从视液镜 8 处可以看到制冷剂的状况。液体制冷剂经过过滤器 9、单向阀 10、毛细管 12、过滤器 13，再通过空调阀 14 的连接，流入室内换热器进口 15 中。前面经过毛细管的节流，低压中（常）温的制冷剂液体流入室内换热器 18，立刻吸热膨胀变为低压低温的气体，经室内换热器 18 和室内换热器风机 16 对空气的强制对流，将冷量吹进室内，低压低温的气体经室内换热器出口 17 流过空调阀 19，从四通电磁阀 22 的④端进入，从四通电磁阀的③端流出，进入回气管 21，经气液分离器 23 回到压缩机 1，如此反复循环，通过热力学原理将室内的能量与室外的能量进行交换，起到制冷的效果。压力真空表 3、20

83

分别连接在压缩机的高压排气口与低压回气口处，用于监测系统高、低侧压力的变化情况。

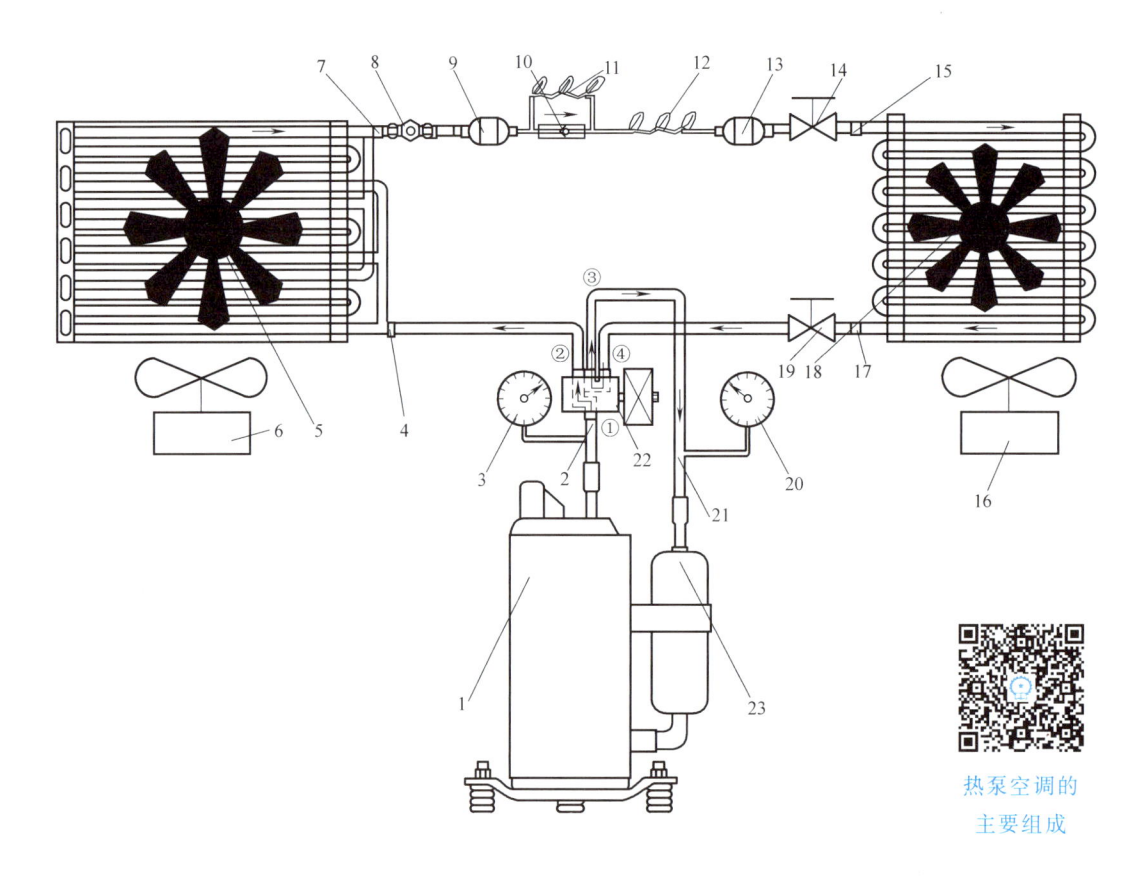

图 3-2 热泵空调制冷系统流程图

1—压缩机 2—高压排气管 3—高压侧压力真空表 4—室外换热器进口 5—室外换热器 6—室外换热器风机
7—室外换热器出口 8—视液镜 9、13—过滤器 10—单向阀 11、12—毛细管
14、19—空调阀 15—室内换热器进口 16—室内换热器风机 17—室内换热器出口
18—室内换热器 20—低压侧压力真空表 21—回气管 22—四通电磁阀 23—气液分离器

热泵空调的主要组成

2. 空调制热原理

空调制热时，系统的结构组成及热力系统流程如图 3-3 所示。

空调在制热工况下，低温低压的制冷剂气体由回气管 21、气液分离器 23 进入压缩机 1 后，经压缩机 1 压缩后，变为高温高压的制冷剂气体，经高压排气管 2，进入四通电磁阀 22 的①端。这时，空调器主控板驱动四通电磁阀 22 的线圈得电，通过机械的切换，四通电磁阀 22 的①端与④端通、②端与③端通，高温高压的制冷剂气体就流出四通电磁阀 22 的④端，经空调阀 19 流入室内换热器 18，通过室内换热器风机对空气的强制对流，使得室内换热器中的热量被空气带入室内房间，从而使房间内的温度上升。高温高压的制冷剂气体变成高压中（常）温的制冷剂液体流经室内换热器进口 15，然后流入空调阀 14 处，再经过过滤器 13、毛细管 12、毛细管 11、过滤器 9、视液镜 8 流入室外换热器 5 中。高压中（常）温的制冷剂液体被毛细管 12、11 共同节流，这时单向阀 10 反向不导通，高压中（常）温的制冷剂液体便流入室外换热器 5 中立刻吸热膨胀，变为低压低温的气体。低压低温气体经过冷

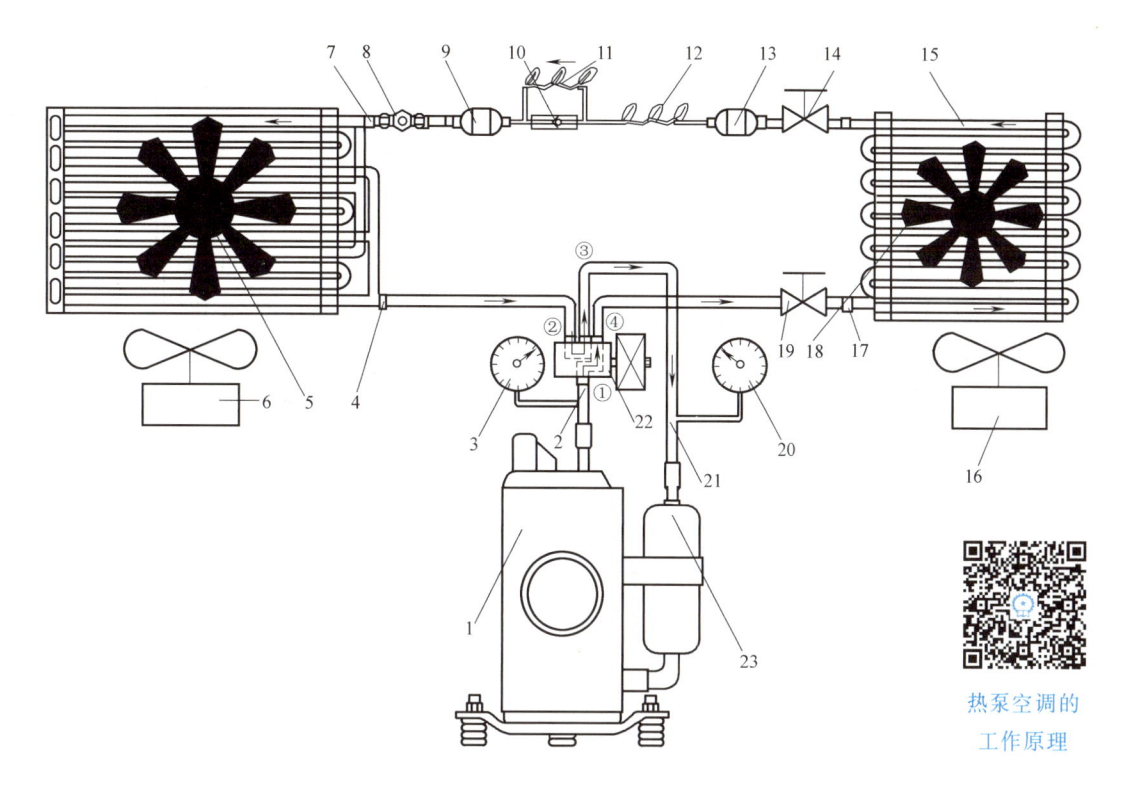

图 3-3 热泵空调制热系统流程图

1—压缩机　2—高压排气管　3—高压侧压力真空表　4—室外换热器进口　5—室外换热器　6—室外换热器风机
7—室外换热器出口　8—视液镜　9、13—过滤器　10—单向阀　11、12—毛细管
14、19—空调阀　15—室内换热器进口　16—室内换热器风机　17—室内换热器出口　18—室内换热器
20—低压侧压力真空表　21—回气管　22—四通电磁阀　23—气液分离器

凝器时受到室外换热器风机 6 对空气的强制对流，进行能量交换，流经室外换热器进口 4、四通电磁阀 22 的②端，流出③端，进入回气管 21，再经气液分离器 23 回到压缩机 1。如此反复循环，通过热力学原理对室内的能量与室外的能量进行交换，起到制热的效果。

3.1.2　四通电磁换向阀

四通电磁阀（图 3-4）是热泵型空调器的关键控制部件，它通过电磁先导阀控制四通主阀换向，从而实现对空调器制冷、制热功能的转换。

1. 功能特点

1）采用四通先导阀控制四通主阀，换向可靠。
2）设有防止系统短路的特殊装置，系统工作更安全。
3）能瞬时换向并可在最小压差下动作，使经过四通阀的压降和泄漏降到最小。
4）电磁线圈采用热固性塑料密封，全封闭，防水效果好。

2. 结构

四通电磁阀由三部分组成：先导阀、主阀和电磁线圈。电磁线圈可以拆卸，先导阀与主阀焊接成一体。

a) 制冷模式

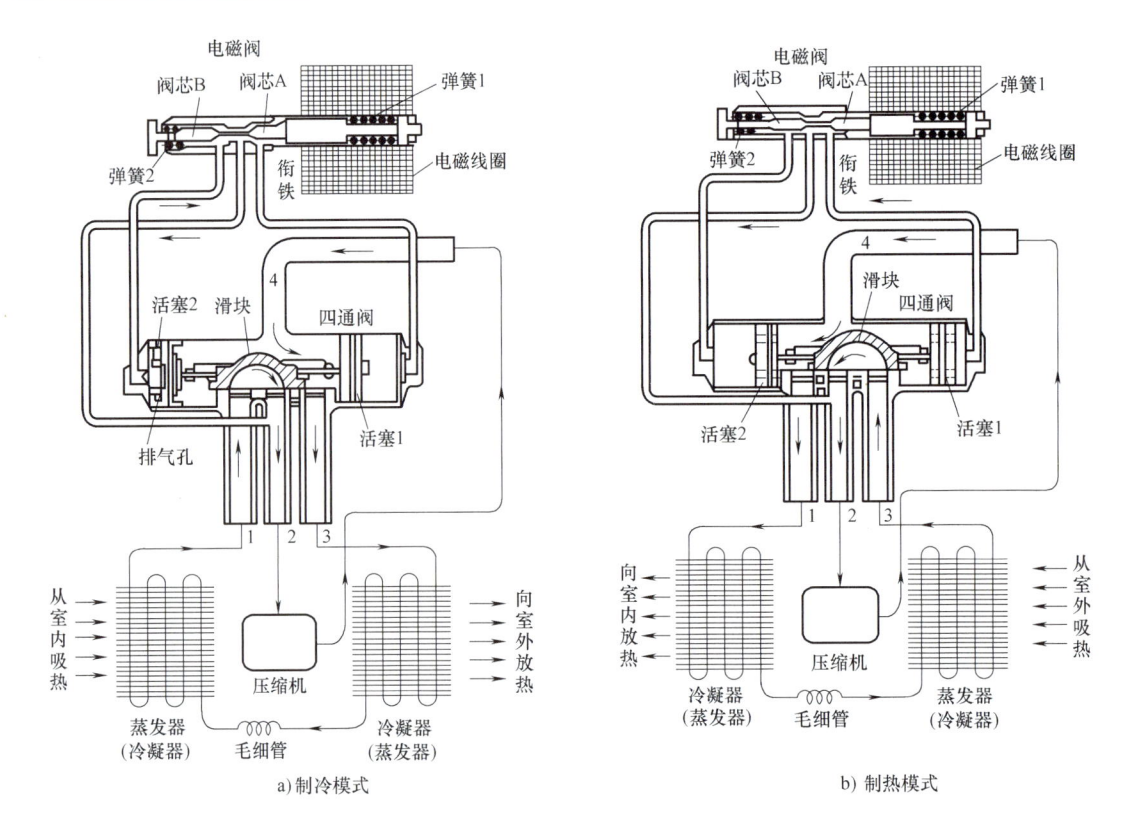

b) 制热模式

图 3-4 四通电磁阀

3. 工作原理

1) 当电磁线圈处于断电状态时,先导滑阀在压缩弹簧的驱动下左移,高压气体经毛细管进入活塞腔。活塞腔的气体排出,由于活塞两端存在压差,活塞及主滑阀左移,使 E、S 接管相通,D、C 接管相通,于是形成制冷循环,如图 3-5a 所示。

2) 当电磁线圈处于通电状态时,先导滑阀在电磁线圈产生的磁力的作用下克服压缩弹簧的张力而右移,高压气体经毛细管进入活塞腔。活塞腔的气体排出,由于活塞两端存在压差,活塞及主滑阀右移,使 S、C 接管相通,D、E 接管相通,于是形成制热循环,如图 3-5b 所示。

4. 使用注意事项

1) 设计管路时应注意电磁阀安装位置的正确性,如图 3-6 所示。
2) 配管时避免使四通阀主体、接管与压缩机发生共振。
3) 不要给线圈单件通电,以免烧坏线圈。
4) 安装时,拧紧线圈固定螺钉的力矩为 1.47~1.96N·m。
5) 焊接时,不要将火焰直接施加在四通阀主体上,焊接前须拆下线圈。
6) 焊接时,阀体要充分冷却,主体内、外部温度不超过 120℃。

5. 维修注意事项

1) 拆卸四通阀主体时,应先取下线圈,不要让阀体内、外部受热,以免因烧坏主滑阀而影响故障分析。

a) 制冷循环

b) 制热循环

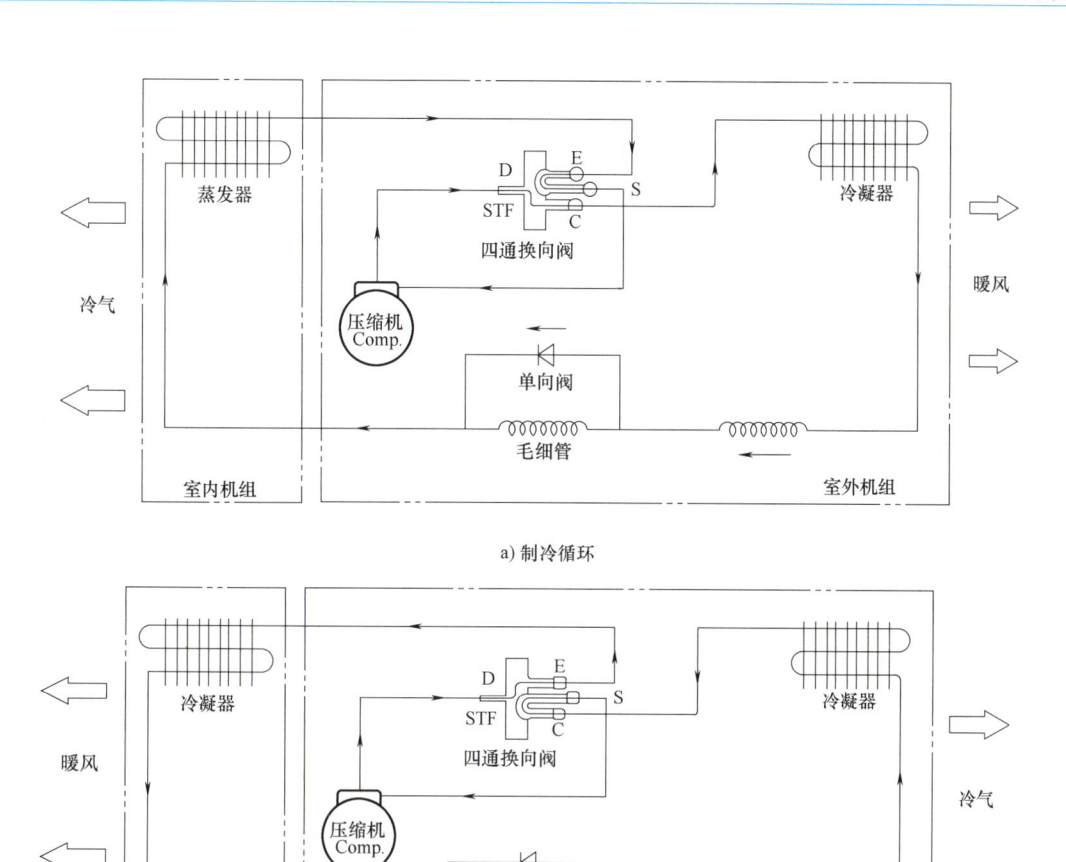

图 3-5 四通电磁阀的工作状态

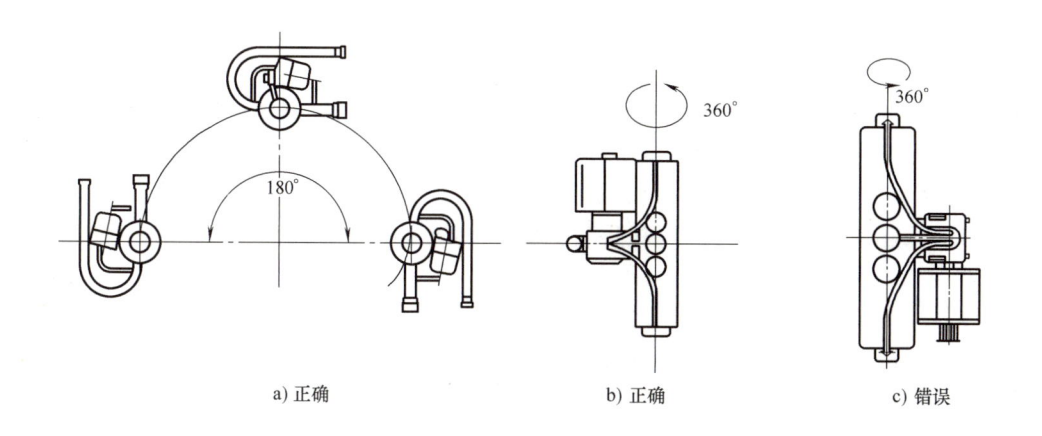

a) 正确　　b) 正确　　c) 错误

图 3-6 四通电磁阀的安装位置

2）焊接新的四通阀时须充分冷却，使主体内部温度不超过120℃。

3）使用水冷却时，防止水进入阀体内部。

4）再充填冷媒时，防止过量充填或充填量不足，以免四通阀动作不良。

5）维修完空调后，切记打开高、低压阀门，以避免四通阀受到异常高压的冲击。

3.2 分体式空调器的安装

分体式空调器的安装比较复杂，因为室内机组和室外机组放置于不同位置，且需要进行制冷剂管路、电源线及控制线、排水管等的安装与连接，故要求操作技术全面。安装人员要具备管工、钳工、焊工、电工等技术，更重要的是要有一定的制冷空调基础知识和安装经验。

制冷管路系统连接一般分为气焊连接与喇叭口连接两种。

3.2.1 气焊连接

1. 氧乙炔焰气焊步骤

1）安装好焊接设备。

2）在确保设备完好的情况下，打开乙炔瓶阀和氧气瓶阀，此时瓶内的压力由各自的高压表显示出来，再沿顺时针方向调节各自减压器上的顶丝，观察低压表，调整到所需要的压力。一般氧气的压力为0.1MPa，乙炔的压力为0.05MPa。注意检查各调节阀和管接头处有无泄漏。

3）选择φ1.5~φ2mm的铜焊条，焊剂可选铜焊粉。

4）点火操作。右手拿焊枪，左手沿逆时针方向少许拧开氧气阀，再开乙炔阀（开启程度要小些，以免乙炔燃烧不充分而产生黑烟灰），然后点火。开始点燃时，如果氧气压力过大或乙炔不纯，则会连续发出"叭、叭"的声音或出现不易点燃的现象。

点火与灭火的操作顺序：点火时，先打开焊枪上的乙炔开关并将其点燃，再打开焊枪上的氧气开关，根据焊接的需要调整乙炔、氧气开启度；灭火时，先关闭焊枪上的氧气开关，再关闭焊枪上的乙炔开关。

5）焊接火焰的调整。焊接火焰形式如图3-7所示。调节氧气和乙炔的混合比，使火焰呈中性焰，焰心呈光亮的蓝色，火焰集中，轮廓清晰。

6）焊接完毕，先关焊枪的乙炔阀，再关氧气减压阀，最后松开各减压器上的顶丝，关闭各瓶阀。

2. 便携式焊具的操作步骤

1）安装好焊接设备。

2）在确保设备完好的情况下，打开丁烷气瓶阀和氧气瓶阀。此时，氧气瓶内的压力由压力表显示，沿顺时针方向调节氧气减压器上旋钮到所需要的压力（氧气减压器上没有低压表，根据经验调节）。注意检查各调节阀

a) 中性焰

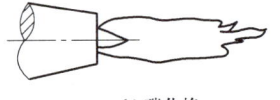

b) 碳化焰

c) 氧化焰

图3-7 焊接火焰形式

和管接头处有无泄漏。丁烷气瓶不需要减压调节。

3) 点火操作。右手拿焊枪,左手沿逆时针方向少许拧开氧气阀,再开丁烷气阀,然后点火。

4) 焊接火焰的调整。调节氧气和丁烷气的混合比,使火焰呈中性焰,焰心呈光亮的蓝色,火焰集中,轮廓清晰。

5) 焊接完毕后,先关焊枪的丁烷气阀,再关氧气减压阀,最后松开氧气减压器上的顶丝,关闭各瓶阀。

气焊设备的安全操作是确保自身安全和他人安全的重要一环,而且其焊接质量是制冷设备维修成功的一项重要保障,因此必须多加练习。

3. 管道焊接实训

(1) 铜管与铜管焊接操作步骤　铜管与铜管焊接一般采用银焊,银焊条银的质量分数为25%、15%或5%;也可用铜磷系列焊条。它们均具有良好的流动性,并且不需要使用焊剂。

1) 焊接铜管加工处理,扩管、去毛刺,旧铜管还必须用砂纸去除氧化层和污物。当所焊接铜管的管径相差较大时,焊缝间隙不宜过大,需将管径大的管道夹小。

2) 充氮气。氮气是一种惰性气体,它在高温下不会与铜发生氧化反应,而且不会燃烧,使用安全,价格低廉。而铜管内充入氮气后进行焊接,可使铜管内壁光亮、清洁、无氧化层,从而可有效控制系统的清洁度。

3) 打开焊枪点火,调节氧气和乙炔的混合比,选择中性火焰。

4) 先用火焰加热插入管,稍热后把火焰移向外套管,再稍摆动加热整个管子,当管子接头均匀加热到焊接温度时(显微红色),加入焊料(银焊条或磷铜焊条)。焊料熔化时注意掌握管子的温度,并用火焰的外焰维持接头的温度,而不能采用预先将焊料熔化后滴入焊接接头处,然后再加热焊接接头的方法。这样会造成焊料中低熔点元素的挥发,改变焊缝成分,从而影响接头的强度和致密性。

5) 焊接完毕后将火焰移开,关闭焊枪。

6) 检查焊接质量,如果发现有砂眼或漏焊的缝隙,则应再次加热焊接。

(2) 铜管与钢管焊接操作步骤　铜管与钢管的焊接一般采用银的质量分数为50%、45%、35%或25%的银焊条,要求其有良好的流动性,而且需要焊剂的帮助。焊剂的作用是清洁焊条嵌入部位,氧化焊接部位,使焊料顺利流入,所以焊剂应是柔性混合物或粉末状。

1) 对需要焊接的铜管和钢管进行加工处理,扩管、去毛刺,如果是旧管则必须去除氧化层、油漆及油污等。

2) 打开焊枪,调节氧气和乙炔的混合比,选择增碳低温焰。

3) 在加热前,先将焊剂均匀地涂在待焊接部位。

4) 加热插入管和套管。

5) 当管子加热完毕,焊剂熔化成液体,焊料流入两管间的缝隙内。

6) 将火焰移开,关闭焊枪。

7) 检查焊缝质量,若发现焊缝仍有缝隙或砂眼,则需重新加热补焊。

(3) 铜铝接头焊接操作步骤　在电冰箱泄漏故障中,有相当一部分是铜铝接头处泄漏。

铜铝接头焊接工艺比较难掌握，焊接时应认真操作。

1）做好焊接前的准备工作。先将泄漏的铜铝接头焊开，把泄漏管段用割刀割掉，然后将铜管内壁清理干净，同时将铜管外表面的氧化膜、灰尘或油脂清除掉。

2）把管壁内外清理干净的铜管（钢管外径等于铝管内径）外壁均匀涂上已调制好的糊状铝焊粉，插入铝管内10mm。

3）打开焊枪，调节氧气和乙炔的混合比，选择中性焰。

4）用火焰对准与铝管相邻的那部分铜管进行加热，加热要均匀，速度要快，不允许只加热局部，直到加热至铝管开始熔接于铜管上，此时将铜管稍做转动，使之均匀地熔在一起，再将焊枪迅速拿开。

5）关闭焊枪。

6）冷却后，用水清洗干净，用氧气吹去管内污物。

4. 注意事项

1）严格按照操作规程使用焊接设备。
2）焊接设备的使用应在专业教师的指导下进行。
3）氧气瓶严禁接触油及油污。
4）实训中焊接好的铜管应统一堆放，以防烫伤或烫坏焊接橡胶管。
5）严禁将焊枪对准人或焊接设备、橡胶管。
6）焊接时，火焰要强，焊接速度要快。如果焊接时间过长，则管道将生成氧化磷等过多氧化物混入系统中，可能会导致毛细管堵塞，从而影响系统正常运行。
7）焊接设备出现故障时应立即报告，不可自行拆修，更不可带故障工作。
8）现场应配备必要的消防器具。

3.2.2 喇叭口连接

采用喇叭口扩口螺母连接时，在现场安装时要把铜管扩成喇叭口，然后用扩口螺母连接紧固，如图3-8所示。

扩口接头连接时，一定要将两管同心对正，然后将螺母套入，最后用扳手紧固。在按图3-8中所示的方法紧固时，一定要使用两把扳手，一把是普通扳手，另一把是力矩扳手（根据不同管径选用不同扳手）。

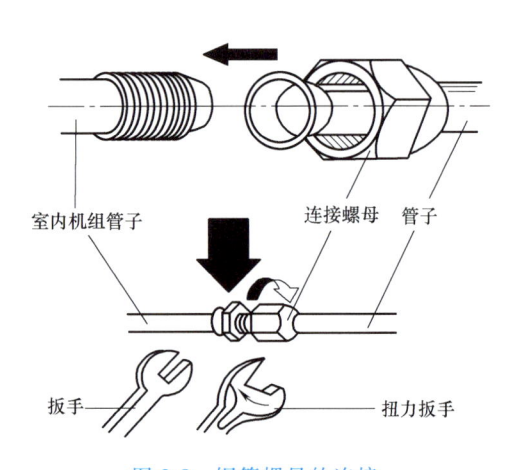

图3-8 铜管螺母的连接

3.2.3 整机的组装

安装好制冷管接头以后，必须加以保温。由于节流毛细管置于室外机组，所以空调器的粗管和细管直接暴露在空气中，管的外面会结露。为了避免管路的热损失和冷凝水的滴漏，必须使用合适的隔热材料对连接管进行保温，保温层厚度不应小于8mm。建议采用不易吸潮、抗老化、保温性能好的聚乙烯材料或橡胶材料。室内、外机组管路穿墙时，必须有穿墙用的套筒，以保护管道和导线、排水管等。若原机没有穿墙塑料圆形套筒,可选用其他套筒代替。图 3-9 所示为分体空调室外机组分解图。

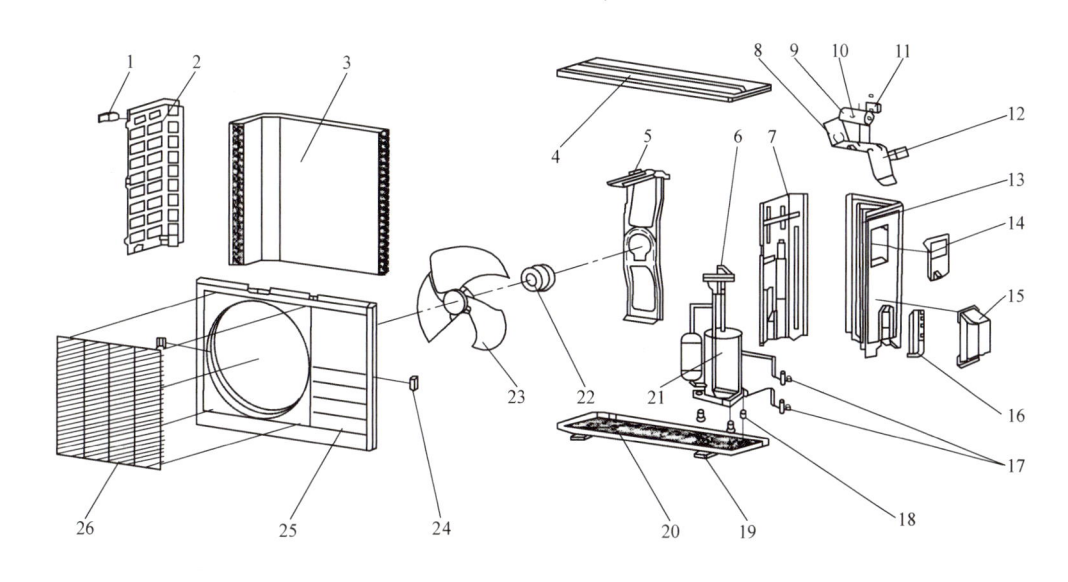

图 3-9 分体空调室外机组分解图

1—小把手 2—左侧板 3—冷凝器 4—顶盖 5—电动机支架 6—四通阀 7—隔板 8—电气安装板 9、11—电容 10—电容卡 12—接线座 13—右围板 14—大把手 15—接水盘 16—阀安装板 17—截止阀 18—橡胶垫 19—底脚 20—底盘 21—压缩机 22—电动机 23—轴流风叶 24—前网卡子 25—前面板 26—出风网罩

1. 安装要求

分体式空调器的类型较多,安装方法也不相同,其一般安装要求如下:

1)室内、外机组的位置要选择适当,安装人员要与用户一起勘查现场,进行选择。无论是室内机组,还是室外机组,均要安装在无日光照射、远离热源的地方。

2)要保证室内、外机组周围有足够的空间,以保证气流通畅和便于修理。

3)对于室内机组,既要考虑安装方便,又要考虑美化环境,且一定要使气流合理,保证送风良好。

4)在不影响上述要求的基础上,安装位置要选在管路短、拐弯少、高差小且易于操作和检修的地方。

5)当室外机组不能安装在地面或楼顶平面,而需悬挂在场壁上时,应制作牢固可靠的支架。

6)室外机组的出风口不应对准强风吹的方向,风口前面也不应有障碍物,以避免气流短路。

7)一切标准备件、工具、材料应准备齐全,且符合要求。

8)现场操作要按技术要求进行,动作准确、迅速,管路的连接要保证接头清洁和密封良好,电气线路要保证连接无误。安装完毕,要多次对管路进行检漏和线路复查,确认无误后方可通电试运转。

9)当制冷剂管路超过原机管路长度时,应加设延长管,并按规定补充制冷剂。

10) 管路连接后，一定要将系统内的空气排净（空气清洗）。

2. 接线注意事项

分体式空调器室内、外机组电源线、控制线的连接是重要的一环，必须认真对待。若不予以注意，则容易接错线路，造成空调器不运转或烧毁电动机及控制器件等故障。接线时必须注意以下事项：

1) 在根据线路图接线以前，必须注意机组上的铭牌所注的额定电压、功率和电流值，按要求选用导线。

2) 每个机组要专线供电，并配置专用的电源插座和熔断器、空气开关。

3) 为避免因绝缘不良造成漏电，机组要放置在地上，并按要求做好接地保护。

4) 导线不应有对折、死弯，也不应与制冷管路、压缩机以及风机的转动件相碰。

5) 严格按电工操作规程进行安装，非专业电工人员不允许安装电气设备。

6) 各种空调器的接线图均不相同，有难有易，有简有繁，但是其操作规律都是一样的，应遵照电路图、接线图所示的方法连接，千万不要在未看懂接线图以前轻易动手，否则将造成事故。

7) 在室内机和室外机的接线盒内有端子板，其上标有相应端子的序号①、②、③等，连接时必须对正序号，绝对不可接错。有些空调器的电路图用实线代表电源线，用虚线代表控制线或地线，导线的颜色（红、白、黑等）也相应标出，各端子间不用数字表示，而用A、B、C等字母表示，在连接时一定要注意室内、外机组导线的颜色要与电路图一致，且各端子一定要对应无误，检查后方可接通电源进行试运行。

分体式空调器有室内机组和室外机组，其间用制冷剂管道和导线连接，在安装上比窗式空调器复杂，且具体连接方式因机组而异。

3.3 制冷系统吹污

制冷系统在组装的过程中，难免有焊渣、铁锈、氧化皮等杂质留在系统内，如果不将其清除干净，则在制冷装置运行中，会使阀门阀芯受损，经过气缸时，气缸的镜面会"拉毛"；经过过滤器时，会使过滤器堵塞。为此，在制冷设备试运转前，必须对系统进行仔细的吹污。吹污一般使用压缩空气或氮气，在无压缩空气或氮气的场合，也可用制冷压缩机代替，但使用时应注意制冷压缩机的排气温度不能超过90℃，否则会降低润滑油的黏度，引起压缩机运动部件的损坏。系统吹污宜分段进行，先吹高压系统，再吹低压系统。排污口应分别选择较低部位，在排污口处放上一张白纸，当纸上无污点出现时，可认为系统已吹干净。

空调制冷系统组装

另外，在对冷库制冷系统进行全面检查时，也需要使用压缩空气将系统中残存的油污、杂质等吹除干净。为了使油污溶解且便于排出，可将适量的三氯乙烯灌入系统，待油污溶解后进气吹污。由于三氯乙烯对人体有害，因此使用时要注意室内通风，操作者要适当远离。

吹污注意事项如下：

1) 整个制冷系统是一个密封、清洁的系统，系统内不得有任何杂物，管道安装后必须采用洁净、干燥的空气对整个系统进行吹污，将残存在系统内部的铁屑、焊渣、泥沙等杂物吹净。

2）吹污前，应在系统的最低点设排污口，采用压力为 0.6MPa 的干燥压缩空气或氮气进行吹扫，如果系统较长，可采用几个排污口进行分段排污。连续反复多次吹污后，将浅色布放在排污口进行检查，5min 无污物为合格。系统吹扫干净后，应将系统中阀门的阀芯拆下并清洗干净。

3）系统吹污气体可用阀门控制，也可采用木塞塞紧排污管口的方法控制。当采用木塞塞紧管口的方法时，在气体压力达到 0.6MPa 时会将木塞吹掉，应避免木塞冲出伤人。

3.4 制冷系统试压

常用的气密性检查方法有外观检漏法、肥皂水检漏法、卤素灯检漏法和电子检漏法。

1. 外观检漏法

外观检漏法又称目测检漏法，由于氟利昂类制冷剂和冷冻机油具有一定的互溶性，因此制冷剂泄漏时，冷冻机油也会渗出。使用了一定时间的制冷设备，当装置中的某些部件有渗油、滴油、油迹、油污等现象时，即可判定该处有氟利昂制冷剂泄漏。外观检漏法在制冷设备组装和维修中只用于初步判断，且仅限于对暴露在外的管道连接处进行检查。

2. 肥皂水检漏法

肥皂水检漏法又称压力检漏法，该方法用肥皂水检漏，简单易行，并能确定泄漏点，可用于已充注制冷剂的制冷装置的检漏，也可作为其他检漏方法的辅助手段。用肥皂水检漏是目前制冷设备组装和维修人员常用的比较简便的检漏方法。

3. 卤素灯检漏法

点燃检漏灯，手持卤素灯上的空气管，当管口靠近系统渗漏处时，火焰颜色变为紫蓝色，即表明此处有大量泄漏。这种方法有明火产生，不但很危险，而且明火和制冷剂结合会产生有害气体，应谨慎采用。此外此法不易准确定位漏点。

4. 电子检漏法

将探头对着有可能渗漏的地方，不断移动探头，当检漏装置发出警报时，即表明此处有大量泄漏。电子检漏产品容易损坏，维护复杂，容易受到环境化学品（如汽油、废气）的影响，且不能准确定位漏点。

3.5 制冷系统抽真空

3.5.1 真空泵和双表修理阀总成的使用方法

1）用软管连接真空泵和双表修理阀，如图 3-10 所示。阀体上装有两只表：一只是普通压力表，用来监测制冷系统内的压力；另一只是真空压力表，用来监测抽真空时的真空度，也可用来监测制冷系统内的压力。阀体上还设有两个阀门开关和三个接口：中间接口接双表阀中间管接头（一般用黄色软管），连接制冷系统；低压接口（带负压表）接真空泵，一般用蓝色软管；高压接口（不带负压表）接制冷剂瓶，一般用红色软管。

2）打开真空泵排气帽。

3）接通真空泵电源，打开真空泵电源开关。

4）缓慢地打开双表修理阀旋钮，即可对系统进行抽真空。

5）观察压力表指针位置变化是否正常。

6）抽真空 25min 后，记录低压表的真空值。

7）关闭双表修理阀旋钮，然后关闭真空泵电源开关。

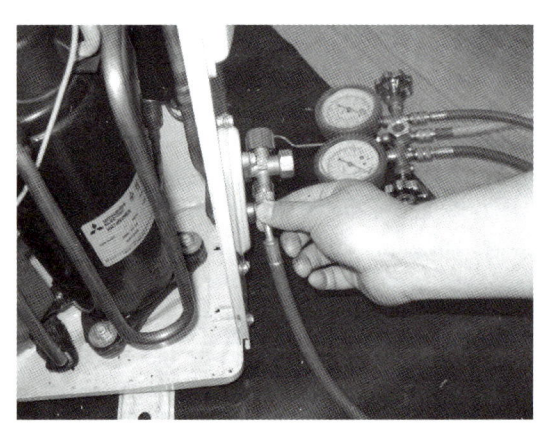

图 3-10　连接真空泵双表修理阀

3.5.2　制冷系统抽真空的方法

制冷系统抽真空操作的目的是排除制冷系统里的湿气（水）和不凝气体。一般抽真空的方法有三种：低压单侧抽真空法、高低压双侧抽真空法和二次抽真空法。

1. 低压单侧抽真空法

低压单侧抽真空法（图 3-11）是利用压缩机机壳上的加液工艺管进行操作的，其操作工艺比较简单，焊接口少，泄漏机会也相应少。

2. 高低压双侧抽真空法

高低压双侧抽真空法是指在干燥过滤器的进口另设一根工艺管与压缩机机壳上的工艺管并联在一台真空泵上，同时进行抽真空操作。这种抽真空的方法克服了低压单侧抽真空方法中毛细管流阻对高压侧真空度不利的影响，但是要增加两个焊口，工艺上稍有些复杂。高低压双侧抽真空对制冷系统的性能有利，而且可适当缩短抽真空时间，因此被广泛应用。

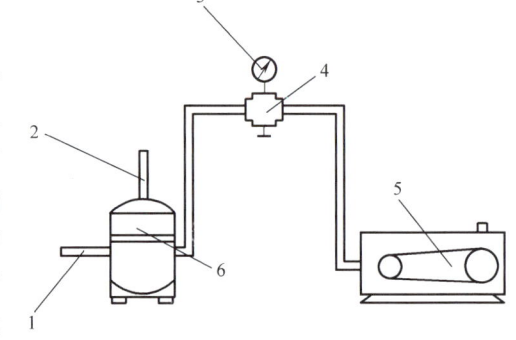

图 3-11　低压单侧抽真空法示意图
1—低压管（接蒸发器）　2—高压管（接冷凝器）
3—真空压力表　4—三通修理阀　5—真空泵
6—压缩机

3. 二次抽真空法

二次抽真空法是指制冷系统抽真空到一定真空度后，充入少量的制冷剂，使系统的压力恢复到大气压力，这时系统内已含有制冷剂与空气的混合气体。第二次抽真空后，便达到了减少残留空气的目的。

二次抽真空和一次抽真空的区别：一次抽真空时，制冷剂高压部分的残余气体必须通过毛细管后才能抽出，由于受毛细管阻力的影响，抽真空时间加长，而且效果不理想；二次抽真空是一次抽真空后向系统充入制冷剂气体，使高压部分空气冲淡，剩余气体中的空气比例减小，从而可得到较为理想的真空度。

注意：R600a冰箱制冷系统尽量选择高低压双侧抽真空法，避免采用二次抽真空法。

3.6 加注制冷剂

在系统抽真空后，即可加注制冷剂，一般采用下述两种方法。

3.6.1 向系统注入液态制冷剂

1）将压力表黄色软管的90°弯头从真空泵上接到倒置于磅秤上的制冷剂钢瓶接口上。

2）拧开钢瓶阀门，拧松压力表黄色软管螺母，直到有制冷剂气体外泄2~3s，然后拧紧螺母。

3）拧开压力表高压手动阀，向系统中加入液态制冷剂，直到达到规定量；若不能加注到规定量，可按步骤2）补充。

需注意的是，加注液态制冷剂时，不可拧开低压手动阀，以防产生液击；不能起动空调，以防制冷剂倒灌入钢瓶中产生危险。

3.6.2 向系统注入气态制冷剂

1）将压力表中黄色软管的90°弯头从真空泵上接到正立于磅秤上的制冷剂钢瓶接口上。

2）拧开钢瓶阀门，拧松压力表黄色软管螺母，直到有制冷剂气体外泄2~3s，然后拧紧螺母。

3）拧开压力表低压手动阀，向系统中加入气态制冷剂。当系统压力高于 2.5kg/cm² 时，关闭低压阀。

4）起动发动机，同时起动空调且置于最大制冷工况档。

5）打开低压手动阀，让制冷剂吸入系统，直到达到规定量。

需要注意的是，补充制冷剂时，可用压力表和视液镜观察法来确定制冷剂是否足量。

3.7 分体式空调器运行调试

3.7.1 运行调试注意事项

家用中央空调安装完毕后，必须在做好试运行后方可投入使用。

1）确定所有检查点（铜管焊接口、电源线接口、信号线接口、排水管坡度等）均已查清无问题后，方可开启机器，具体操作如下：

① 检查确定端子对地电阻应超过 1MΩ，否则，应找到漏电处，修复后方可起动。

② 检查确认室外机截止阀已全开。

③ 确保主电源已接通 12h 以上，以保证加热器加热压缩机润滑油。

2）系统运行时，应注意下列情况：

① 不要接触排气端的任何部件。这是因为在运行时，压缩机排气端的机壳和管路的温度高达 90℃ 以上。

② 不要按交流接触器按钮，否则将导致严重事故。

3.7.2　开机运行

1. 排空气

室内机组蒸发器和连接配管中的空气必须排除干净，通常利用室外机冷凝器中的制冷剂挤出室内机中的空气。

1）将室内外机组用配管连接起来，拧紧供液截止阀与配管的连接螺母，以及回气截止阀与配管的连接螺母。

2）缓缓打开供液截止阀，此时冷凝器中的制冷剂液体将通过液体配管进入室内机组，驱赶蒸发器中的空气。

3）供液截止阀开启 30s 后，就会在回气截止阀的虚接口处感觉到有冷气逸出，这时可将配管与回气截止阀的管口迅速拧紧，勿使其漏气。到此时，排空气操作结束。

2. 开机运行

打开全部供液截止阀和回气截止阀，待管道内的制冷剂压力平衡后，便可开机运转。

1）检查电源线、控制信号线的连接有无错误。

2）打开供液截止阀和回气截止阀，检查各连接口有无泄漏。

3）起动室内风机，再起动压缩机，此时应在电源线中放入钳形电流表，观察整机运行电流。

3.7.3　状态调整

1. 连接修理阀

旋下低压回气截止阀上充气通道的密封螺母，将带有顶针锁母的输气铜管的另一端接上单表修理阀，或者接在带有真空表和压力表的三通检修阀上，然后拧紧阀门的手轮，将顶针锁母拧在空调器回气截止阀的旁通孔上，边拧边注意是否顶开了旁通孔内的气门嘴芯，顶开时会有制冷剂液体喷出。制冷剂喷出时会伴有润滑油溢出，应快速拧紧顶针锁母，这时连接软管已与系统连通。系统与修理阀通过连接管接通后，先打开修理阀，让系统内的制冷剂将连接管内的空气挤出，修理阀阀口喷出制冷剂后可迅速拧紧。然后关闭修理阀，此时压力表指示值也随之上升。

2. 检测低压压力

起动压缩机，制冷剂开始在系统内循环，低压截止阀上连通的压力表指示值从 0.8MPa 开始下降，显示系统正在形成高压和低压两侧。当压力表指示值低于 0.5MPa 时，注意观察压力表指针的稳定情况和指示值；当最终稳定在 0.486MPa 时，继续观察空调器的运行情况，对制冷功能的高、中、低三档进行切换，以检测空调器的各项功能。

3. 监测温度与电流

通过钳形电流表监测运行电流，用电子测温计或水银温度计测量室内机的送风和回风温度差，用手摸冷凝器表面，检查温度分布和吹出的风温，用手摸蒸发器翅片，检查结露情况，同时观察截止阀附近的结露情况，判定制冷剂是否充足。如果状态不符合要求，可适当充注制冷剂。

4. 检查

1）停机 5min，然后起动，观察运行情况有无变化。对于冷暖空调器，应在试机中切换电磁换向阀实现制冷功能，并对制冷状态下的各项功能进行检测。

2）检查室内、外机组的噪声，用耳听、手摸等方法检查有无安装不牢或机件碰撞引起的振动和摩擦。

3.8 技能训练——模拟空调系统的组装与调试

3.8.1 准备工作

本任务使用 THRHZK—1 型现代制冷与空调系统技能实训装置模拟空调室外机进行技能训练。

1. THRHZK—1 型现代制冷与空调系统技能实训装置

（1）实训装置的结构　THRHZK—1 型现代制冷与空调系统技能实训装置（以下简称实训装置）由铝合金导轨式安装平台、热泵型空调系统、家用电冰箱系统、电气控制系统等组成，如图 3-12 所示。

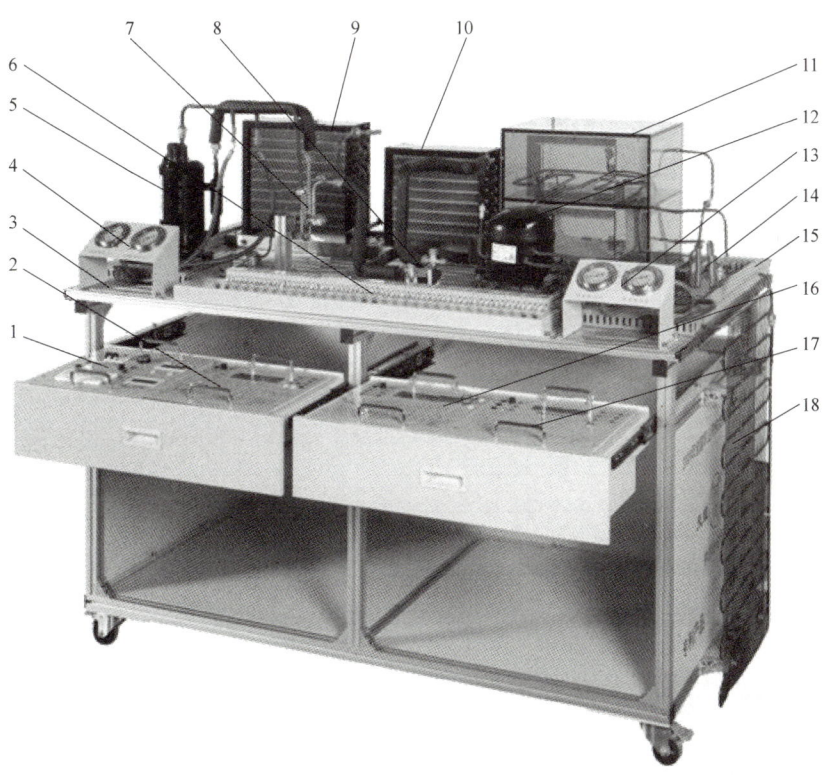

图 3-12　实训装置结构图

1—电源及仪表模块挂箱　2—空调电气控制模块挂箱　3—铝型材台面　4—真空压力表　5—空调压缩机
6—接线区　7—四通电磁阀　8—空调阀　9—室外热交换器　10—室内热交换器　11—翅片盘管式蒸发器
12—冰箱压缩机　13—真空压力表　14—毛细管　15—接线槽　16—电冰箱电子温控电气控制模块挂箱
17—电冰箱智能温控电气控制模块挂箱　18—钢丝式冷凝器

（2）实训装置的组成　实训装置由实训平台、制冷系统、电气控制系统等组成。制冷设备清单见表3-1。

1）实训平台。以型材为主框架，钣金板为辅材，搭建一个150cm×80cm的平台，由10根20mm×80mm的型材铺设而成。其下设2个抽屉，用来放置实训模块，抽屉下面是一个存放柜，可以放置一些专用工具及制冷剂钢瓶等。底脚采用4个带制动的小型万向轮，以方便设备移动。

2）制冷系统。制冷系统主要分为三大子系统：热泵型空调系统、电子温控电冰箱系统和智能温控电冰箱系统，均由压缩机、热交换器、节流装置及辅助器件组成。制冷系统采用可拆卸（组装）式结构，通过管螺纹连接方式，将各部件串到一个回路中，最终组成一套完整的制冷系统。

① 热泵型空调系统：由空调压缩机、室内热交换器（包括翅片式换热器、风机、网罩、温度传感器）、室外热交换器（包括翅片式换热器、风机、网罩）、四通电磁阀、过滤器、毛细管、单向阀、空调阀、视液镜、耐振压力表等组成。

② 电子温控电冰箱系统：由电冰箱压缩机、钢丝式冷凝器、毛细管、手阀、铝复合板吹胀式蒸发器、冷藏式蒸发器、视液镜、耐振压力表、模拟电冰箱箱体（有机玻璃）、电冰箱门灯等组成。

③ 智能温控电冰箱系统：由电冰箱压缩机、钢丝式冷凝器、二位三通电磁阀、毛细管（2根）、手阀、铝复合板吹胀式蒸发器、冷藏式蒸发器、视液镜、耐振压力表、模拟电冰箱箱体（有机玻璃）、电冰箱门灯等组成。

3）电气控制系统。电气控制系统采用模块式结构，根据功能不同分为电源及仪表模块挂箱、空调电气控制模块挂箱、电冰箱电子温控电气控制模块挂箱、电冰箱智能温控电气控制模块挂箱。同时在实训平台上设置有接线区，作为电气实训单元箱与被控元件的连接过渡区。接线区内采用加盖端子排，提高了操作安全系数。

表3-1　制冷设备清单

序号	名称	规格	数量	备注
1	实训装置	THRHZK—1	1套	
2	旋转式压缩机		1台	
3	室外换热器		1台	
4	室内换热器		1台	
5	四通电磁阀		1个	
6	环境温度传感器		1个	
7	管路温度传感器		1个	
8	固定型材		6根	
9	实训专用导线		45根	
10	螺钉		若干	
11	接线板		1个	
12	电气原理图		3张	
13	制冷耗材		1箱	详见耗材清单

2. 制冷专用工具与耗材

制冷专用工具见表3-2，所需耗材见表3-3。

表 3-2　制冷专用工具清单

序号	名称	规格	数量	备注
1	弯管器	CT—368	1 把	
2	偏心型扩孔器	CT—808AM	1 套	
3	真空泵	TW—1A	1 台	
4	双表修理阀	CT—536GF/S	1 套	含三色加液管
5	转接头	米制/寸制	3 只	
6	接水盘		1 个	
7	制冷剂钢瓶	3kg	1 个	含 R22 制冷剂

表 3-3　制冷耗材清单

序号	名称	规格	数量	备注
1	铜管	ϕ6mm	2m	
2		3/8in	2m	
3	纳子	1/4in 标准纳子	5 个	
4		3/8in 标准纳子	9 个	
5	导线	42 芯黄色线	1 卷	
6		23 芯绿色线	1 卷	
7	号码管	1~64	2 条	
8	热缩管	ϕ3mm	1m	
9		ϕ4mm	1m	
10		ϕ6mm	1m	
11		ϕ8mm	1m	
12	套管	ϕ1.5mm	3 根	
13		ϕ2mm	3 根	
14		ϕ2.5mm	3 根	
15		ϕ3mm	3 根	
16		ϕ3.5mm	3 根	
17		ϕ6mm	2 根	
18	保温管	ϕ6mm	1 根	
19		ϕ10mm	1 根	
20	T 形铜管	1700mm/根	2 根	
21	空调二通截止阀	600mm	1 根	
22	空调三通截止阀	600mm	1 根	
23	接插片	10 只/包	1 包	
24	仪表连接专用毛细管	1000mm	2 根	
25	元件盒（小型容器）		1 只	
26	肥皂		1 块	
27	美工刀		1 把	
28	海绵	5cm×5cm	1 块	

（续）

序号	名称	规格	数量	备注
29	毛巾		1条	
30	扎带		50根	
31	绷带	空调专用	1卷	
32	L形支架		1个	空调阀安装架

3.8.2 项目任务书

【任务说明】

1）本任务书的编制以可行性、技术性和通用性为原则。

2）本任务书依据劳动部、国家贸易部联合颁布的"中华人民共和国制冷设备维修工职业技能鉴定规范考核大纲"编制而成。

3）任务完成总分为100分，任务完成总时间为4h。

4）记录表中的所有数据要求用黑色圆珠笔或签字笔如实填写，表格应保持整洁，表格中所记录的时间以挂钟时间为准，所有数据记录必须报请实训指导老师签字确认，数据涂改必须经实训指导老师确认，否则该项不得分。

5）除压力按仪表上显示的单位填写外，其他参数全部采用国际单位制填写。

6）在操作过程中，下列要求为职业素养、操作规范和安全意识的考核内容，并有10分的配分：

① 所有操作均应符合安全操作规范。

② 操作台、工作台表面整洁，工具的摆放、导线线头等的处理符合本职业岗位要求。

③ 爱惜实训设备、器材，不允许随手扔工具，在操作中不得发出异常噪声，以免影响其他同学操作。

7）有下列情况者，将按评分标准扣分：

① 申领T形管扣10分/根，申领3/8in铜管和ϕ6mm铜管扣5分/根，申领气体截止阀（气阀）、液体截止阀（液阀）扣5分/个。

② 在完成工作任务过程中，因操作不当导致大量制冷剂泄漏的扣10分。

③ 在完成工作任务过程中，因操作不当导致触电的扣10分。

④ 因违规操作损坏实训设备及部件扣分：压缩机10分/台，换热器10分/台，四通电磁换向阀5分/件，其他设施及系统零部件（除螺钉、螺母、平垫、弹垫外）2分/个，工具、器具5分/件。

【任务要求】

任务一 热泵型分体式空调器制冷系统的组装与调试

1. 制冷系统的组装

在THRHZK—1型现代制冷与空调系统技能实训装置平台上，结合实际热泵型分体式空调器（以下简称"空调器"）的结构特点，完成空调器制冷系统的组装。

任务要求：

1）根据提供的器材，合理选用工具，自行设计制作压缩机的排气管和回气管，排气管须设置 2 个 U 形弯管，回气管应设置 4 个 U 形弯管。在制作管件过程中，应报请实训指导老师抽检喇叭口制作质量，并由实训指导老师在表 3-4 中签字确认。

2）依据实际家用空调器室外机组的结构对制冷系统进行布局。压缩机、室外换热器、毛细管组件、四通电磁换向阀、液体截止阀（液阀）和气体截止阀（气阀）均须安装在 750mm×360mm 的底盘区域内（T 形管上的接头、连接压力表的毛细管、室内机与室外机的连接管除外）。

3）压缩机、四通阀与毛细管组件须安装在 230mm×230mm 的方形区域内（连接管路除外）。

4）液体截止阀（液阀）和气体截止阀（气阀）必须安装在提供的安装支架上，安装位置符合实际家用空调的使用情况，压力表可以自行移动，位置应靠近高低压管接头。

5）两个 T 形管的接头应平行布置在同一方向上且便于连接压力表。

6）压缩机的回气管、排气管与固定部件之间的间隙不小于 10mm，其他管与部件之间的间隙不小于 5mm。

7）室外机管路的最高点与装置台面之间的距离不超过 440mm。

8）空调制冷系统整体布局合理、美观、层次分明，部件安装紧凑、牢固，管路须横平竖直且不得相互碰触。

表 3-4　喇叭口抽检情况记录表

项目	圆正光滑	不偏心	不卷边	不开裂	无毛刺	大小合适
完成情况						
综合评价						
实训指导老师签字						

注：完成情况填写"√"或"×"；综合评价填写"合格"或"不合格"。

2. 空调制冷系统吹污和保压检漏

按照工艺要求，选手对组装的空调制冷系统进行吹污和保压检漏。

任务要求：

1）利用氮气对自制管件和组装的空调制冷系统进行吹污，吹污压力为 0.3～0.4MPa。吹污开始时，应举手示意，在实训指导老师的监督下进行吹污操作，在表 3-5 中记录双表修理阀高压侧压力表的实际参数，并报请实训指导老师签字确认，否则该项不得分。

2）利用提供的氮气，对组装的空调制冷系统进行试压检漏，试压的压力值为 0.9MPa。自检不漏后，断开氮气管与制冷系统的连接，报请实训指导老师验证压力值，在表 3-5 中记录装置上空调系统低压表的实际参数，由实训指导老师签字确认。保压 20min 后，再次报请实训指导老师验证压力值，并在表 3-5 中记录装置上空调系统低压表的实际参数，由实训指导老师签字确认。

3）如果发现有泄漏部位，应自行查明原因并进行处理，然后重新进行试压检漏操作，直到不漏为止。

3. 制冷系统抽真空

正确连接压力表及真空泵，通电起动真空泵，对组装的空调制冷系统进行抽真空操作。

任务要求：

表 3-5 制冷系统吹污、保压检漏过程

吹污操作			
空调系统吹污压力/MPa		实训指导老师签字	

试压检漏						
次数	保压开始			保压结束		
	时间	压力值/MPa	实训指导老师签字	时间	压力值/MPa	实训指导老师签字
第一次						
第二次						

1）抽真空时间不少于 8min，压力值不高于 -650mmHg（1mmHg = 133.322Pa）。抽真空完成后，关闭双表修理阀低压侧阀门，真空泵断电停机，报请实训指导老师验证压力值，并在表 3-6 中记录双表修理阀低压表的实际参数，由实训指导老师签字确认。保压 20min 后，再次报请实训指导老师验证压力值，并在表 3-6 中记录双表修理阀低压表的实际参数，由实训指导老师签字确认。

2）保压期间发现压力回升时，选手应自行查明原因并进行处理，然后重新进行抽真空保压操作。

表 3-6 制冷系统抽真空操作

抽真空			
抽真空开始时间		实训指导老师签字	
抽真空结束时间		评委签字	

保压操作						
次数	保压开始			保压结束		
	时间	压力值/cmHg	实训指导老师签字	时间	压力值/cmHg	实训指导老师签字
第一次						
第二次						
第三次						

任务二　空调电气系统电路连接

根据空调电气控制原理，选用合适的导线及器件，完成空调电气电路的连接，并测试压缩机、室外风扇电动机、室内风扇电动机、四通电磁换向阀的功能是否正常。

任务要求：

1）端子排的 5~30 号端子用于空调电气接线，自行选择各个器件所对应的端子号，并将结果填入表 3-7。

2）进行电路连接时，传感器选用 23 芯导线，执行部件选用 42 芯导线。

3）电路安装要求符合电气线路安装规范，与端子排连接的导线接头须上锡处理，上锡长度不小于 5mm，且连接可靠。

4）线槽内要求布线平整美观，执行部件的连接导线沿线槽外侧布放，传感器的连接导线沿线槽的内侧布放，并分别固定。

5）端子排与挂箱之间的连接导线按不同器件逐一分开捆扎。

6）连接导线两端均应套号码管，号码管上的数字标识方向要求一致。

7）露出线槽外的器件引线必须采用热缩管做护套。

8）导线对接处要进行上锡处理，以保证连接可靠，并外加套管。

表 3-7 电气接线端子排分配表

端子排号	设备或器件	端子排号	设备或器件
5		18	
6		19	
7		20	
8		21	
9		22	
10		23	
11		24	
12		25	
13		26	
14		27	
15		28	
16		29	
17		30	

任务三　空调制冷系统充注制冷剂与调试运行

空调电气故障排除完毕后，参赛选手按要求完成空调制冷系统的制冷剂充注及调试运行工作。

任务要求：

1）按照表 3-8 给定的部分参数值充注适量制冷剂，在操作过程中，不得向外大量排放制冷剂。

2）将空调设置为制冷模式，设定温度为 16℃，低风档，断开所有与制冷系统连接的外接管路，在表 3-8 中记录运行开始时间，并由实训指导老师签字确认。

3）运行 15min 后，报请实训指导老师验证运行结束时间及各项参数值，在表 3-8 中记录运行结束时间及各项参数值，并由实训指导老师签字确认。

4）在运行期间，不允许充注或排放制冷剂，否则重新开始计时运行。

表 3-8 空调器试运行记录表

项目名称	项目内容	运行参数参考值	实测值	实训指导老师签字
通电试运行	运行开始时间	以实际为准		
	运行结束时间	以实际为准		
	低压压力/MPa	0.42		
	压缩机运行电流/A	2.5		

3.8.3　任务实施过程和步骤

1. 空调系统布局与各部件定位

图 3-13 所示为未安装设备。

空调系统室外机布局与实际施工效果图如图 3-14 所示。

图 3-13　未安装设备

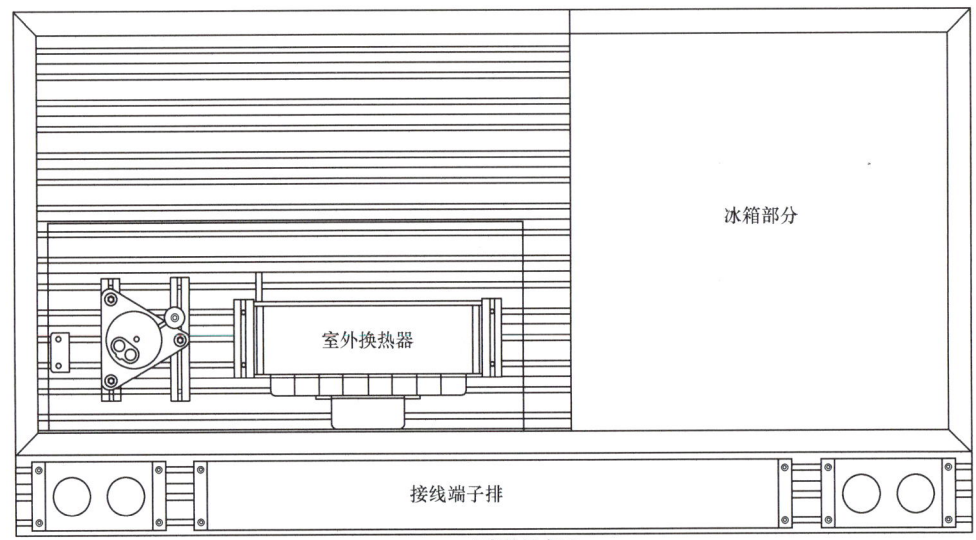

a) 室外机布局

b) 实际施工效果

图 3-14　空调系统室外机布局与实际施工效果图

2. 空调系统的连接

1）制作回气管与排气管，如图 3-15、图 3-16 所示。

图 3-15　回气管

图 3-16　排气管

2）根据施工图样制作空调器压缩机吸、排气管路并连接四通阀，如图 3-17~图 3-19 所示。

图 3-17　连接压缩机与四通阀 1

图 3-18　连接压缩机与四通阀 2

3）连接其他管路，如图 3-20 所示。

图 3-19　连接压缩机与四通阀 3

图 3-20　连接其他管路

4）连接并安装气体截止阀和液体截止阀，如图3-21所示。

3. 空调器制冷系统气密性检查

1）将气体截止阀工艺管口上的螺母取下。

2）将双表修理阀上的蓝色加液管（带顶针端）与空调器制冷系统中空调阀的加液口相连并拧紧，红色加液管与氮气减压阀相连，如图3-22所示。注意：连接处不得有泄漏。

3）打开氮气瓶阀阀门开关，顺时针方向旋转减压阀上的调压手柄，观察减压阀上的低压表，使其工作压力值达到1.0MPa。

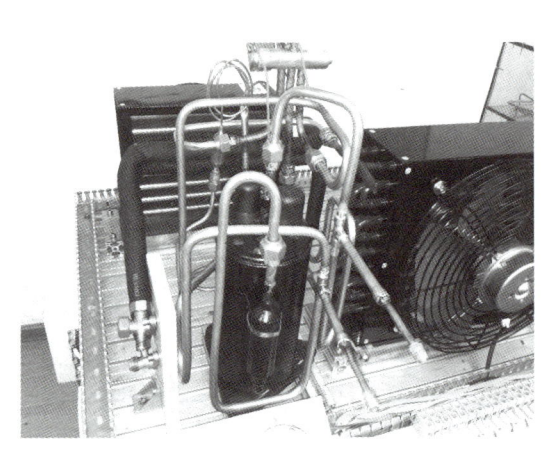

图3-21 连接气体截止阀和液体截止阀　　　图3-22 双表修理阀连接空调

4）打开双表修理阀上的表阀1、2，使氮气缓缓地进入制冷系统。观察双表修理阀低压表，当压力与减压阀低压表压力值相等时，关闭双表修理阀表阀2和氮气瓶瓶阀阀门，松开氮气减压阀压力调节旋钮手柄，加压结束。

5）用带有肥皂水的海绵对系统上的各焊接点、螺母接口处和每一个可疑之处进行排查检漏，每涂抹一处要仔细观察3~5s，若有气泡则说明该处泄漏。重复涂抹2~3次，准确找到漏点。

6）若经上述检漏操作未发现漏点，而双表修理阀压力表的压力读数下降，则说明系统内存在泄漏，需另行检查，直到不漏为止。

① 检查所有可疑之处，并找到漏点，先用干净的毛巾将漏点周围擦干净，并放出制冷系统中的氮气，然后采用适当的方法进行维修。

② 维修好后重复步骤2）~4）操作，重新加压检漏，直至系统无泄漏处。

③ 对系统充入1.0MPa的氮气，待系统压力平衡后，取下与加液口相连的加液管，如图3-23所示，并保压24h。24h内压力降不允许超过0.01MPa，如果压力降超过0.01MPa，则说明系统仍然存在泄漏。

制冷系统检漏操作注意事项：

① 忌用压缩机或其他设备直接向制冷系统中充入空气进行加压检漏。

② 检漏应在系统内压力平衡后进行。

模块 3　分体式空调器安装与调试

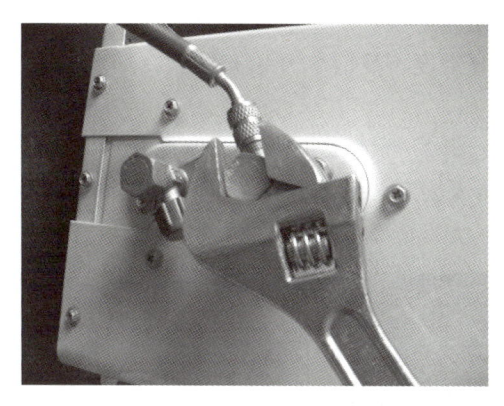

图 3-23　扭下气阀螺母

③ 加液管与制冷系统的连接一定要密封。

④ 肥皂水检漏找到漏点后，一定要用干净的毛巾将漏点周围擦干净，防止水分进入系统而产生冰堵故障。

⑤ 外观检漏时，若发现有油迹，应确定其是否真正存在泄漏，待查明确切位置后，再对其进行处理和修复等工作。

⑥ 电子检漏仪检漏法不适用于系统多处有漏点或泄漏量较大的场合，会产生误报警现象，甚至会损坏仪器。

⑦ 采用充压浸水检漏法时，严禁使用可燃气体进行充灌，以免发生严重的事故。充入装置中的高压气体必须是干燥、无腐蚀性、不可燃的气体。

4. 抽真空

1）将气体截止阀工艺管口上的螺母取下。

2）将双表修理阀上的蓝色加液管（带顶尖端）与空调器制冷系统中空调阀的加液口相连并拧紧，红色加液管与真空泵相连，黄色加液管与制冷剂相连，如图 3-24 所示。

3）连接好后将真空泵的电源接上，并按下红色的开关键将其起动。

4）抽真空开始，观察真空表当前的读数。当表针指向 -0.1 MPa 时（即 76cmHg），真空度达到要求，如图 3-25 所示。

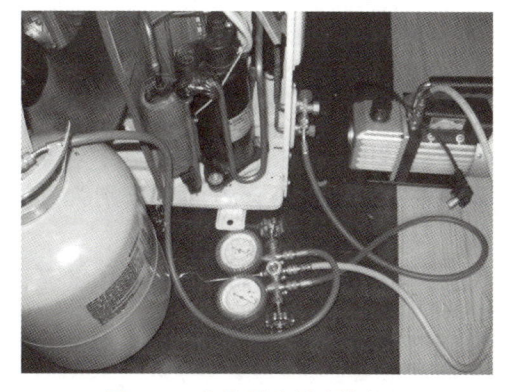

图 3-24　充注制冷剂连接方法

图 3-25　真空值达标

107

5）真空度达到要求后，关闭表阀1，再关闭真空泵，卸下软管。

6）真空保压30min，等时间到达时，系统真空度不变时，开始充注制冷剂。

5. 加注制冷剂并调试运行

1）关闭阀门2（红色），打开制冷剂钢瓶。开启气体截止阀和液体截止阀，如图3-26所示。一边充注，一边观察低压表读数，当低压表读数达到0.4~0.5MPa且制冷效果良好时即可。

2）当制冷剂充注够量时，先关闭制冷剂钢瓶的阀门，再关闭减压表的阀门，然后取下充气软管的充气接头，并拧上保护螺母，用扳手拧紧。最后分别拧上高、低压管的阀盖并用扳手拧紧，充注制冷剂的过程便完成了。

3）调试空调，运行一段时间后测量并记录参数。

6. 热泵空调系统的调试

热泵空调系统ZK—02空调电气控制模块的调试步骤如下：

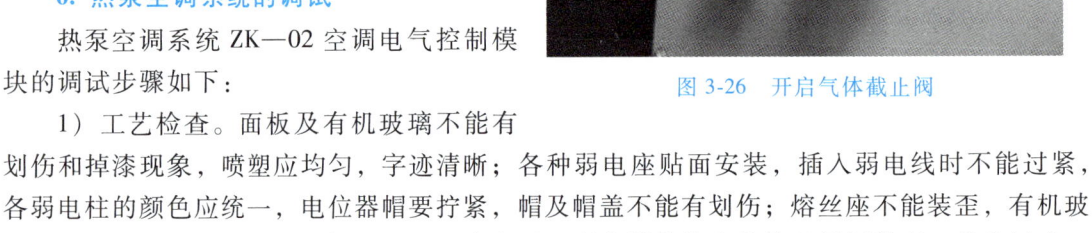

1）工艺检查。面板及有机玻璃不能有

图3-26 开启气体截止阀

划伤和掉漆现象，喷塑应均匀，字迹清晰；各种弱电座贴面安装，插入弱电线时不能过紧，各弱电柱的颜色应统一，电位器帽要拧紧，帽及帽盖不能有划伤；熔丝座不能装歪，有机玻璃固定螺钉均为平头不锈钢螺钉，长短应合适；所有器件的安装均以最新装配工艺为标准。

2）用电容电感表测量冷凝器风机起动电容、蒸发器风机起动电容、空调压缩机起动电容，其电容值分别为1μF、1μF、15μF。

3）对照挂箱接线图，在检查接线无误的前提下给挂箱接入AC 220V电源，注意电源进线不能接反。接入电源时会听到"嘀"的一声蜂鸣器响，然后定时与电源发光二极管开始闪烁，定时指示灯为橙色，电源指示灯为红色。将室内管路温度传感器接入面板上的对应位置，定时指示灯不再闪烁；将室内环境温度传感器接入电路，电源指示灯不再闪烁。

4）用遥控器控制系统起动，使系统处于制冷状态，此时电源指示灯亮，压缩机指示灯LED1（红色）亮，高风档指示灯LED2（绿色）亮，用遥控器调节风量的变化，相应的指示灯应该能够随之变化。用万用表测量RY01~RY05的接线柱，当LED1亮时，测量RY01与零线之间的电压应该为220V；同理LED2亮时，测量RY02；LED3亮时，测量RY03；LED4亮时，测量RY04；LED5亮时，测量RY05。LED1~LED5数码管的颜色分别为红、绿、黄、红、绿。

5）用遥控器控制系统起动，使系统处于制热状态，此时LED5、LED1指示灯点亮，LED2、LED3、LED4均不亮。

3.8.4 任务考核

模拟空调系统的组装与调试任务考核评价表见表3-9。

表 3-9 模拟空调系统的组装与调试任务考核评价表

评分内容及配分	评分标准	得分
热泵型分体式空调器制冷系统组装(40分)	系统没有安装完毕,缺少一个设备或部件扣3分 未能按照要求将室外机所有部件安装在规定尺寸范围内或未完成系统安装,扣10分 基本按照要求布置,部分部件超出规定范围,每个部件或管路扣2分 风机方向装错1个扣5分 2个组件不在230mm×230mm内扣5分,3个组件不在230mm×230mm内扣10分 室外机总体高度超过420mm扣5分 部件安装不牢固扣1分(压缩机底座固定螺钉以手动旋动为准) 液体截止阀(液阀)和气体截止阀(气阀)直接安装在台面上扣5分 液体截止阀(液阀)和气体截止阀(气阀)未就近压力表安装扣2分 四通电磁换向阀装错扣10分 毛细管组件未直立安装扣2分 单向阀箭头朝下安装扣2分 两个T形管的接头没有平行安装或没有在压力表周边就近安装扣2分 排气管没有2个U形弯头扣3分 回气管没有4个U形弯头扣5分 管路相互碰触或者不平直每处扣2分 管道间隙不符合要求(管道相互接触)扣1分 多余毛细管没有做环形盘绕或环形内径小于35mm扣1分 喇叭口抽检不合格扣1分 管路中有压扁或变形每处扣1分 少套或者多套保温管扣1分 室内机与室外机连接管路水平段分离走管扣2分 室内机与室外机连接管路未包包扎带扣1分 此项最多扣40分	
空调制冷系统吹污和保压检漏(10分)	没有进行吹污操作扣3分 用制冷剂吹污或排除管路空气扣3分 吹污压力没有控制在0.3~0.4MPa范围内扣1分 空调试压压力没有控制在(0.9±0.05)MPa范围内扣1分 保压时间不足扣1分 未断开氮气与系统的连接扣1分 未按规定读取相应压力表数值扣1分 保压重做扣2分 未清理肥皂水扣1分 此项最多扣10分	
制冷系统抽真空(10分)	未按规定读取相应压力表数值扣1分 抽真空时间不足扣1分 管接错扣1分 真空度不达要求扣1分 真空保压时间不足扣2分 抽真空重做扣2分 此项最多扣10分	
空调系统充注制冷剂与调试运行(20分)	系统不能运行或未充注制冷剂扣10分 已完成制冷剂充注,系统已运行,有开始时间记录,无结束时间及参数记录扣5分 运行参数不达标,每个参数扣1分 此项最多扣20分	

(续)

评分内容及配分	评分标准	得分
职业素质和安全操作(10分)	没有穿劳动部门认定的电工绝缘鞋扣2分 在操作过程中,在"装置"台面上拖动空调部件扣2分 在操作过程中,将材料、工具等放到他人场地扣2分 在操作中发出异常噪声扣5分 在操作过程中,将工具、材料、仪表放置在挂箱上扣2分 比赛结束后,操作台台面、挂箱上留有工具、多余材料等扣2分 比赛结束后未清理场地扣2分 此项最多扣10分	
违规扣分(10分)	申领T形管扣10分/根 申领3/8in铜管扣5分/根 申领ϕ6mm铜管扣5分/根 申领气体截止阀(气阀)扣5分/个 申领液体截止阀(液阀)扣5分/个 在比赛过程中,因操作不当导致大量制冷剂泄漏扣10分 在比赛过程中,因操作不当导致触电扣10分 损坏压缩机扣10分/台 损坏换热器扣10分/台 损坏四通电磁换向阀扣5分/件 损坏其他设施及系统零部件(除螺钉、螺母、平垫、弹垫外)扣2分/个 损坏工具、器具扣5分/件 扰乱赛场秩序,干扰评委正常工作扣10分 此项最多扣10分	

扩展阅读——标准化作业与质量意识

质量是一个企业的生命,是企业赖以生存和发展的基石!

质量也是一种态度,体现的是一个企业的责任和社会认同,满足客户需求是企业生存的基础标准,而超越客户期望才是质量不断追求的目标。因此全员质量意识提升、标准化作业才显得尤为重要。在我们现在的学习和未来的工作中,要做到以下几点:

第一,要做到敬畏标准,不能擅自更改标准。遇到不良品处理,不能随意搞超差放行,搞差别对待。

第二,要熟悉环境和资源,让我们的作业符合标准。巧妇难为无米之炊,设备精度、测量仪器、人员技能不能保证,质量就不能保证。

第三,要按标准作业,随时自我检查,不偏离标准。

第四,要认真对待自己生产的产品,它是你的成果,产品里有你的劳动、你的时间、你的态度,只有精益求精,产品才能越来越完美。生产出合格乃至质量高的产品是对自己的尊重和爱护。

课后习题

一、填空题

1. 热泵空调系统的主要部件包括(　　　)、(　　　)、(　　　)、室外预热器、视液镜、过滤器、毛细管节流组件、空调阀、室内换热器、气液分离器等。

2. 四通电磁阀是热泵型空调系统的关键控制部件，它通过（　　　　）控制（　　　　），从而实现对空调器制冷、制热功能的转换。

3. 制冷管路系统连接一般分为（　　　　）和（　　　　）两种。

4. 为了避免管路的热损失和冷凝水的滴漏，必须使用合适的（　　　　）对连接管进行保温，保温层厚度不应小于（　　　　）。

5. 吹污一般使用（　　　　）或（　　　　），也可用（　　　　）代替。

6. 常用的气密性检查方法有（　　　　）、（　　　　）、（　　　　）和（　　　　）。

7. 一般抽真空的方法有三种：（　　　　）、（　　　　）和（　　　　）。

8. 加注制冷剂的方法有两种：（　　　　）和（　　　　）。

二、简答题

1. 简述四通电磁阀的功能特点。
2. 简述气焊连接注意事项。
3. 高低压双侧抽真空法的优点有哪些？
4. 简述二次抽真空法和一次抽真空法的区别。
5. 简述分体式空调器运行调试注意事项。

课后习题答案

一、填空题

1. 压缩机，压力表，四通电磁阀　　2. 电磁先导阀，四通主阀换向　　3. 气焊连接，喇叭口连接　　4. 隔热材料，8mm　　5. 压缩空气，氮气，制冷压缩机　　6. 外观检漏法，肥皂水检漏法，卤素灯检漏法，电子检漏法　　7. 低压单侧抽真空法，高低压双侧抽真空法，二次抽真空法　　8. 注入液态制冷剂，注入气态制冷剂

二、简答题

1. 1）采用四通先导阀控制四通主阀，换向可靠。
   2）设有防止系统短路的特殊装置，系统工作更安全。
   3）能瞬时换向并可在最小压差下动作，使经过四通阀的压降和泄漏降到最小。
   4）电磁线圈采用热固性塑料密封，全封闭，防水效果好。

2. 1）严格按照操作规程使用焊接设备。
   2）焊接设备的使用应在专业教师的指导下进行。
   3）氧气瓶严禁接触油和油污。
   4）实训中焊好的铜管应统一堆放，以防烫伤或烫坏焊接橡胶管。
   5）严禁将焊枪对准人或焊接设备、橡胶管。
   6）焊接时，火焰要强，焊接速度要快。
   7）焊接设备出现故障时应立即报告，不可自行拆修，更不可带故障工作。
   8）现场应配备必要的消防器具。

3. 高低压双侧抽真空法克服了低压单侧抽真空法中毛细管流阻对高压侧真空度不利的影响，对制冷系统的性能有利，而且可适当缩短抽真空的时间。

4. 一次抽真空时，制冷剂高压部分的残余气体必须通过毛细管后才能抽出，由于受毛细管阻力的影响，抽真空时间加长，而且效果不理想；二次抽真空是一次抽真空后向系统充入制冷剂气体，使高压部分空气冲淡，剩余气体中的空气比例减小，从而可得到较理想的真空度。

5. 1）确定所有检查点均已查清无问题后，方可开启机器，具体操作如下：
① 检查确认端子对地电阻应超过 1MΩ，否则，应找到漏电处，修复后方可起动。
② 检查确认室外机截止阀已全开。
③ 确保主电源已接通 12h 以上，以保证加热器加热压缩机润滑油。
2）系统运行时，应注意下列情况：
① 不要接触排气端的任何部件。
② 不要按交流接触器按钮，否则将导致严重事故。

模块 4　　空调器电气控制系统

4.1　电气维修工具

4.1.1　万用表

万用表是一种多用途、多量程的便携式电工仪表，可测量直流电流、直流电压、交流电压和电阻等，有些万用表还可测量电容、功率、晶体管共射极直流放大系数。万用表分为模拟式和数字式两种，如图 4-1、图 4-2 所示。

图 4-1　模拟万用表

图 4-2　数字万用表

1. 模拟万用表的使用

（1）调零　使用前首先需要机械调零，确保指针指在表盘左侧的零位上。若要测量电阻还要进行欧姆调零，即把红、黑两个表笔短接，通过调整欧姆调零旋钮，使指针指在表盘右侧的零位上。特别提示：换档要重新"调零"。

（2）正确连线　红表笔插入"+"插口，黑表笔插入"-"插口，如测量交、直流 2500V 或直流 5A 时，红表笔应插入标有"2500V"或"5A"的插口中。

测量电流时，万用表应该串联在被测电路中，注意表笔要根据电流的方向接入，电流由红表笔流入，从黑表笔流出。

测量电压时，万用表应该并联在被测电路中。若测量的是直流电压，则红表笔接高电位，黑表笔接低电位，测量值从表盘上标有"V"所对应的刻度线上读取。

测电阻时要将电路断电，被测电阻的一端脱离电路，进行离线测量。严禁带电测量电阻，否则会损坏万用表。测量电阻时，应选择合适的档位。将红、黑表笔短接，调整零欧姆旋钮，使指针对准欧姆"0"位上，然后进行测量，测量值从表盘上标有"Ω"所对应的刻度线上读取。表盘读数应乘以相应档位的倍率才是实际的测量值。

例：档位选"×100"，其测量值 $R = 50\Omega \times 100 = 5k\Omega$，如图 4-3 所示。

除以上主要测量功能外，还有其他测量功能，如电容、电感、音频电平、晶体管直流参数等，由于不常用，在这里就不介绍了。

（3）档位选择　依据被测量物体的性质和大小，选择正确的档位。常用档位如图 4-4 所示。

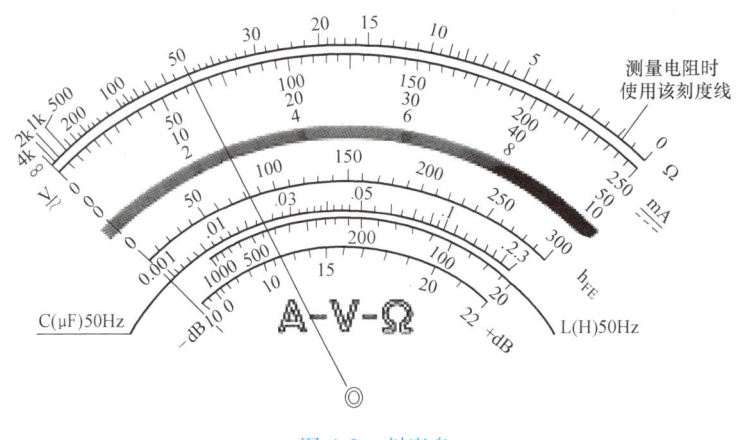

图 4-3　刻度盘

图 4-4　档位选择

2. 数字万用表的使用

数字万用表的使用如图 4-5 所示。

（1）开关　将开关打到"ON"的位置，数字万用表不用调零。

（2）档位选择　档位选择方法与模拟万用表相同。对于无法确定的测量值应先选择最大量程，再根据显示结果选择最佳量程。

图4-5中标注：
- 显示读数
- 显示"1"或"0"或变化不定的数字，可进行测量
- 按开关，电源接通或关闭
- 按下按钮，锁定本次测试数据
- 转换开关上的标志对准指示盘上不同量程，可进行测量
- 转换开关指"$\overline{V}$"测量直流电压
- 测量20A电流时，红表笔接此口
- 测量小于20A电流时，红表笔接此口
- 测量电压、电阻或二极管，红表笔接此口
- 公共接地端口，黑表笔接此口

图4-5 数字万用表的使用

二极管和晶体管检测　　电容和电阻检测

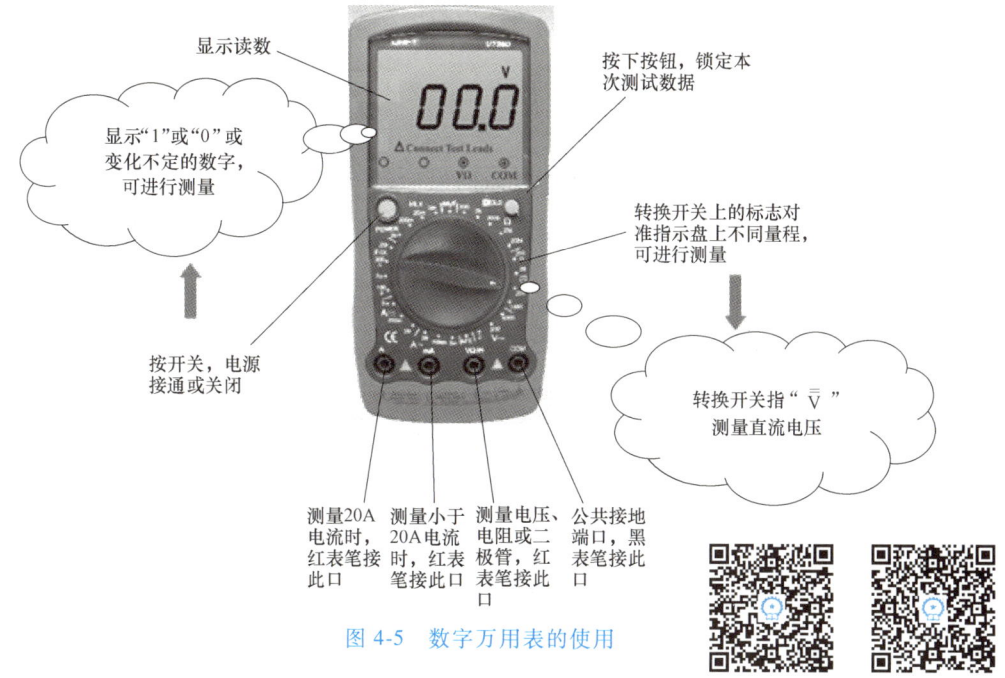

（3）正确连线　测电压和电阻时，红表笔插入"VΩ"插口，黑表笔插入"COM"插口；测电流时，若被测电流大于20A，红表笔插入"A"插口，如果被测电流小于20A，则红表笔插入"mA"插口，黑表笔不变，插入"COM"插口。

4.1.2　兆欧表

1. 作用及结构

兆欧表如图4-6所示。兆欧表大多采用手摇发电机供电，故又称摇表。它是以兆欧（MΩ）为单位的。兆欧表主要用来检查电气设备、家用电器或电气线路对地及相间的绝缘电阻，以保证这些设备、电器和线路工作在正常状态，避免发生触电伤亡及设备损坏等事故。

2. 使用方法

兆欧表由一个手摇发电机、表头和三个接线端（L、E、G）组成，其中L为线路端，E为接地端，G为屏蔽端或称保护环。保护环的作用是消除外壳表面L与E接线端间的漏电和被测绝缘物表面漏电的影响。

测量前，兆欧表要水平放置，避免摇动手柄时，表身抖动产生测量误差。左手按住表身，右手摇动兆欧表摇柄，转速为120r/min时，指针应指向无穷大，

图4-6　兆欧表

115

否则说明兆欧表有故障。还应切断被测电器及回路的电源,并对相关元件临时接地放电,以保证人身安全与兆欧表的测量结果准确。

在测量电气设备对地绝缘电阻时,L接线端用单根导线接设备的待测部位,E接线端连接设备外壳;测量电气设备内两绕组间的绝缘电阻时,将L和E接线端分别接两绕组的接线端;测量电缆的绝缘电阻时,为消除因表面漏电产生的误差,L接线端接线芯,E接线端接外壳,G接线端接线芯与外壳之间的绝缘层。

3. 用兆欧表测量电动机的绝缘电阻

(1) 测量前检查　如图4-7所示,先将兆欧表进行一次开路和短路试验,检查兆欧表是否良好。先将两连线开路,摇动手柄,指针应在∞位置;然后将两接线短路,轻轻摇动手柄,指针应指向0,否则说明兆欧表有故障。被测电动机表面应清洁、干燥。在测量前必须切断电源,并将其放电,防止发生人身和设备事故,也可以得到比较准确的测量值。

(2) 测量　把兆欧表放平稳。L接线端接电动机的运行端R,E接线端接外壳,摇动手柄速度由慢逐渐加快,维持在120r/min附近。若电动机短路,指针指向0,应立即停止摇手柄,防止烧坏兆欧表。

(3) 记录　兆欧表达到120r/min转速1min后,读取测量结果。然后分别测量起动端S、公共端C与外壳的绝缘电阻,如图4-8所示。

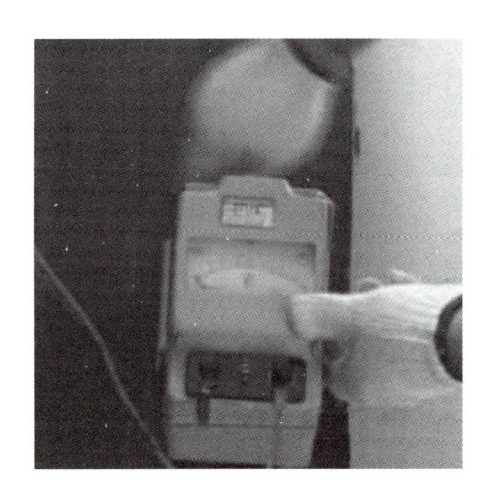

图4-7　测量前检查

图4-8　S与C的位置

4.1.3　钳形电流表

1. 作用及结构

通常用普通电流表测量电流时,需要将电路切断停机后才能将电流表接入进行测量。这不但很麻烦,而且有时正常运行的电动机不允许这样做。此时,使用钳形电流表就显得方便多了,可以在不切断电路的情况下来测量电流。

钳形电流表简称钳形表,如图4-9所示,其工作部分主要由一只电磁式电流表和穿心式电流互感器组成。穿心式电流互感器铁心制成活动开口,且成钳形,故名钳形电流表。它是一种不需断开电路就可直接测电路交流电流的便携式仪表,其内部结构如图4-10所示。

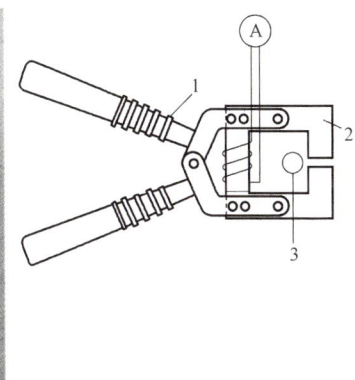

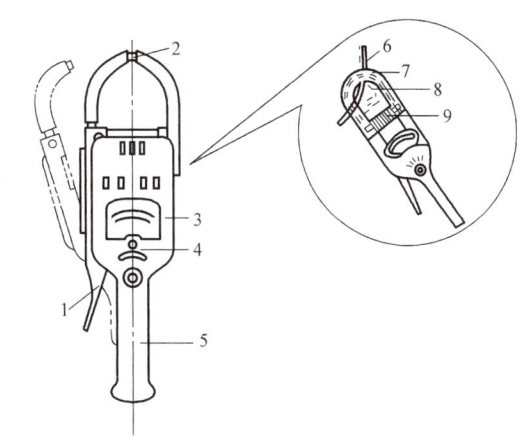

图 4-9　钳形电流表外部结构

1—钳子　2—铁心　3—通电导线

图 4-10　内部结构

1—扳手　2—卡口　3—电流表　4—机械调零钮
5—把手　6—被测电线　7—铁心　8—磁通
9—线圈

2. 使用方法

1）在进行测量时，先用手捏紧扳手即张开，被测载流导线的位置应放在钳口中间，以防止产生测量误差，然后放开扳手，使铁心闭合，表头就有指示。

2）测量时应先估算被测电流或电压的大小，选择合适的量程或先选用较大的量程测量，然后根据被测电流、电压大小减小量程，使读数超过刻度的1/2，以便得到较准确的读数。

3）为使读数准确，钳口两个面应保证良好的接合。如果有杂声，可将钳口重新开合一次。若杂声依旧存在，就要检查接合面是否有污物。如果有污物，可用汽油擦干净。

4）测量完毕要把调节旋钮放在最大电流量程位置，防止下次使用时超过量程，损坏仪器。

5）测量较小电流时，可把导线多绕几圈放在钳口测量，如图 4-11 所示。实际电流值应为钳形电流表的读数除以放进钳口内导线根数。

3. 用钳形电流表测电动机空载电流

（1）测量准备　测量前先将电动机与电源连接好，如图 4-12 所示。

（2）测量过程

1）测量前选择合适的量程。若无法估计，则先用较大量程进行测量，然后根据被测电流大小逐步换成合适量程。

2）合上电源开关，测量时被测载流导线应放在钳口内的中心位置，如图 4-13 所示。若量程选的太大指针不动，应把被测导线移出钳口后转换开关，如图 4-14 所示，逐步减小量程直至测出准确的电流值。读出电流值后，断开电源开关。

3）测量完毕要把调节旋钮放在最大电流量程位置，防止下次使用时超过量程，损坏仪器。

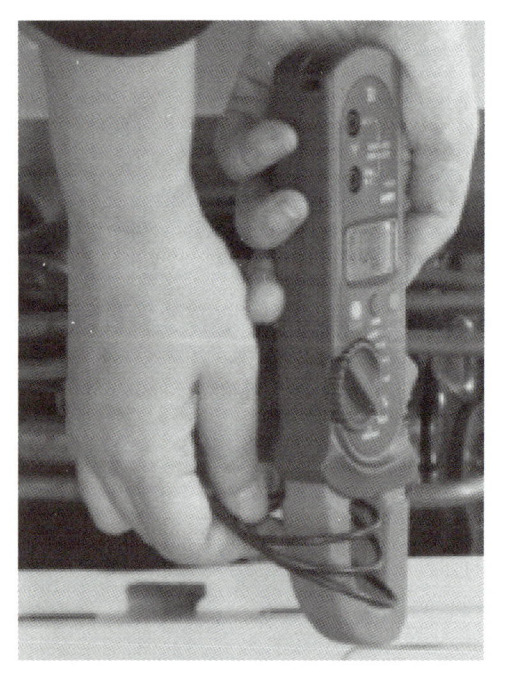

图 4-11 小电流测量方法

图 4-12 连接电源

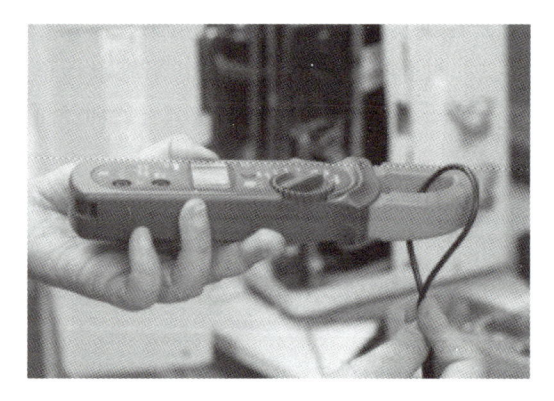

图 4-13 导线放置的位置

图 4-14 导线移出钳口

检测电动机绝缘
性能和绕组阻值

4.2 空调器电气控制系统组成与工作原理

4.2.1 空调器电气控制系统的基本组成

1. 基本组成

空调器的电气控制系统主要由电源、信号输入、微电脑、输出控制（即室温给定、运转控制）和 LED 显示等部分组成，如图 4-15 所示。

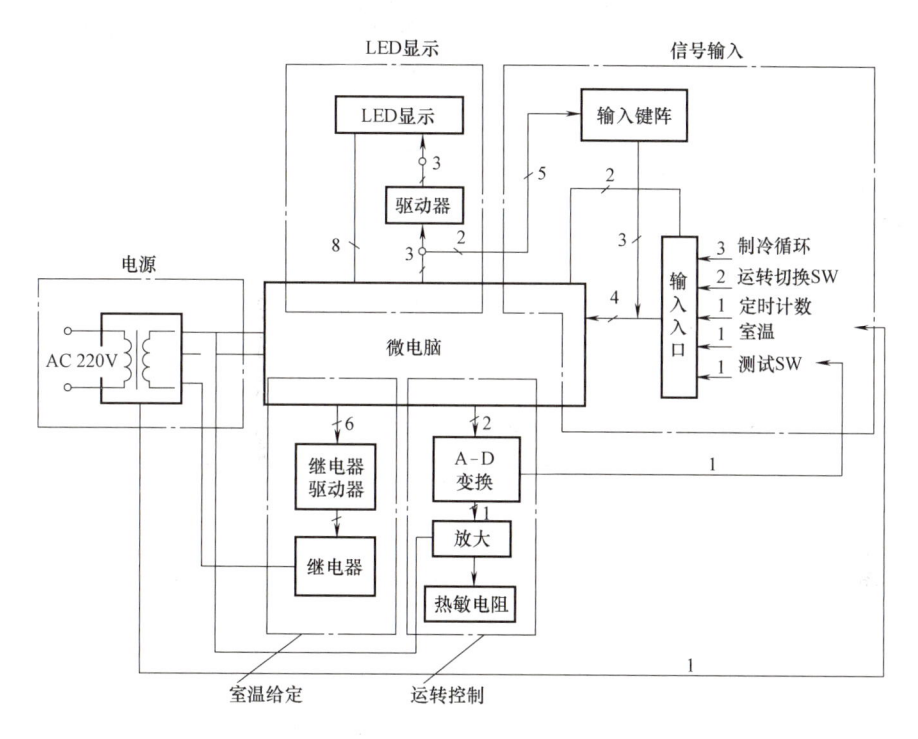

图 4-15 电气控制系统基本组成框图

2. 各部分功能

电源部分为整个控制系统提供电能。AC 220V 电压经变压器降压输出 AC 15V 电压，再由桥式整流电路转变成直流电压，然后通过三段稳压 7805 和 7812 芯片输出稳定的 DC 5V 及 DC 12V 电压供给各集成电路及继电器。

信号输入部分的作用是采集各个时间的温度，接收用户设定的温度、风速、定时等控制内容。

微电脑是电气控制系统中的运算和控制部分，它处理各种输入信号并发出指令，控制各个元器件工作。

输出控制部分是控制电路的执行部分，它根据微电脑发出的控制指令，通过继电器来控制压缩机、风扇电动机、电磁换向阀、步进电动机等部件的工作。

LED 显示部分的作用是显示空调器的工作状态。

4.2.2 电气元器件介绍

1. 风扇电动机

风扇电动机有单相和三相两种，主要由定子、转子和输出轴等组成，其外形如图 4-16 所示。对风扇电动机的要求是噪声低、振动小、运转平稳、重量轻、体积小，并且转速能调节。窗式空调器的风扇电动机带动离心风扇和轴流风扇两个风扇。分体式空调器室内机组和室外机组各有一个风扇电动机，分别带动离心风扇和轴流风扇。其中，室内机组多采用单相多速电动机，而室外机组一般采用单相单速电动机。为了保护电动机，一般在其内部或外部设置热保护器。大部分分体式空调器室内机组的电动机都采用外置式热保护器，热保护器串联在主电源回路中，一旦电动机温升过高，热保护器就切断整个电路。而分体式空调器室外机组的电动机一般采用内置式热保护器，当热保护器动作时，只有电动机停止工作，不会影响到其他元器件。

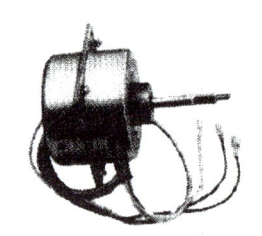

图 4-16 风扇电动机的外形

导致电动机温升过高的原因主要有风扇堵转、环境温度过高及绕组短路等。在检修时，一般用万用表的 R×10 档进行检测。采用外置式热保护器风扇电动机的接线如图 4-17 所示。

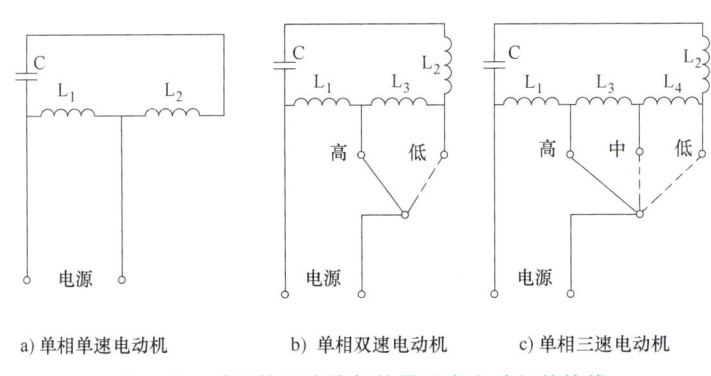

a) 单相单速电动机　　b) 单相双速电动机　　c) 单相三速电动机

图 4-17 采用外置式热保护器风扇电动机的接线

测量各绕组的阻值，如果阻值为无穷大或者为零，说明绕组断路或者短路。检修采用外置式热保护器的电动机时，要先确定保护器是可复性的还是一次性的，如图 4-18 所示。对于带有可复性保护器的电动机，应在保护器恢复后测量绕组阻值；对于带一次性保护器的电动机，其维修过程与采用外置式热保护器的电动机相同。

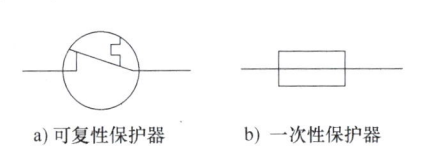

a) 可复性保护器　　b) 一次性保护器

图 4-18 外置式热保护器

2. 电容器

在风扇电动机和压缩机电动机电路中都会使用电容器，它为电动机提供起动力矩，减小运行电流和提高功率因数。这些电容器一般为薄膜电容，常见故障为无容量，击穿或漏电。检测时可用万用表的电容档，如图 4-19 所示。

测量前，先将电容器断开电源并用导线或其他导电物体将电容器两端短路放电，然后将表笔分别接到电容器两端。电容器良好时指针会偏转一定角度，然后慢慢回到原处，偏转角度的大小取决于电容器的容量。若指针不动，则说明电容器无容量，内部断路；若阻值接近零，则说明电容器已击穿，内部短路；若指针有偏转但不能回到原位，则说明电容器漏电。

3. 选择开关

选择开关用于空调器的功能选择，常见的旋转式选择开关的外形如图4-20所示。

图4-19 电容器的检测　　　　　　　　图4-20 旋转式选择开关

选择开关一般有三种控制功能：制冷、制热和送风。选择开关的功能切换要快，特别是弱冷、强冷之间的转换，否则会因转换时间过长而引起瞬间断电，使压缩机电动机处于堵转状态，从而引起故障。

选择开关的常见故障有该通不通、该断不断和接触不良等。检查时可用万用表的R×1档，对照原理图检测触点的通断来确定其是否正常，通时阻值应为零，断时阻值应为无穷大。选择开关的电气原理图如图4-21所示。

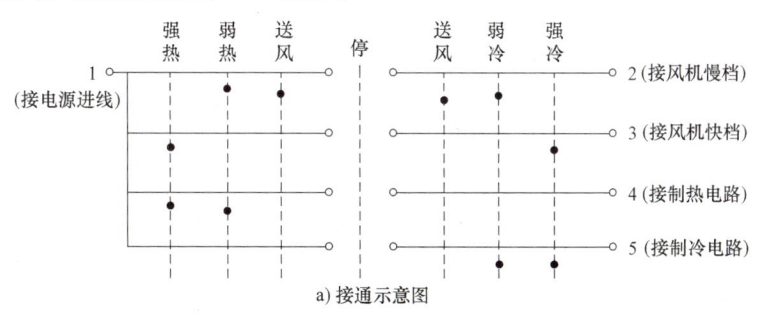

a) 接通示意图

触点标号	开关位置					
	强热	弱热	送风	停	送风	弱冷	强冷
1—2	—	+	+	—	+	+	—
1—3	+	—	—	—	—	—	+
1—4	+	+	—	—	—	—	—
1—5	—	—	—	—	—	+	+

注："+"表示通，"—"表示断。

b) 通断示意图

图4-21 选择开关的电气原理图

4. 温控器

空调器上使用的温控器有电子式和机械式两种。

电子式温控器具有温控精度高、反应灵敏、使用方便等优点，因而广泛用于微电脑控制的空调器电路中。目前空调器中使用的电子式温控器一般采用全密闭封装的热敏电阻。当温度升高时，热敏电阻的阻值降低；当温度降低时，阻值升高。电子式温控器的常见故障是断路，如温度探头断落、压碎等。这时微电脑检测到的温度就为无穷低，从而影响空调器的正常工作。

机械式温控器的温控精度比电子式温控器差，一般温度调节范围为 18~32℃。机械式温控器的外形、动作原理及图形符号如图 4-22 所示，温控器上有 3 个触点 C、L、H，C 是公共端，制冷时与 L 接通，制热时与 H 接通。它维修时可用万用表 R×1 档来检测，通电时阻值应为零，断电时阻值应为无穷大。机械式温控器的常见故障是温控器内感温剂泄漏，导致温控器不能正常工作。

5. 步进电动机

步进电动机一般用于分体壁挂式空调器的风向调节。在脉冲信号控制下，其各相绕组加上驱动电压后，电动机可正、反向转动。步进电动机的标准驱动电路如图 4-23 所示。

图 4-22 机械式温控器

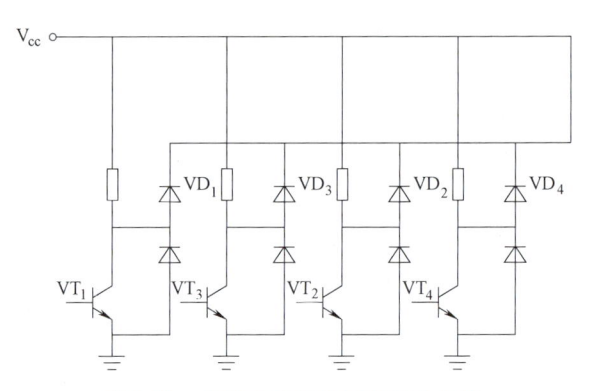

图 4-23 步进电动机的标准驱动电路

步进电动机的电源电压为 12V，励磁方式为 1-2 相励磁。当脉冲信号按表 4-1 所示的步序输入时，步进电动机的 4 个绕组依次得到驱动电压，从而带动步进齿轮转动。步进电动机不同，其减数比和步进角度也不同。步进电动机的常见故障是绕组损坏或传动机构工作不正常。检修时可用万用表的 R×10 档测量电动机各个绕组的阻值，正常时 4 个绕组的阻值是相同的。

表 4-1 步进电动机的线序及步序

线色	线序	步序							
		1	2	3	4	5	6	7	8
赤,茶	2,1	+	+	+	+	+	+	+	+
桃	5	—	—						
青	6					—	—		
橙	3			—	—				
黄	4							—	—

6. 交流接触器和继电器

交流接触器是一种常用的低压控制继电器，它由主触点、动铁心、静铁心和吸引线圈等部分组成，如图 4-24 所示。当吸引线圈通电时，动铁心带动主触点闭合，电路接通；吸引线圈断电时，主触点断开，电路切断。交流接触器主要用于频繁起动及三相交流电动机的控制电路中，以实现远距离控制的目的。

继电器由吸引线圈、触点、复位弹簧等组成，它常用在电气控制线路中，实现既定的控制程序，或提供一定的保护。除了结构及适用范围不同外，继电器与交流接触器的工作原理是类似的。在释放状态时，继电器吸引线圈断电，在复位弹簧的作用下所有常开触点断开，常闭触点闭合；在工作状态时，继电器吸引线圈通电，所有常开触点闭合，常闭触点断开。应注意的是，加到吸引线圈上的电压应符合要求，否则会吸合不好，甚至烧毁线圈。测量线圈阻值时可用万用表的 R×100 档，阻值偏小说明线圈局部短路，而阻值无穷大则说明线圈断路。另外，用万用表的 R×1 档还可测量触点的接触电阻，触点闭合时阻值应为零，断开时阻值应为无穷大。

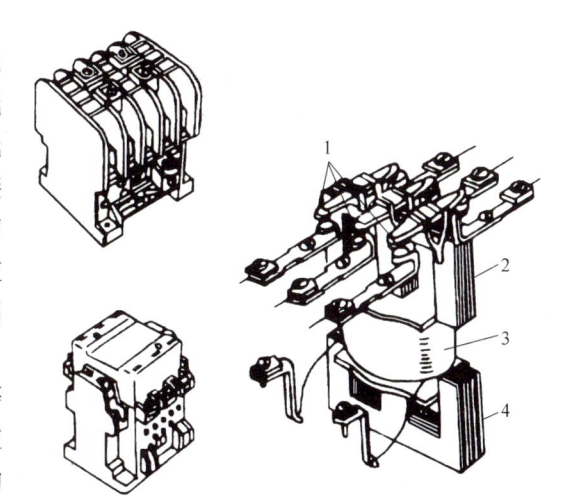

图 4-24 交流接触器的外形与结构
1—主触点 2—动铁心 3—吸引线圈 4—静铁心

交流接触器和继电器的常见故障为线圈烧毁，内部卡死和触点烧蚀、黏连等。

7. 热继电器和过载保护器

热继电器由发热元件和常闭触点组成，其外形如图 4-25 所示。发热元件由双金属片和电阻丝组成，当电流超过额定值时，双金属片因过热而弯曲，推动滑杆使触点动作，切断控制电路使压缩机停止工作，起到保护压缩机的作用。在压缩机停机后，双金属片经一段时间冷却又可恢复到原来的位置。热继电器复位有手动和自动两种方法。整定热继电器工作电流时，应使其稍大于压缩机的额定工作电流（约 1.5 倍）。若电流调得太大，压缩机过热时热继电器不动作，就容易损坏压缩机；若电流调得太小，会使压缩机频繁起停而不能正常工作。

过载保护器也是用来保护压缩机的，它由双金属圆盘、触点、发热丝等组成，常见的圆顶框架式过载保护器如图 4-26 所示。双金属圆盘的两个触点串联在压缩机电路中，当压缩机过流或过热时，双金属圆盘发热变形使触点断开，切断电路，从而保护压缩机。检查时可用万用表的 R×1 档，因两个接线柱正常情况下是导通的，所以阻值应接近于零。若阻值为无穷大，则应检查压缩机的通风是否良好，制冷剂是否过多或泄漏，工作电流是否偏大等。如果空调器长期工作在通风不良的环境中，过载保护器会经常动作，使触点烧蚀、黏连，起不到保护压缩机的作用。

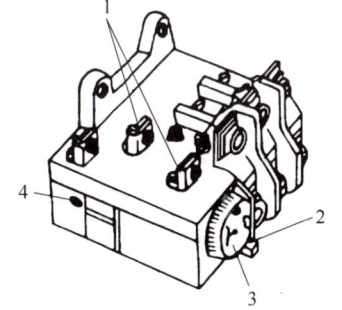

图 4-25 热继电器的外形
1—控制接点 2—复位按钮 3—电流调节盘 4—限位调节

图 4-26 圆顶框架式过载保护器

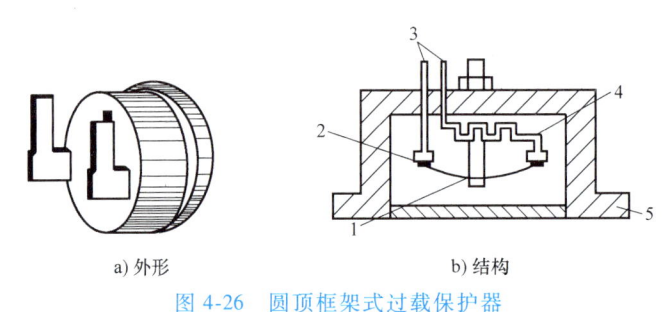

1—双金属圆盘　2—触点　3—接线柱　4—发热丝　5—基座

8. 主控电路板

主控电路板是空调器的核心部分。它接收各种信号，经微电脑处理后发出各种指令，控制空调器工作。主控电路板的检修要有一定的专业知识和技能，对一般维修人员来讲有一定的难度。

4.2.3 微电脑控制空调器

由于微型处理器（单片机）技术的发展，微电脑控制在制冷装置中的应用越来越广泛，它使制冷装置具有节能、安全、可靠、操作方便、自动化程度高等特点，使空调器作为家电产品走入家庭。

1. 空调器微电脑控制电路构成

空调器微电脑控制电路由单片机和外围电路构成。

（1）单片机　单片机是一种超大规模集成电路，内部结构相当复杂，但非常可靠，很少出现故障。从应用的角度，可以简单地把它看成一个器件，只需要了解其基本控制和运行功能即可，其控制功能分外部控制功能和内部控制功能。

1）外部功能主要包括显示和按键、红外接收与编程、机型设置、蜂鸣、风向板控制、室内风机控制、电加热、换新风、通信、模拟实时数据采集等功能。

2）内部功能主要指不同运行模式的控制，包括制动、制冷、制热、3min 延时、除湿、送风、定时、睡眠、自检、除霜、各种保护、延时等功能。

制造商所开发的单片机功能非常完备，设计制造者可根据自己产品的功能情况选用其中的部分功能，未必全部用尽，即有预留。

（2）外围电路　外围电路由各种分立电路组成。

1）传感与信号转换电路。该电路采集非电量信号或电量信号，并将其转换为模拟电压量，如温度传感器采集温度信号并转换成电压信号、过流保护装置采集电流信号并转换为电压信号等。

2）指令接收电路。该电路接收按键指令或遥控指令，并对这些指令进行处理，转换为电压信号后，给到单片机。

3）放大驱动电路。单片机将接收到的外界各种信号进行运算处理后，再发出各种控制信号，直接驱动小功率执行元件（如发光二极管），或通过放大驱动电路（如压缩机驱动电路）去驱动继电器（如风机继电器）或执行元件（如蜂鸣器）。

4）单片机工作辅助电路。该电路主要是为了保证单片机正常工作而设置的，包括电源电路、晶振电路、复位电路等。图 4-27 所示为根据科龙 KFR-35GW/EQF 分体热泵强力除湿空调微电脑控制电路绘制的控制系统结构框图。

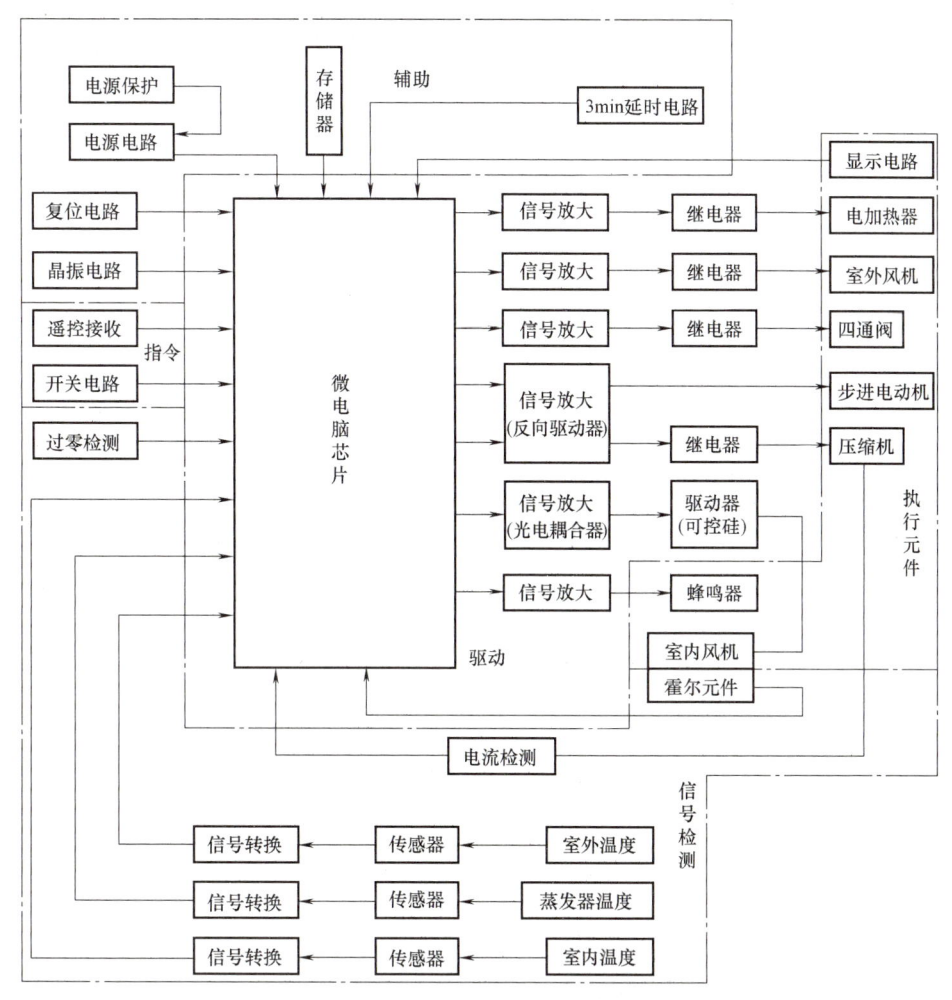

图 4-27 控制系统结构框图

2. 空调器微电脑控制分立电路种类与功能

空调微电脑控制分立电路主要指外围电路,所有家用空调无论是单冷、冷暖,或是定频、变频,或是分体、窗机和柜机,其微电脑控制电路系统都是由许多个分立电路所组成,就其电路结构来讲,80%左右的分立电路是相同或相似的。这里以某典型热泵辅助电加热强力除湿分体空调器微电脑控制电路为例,主要的分立电路功能说明见表 4-2。

表 4-2 典型微电脑控制空调电路板分立电路功能说明

序号	分立电路名称	主要功能说明
1	直流电源电路	为单片机和各分立电路提供 5V 和 12V 两种直流电源
2	过零检测电路	为室内风机提供与电源同步的过零触发信号
3	遥控接收电路	接收遥控器所发射的各种控制指令
4	显示电路	显示空调器的运行状态
5	室外风机继电器驱动电路	控制室外风机的开停,制冷、制热时与压缩机同步

(续)

序号	分立电路名称	主要功能说明
6	四通阀继电器驱动电路	控制四通阀的转换,即制冷与制热转换
7	电加热继电器驱动电路	当冬季制热能力下降时,控制电加热通断,进行辅助制热
8	晶振电路	产生高速振荡频率,为单片机提供标准时钟和运算速度
9	复位电路	也称清零电路,用于提高空调器控制部分的稳定性和可靠性
10	室内环境温度控制电路	通过采集室内环境温度的变化,控制压缩机的运转和自动状态下的室内风机转速
11	室内蒸发器管温度控制电路	通过检测蒸发器管温,决定在制热时是否进行防过热或防冷风保护,同时在制冷或除霜状态下,进行防冻结保护
12	冷凝器管温度检测电路	通过检测冷凝器管温,决定制热状态下的除霜
13	存储器电路	辅助单片机进行数据存储,可以对空调器运转进行计时,可以决定空调器的开机运行模式,实现关机或掉电功能记忆等
14	反向驱动器驱动压缩机继电器电路	通过控制继电器开合,实现弱电对强电的控制,控制压缩机的开停
15	反向驱动器驱动步进电动机电路	当需要风向摆动时,控制步进电动机顺、逆转动,室内风摆在 0°~70° 摇摆
16	开关电路	可作为应急开关,遥控器丢失或损坏时可强制启动
17	室内风机驱动电路	控制室内风机的开停并实现速度的自动调节
18	蜂鸣器电路	发射遥控指令或出现故障时发出蜂鸣声
19	霍尔元件检测电路	检测室内风机的运转速度,从而对风机进行有效控制
20	3min 延时电路	保证两次开机之间时间间隔在 3min 以上,使空调器轻负荷起动
21	压缩机过流检测电路	检测压缩机的运行电流,进行过载保护

3. 空调器微电脑控制流程

空调器微电脑的控制流程如图 4-28 所示。

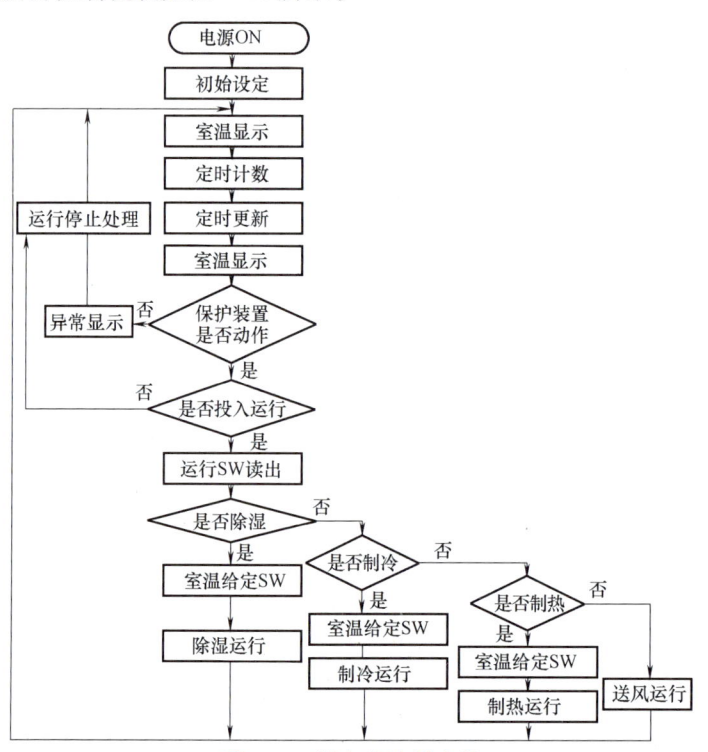

图 4-28 微电脑控制流程

4.2.4 家用空调器控制电路

1. 直流电源电路

图 4-29 所示为直流电源的电路控制原理图，该电路由熔断器 F101、抗干扰电容 C103、防过电压压敏电阻 F102、超温保护热敏电阻 F103 等组成前端电源保护及抗干扰电路；由变压器 T1 将 220V 电压降至 15V，经过 VD101~VD104 四个二极管整流，电容 C109、C110 滤波，由三端稳压集成块 7812 稳压输出 12V 直流电源；电容 C111、C112 滤波，由三端稳压集成块 7805 稳压输出 5V 直流电源。12V、5V 两种直流电分别供应给电路板相应的分立电路和芯片使用。

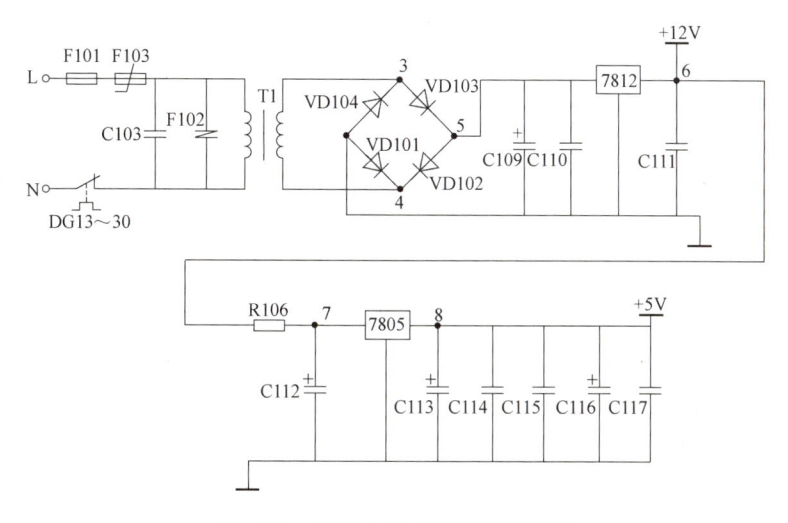

图 4-29　直流电源电路控制原理图

2. 过零检测电路

图 4-30 所示过零检测电路控制原理图。该电路中，T1 为变压器，将 220V 的电压降到 15V；VD105、VD106 为整流二极管，将交流整流为脉动的直流电；R107 为下拉电阻，起分压作用，保证进入晶体管基极的电压小于 0.7V；R108 电阻，起限流作用，使进入晶体管的电流 I_B 控制在较小范围；电阻 R103，分压限流作用，在二极管导通时，保证 11 点的电位基本在 0.3V；VT107 晶体管，起到开关作用。

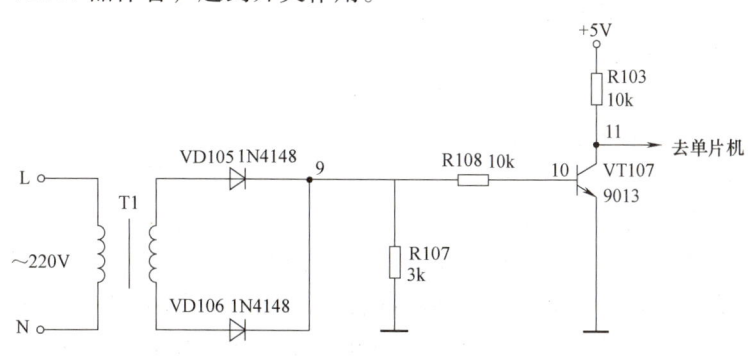

图 4-30　过零检侧电路控制原理图

该电路与直流电源电路共用变压器 T1，通过变压器降压，再由两个二极管整流，然后通过电阻的分压和限流，得到 100Hz 的脉动信号，经过晶体管开关元件的作用，在 11 点得到 100Hz 的脉冲矩形波，送去单片机的 39 引脚，此信号经过单片机内部控制后，再送去室内风机驱动电路，使室内风机以不同的速度运转。

3. 遥控接收电路

图 4-31 所示为遥控接收电路控制原理图。该电路中，N301 为遥控接收集成电路，也称接收头，有三只引脚，分别是 VDD 接电源、OUT 接收信号输出（到单片机）、GND 接公共端（也称接地）；电阻 R301 起逐流作用，将微弱的接收信号逐送到单片机；电阻 R302 起到分压限流作用；电容 C301 接在电源与公共端之间，用于消除杂波干扰。

该电路比较简单，从遥控器接收的信号经过调制解调，再通过逐流电阻 R301，将信号送入单片机的 8 引脚（即 P70 引脚），以达到不同的控制功能。

4. 显示电路

图 4-32 所示显示电路控制原理图。该电路中，电阻 R303 的作用为限流和分压，保证发光二极管的电压和电流在一定的范围内；VL301、VL302 和 VL303 为发光二极管，分别代表运行、加热和定时。

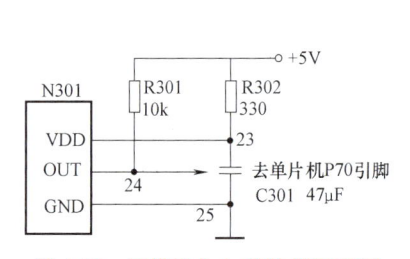

图 4-31　遥控接收电路控制原理图

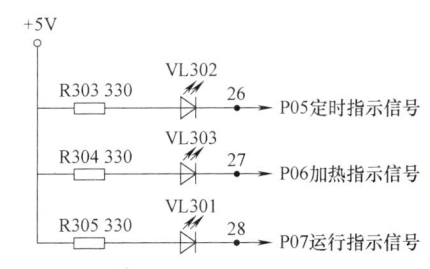

图 4-32　显示电路控制原理图

该电路比较简单，根据运行的状态，由单片机的 P05、P06 和 P07 引脚输出低电平（0V 电压），形成回路，从而使对应的灯发光。

5. 室外风机继电器驱动电路

图 4-33 所示为室外风机驱动电路控制原理图。该电路中，电阻 R125 起限流分压作用；晶体管 VT121 起开关作用；继电器 K102 用于控制风机电路的通断，内部由线圈和开关触点组成；续流二极管 VD118，断电时可以保护由于继电器线圈产生的感应电动势冲击损坏晶体管；电动机 M 带动风扇运转。

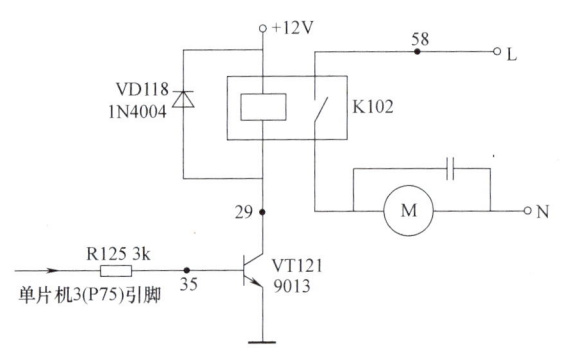

图 4-33　室外风机继电器驱动电路控制原理图

当空调器接收到运行指令后，从单片机 3 引脚（P75 引脚）发出控制信号，触发晶体管导通，12V 直流电源经过继电器 K102 和晶体管 VT121 回到公共端，形成回路，继电器线圈因此得电产生吸力，使其中的触点闭合，220V 电压通过风机，使风机运转。一般的驱动电路基本上都是通过继电器，将单片机的弱电信号转化为强电信号，送去驱动执行元件的，如风机、四通阀等，从而实现弱电控制强电的目的。

6. 四通阀继电器驱动电路

图 4-34 所示为四通阀继电器驱动电路控制原理图。它与室外风机继电器驱动电路结构组成完全相同,这里不再重复介绍。

7. 电加热继电器驱动电路

图 4-35 所示为电加热继电器驱动电路控制原理图。它与室外风机继电器驱动电路结构组成完全相同,这里不再重复介绍。

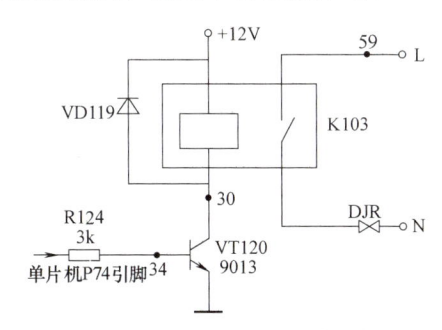

图 4-34 四通阀继电器驱动电路控制原理图

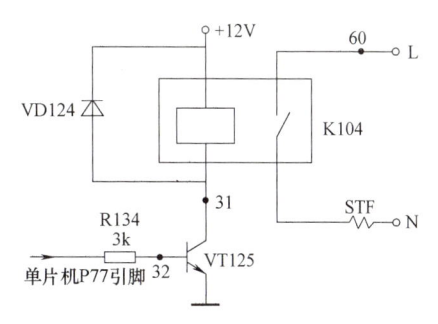

图 4-35 电加热继电器驱动电路控制原理图

8. 晶振电路

图 4-36 所示为晶振电路控制原理图。晶振电路较为简单,主要是 B102 石英晶振,其晶体结构为六角形柱体,按一定尺寸切割的石英晶体夹在一对金属片中间,在晶片两极通上电压,就具备了压电效应,即施加电压产生变形,变形受力又产生电压,从而不断振荡。

石英晶振有三只引脚,一只引脚接单片机输入引脚 19,一只引脚接单片机输出引脚 20,一只引脚接公共端。通过与单片机内部的电路作用,产生 4.1MHz 的振荡频率(类似于计算机 CPU 的频率),为单片机提供工作标准时钟。

9. 复位电路

图 4-37 所示为复位电路控制原理图。复位电路比较简单,VD122 二极管起到隔离作用,作为断电时电解(极性)电容 C123 放电之用。

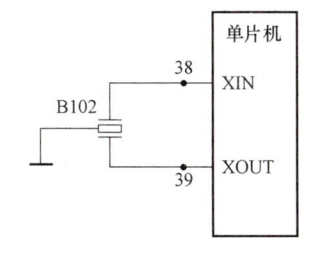

图 4-36 晶振电路控制原理图

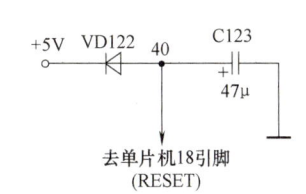

图 4-37 复位电路控制原理图

当空调器上电时,单片机通过 18 引脚送出 5V 直流电源,上电初期,电容相当于短路,于是公共端的 0V 电位被采入单片机。单片机收到 0 电位信号后,即刻开机运行。与此同时,电容很快充满 5V 电压并保持。

复位电路的主要作用是提高空调器电控部分的稳定性和可靠性,防止单片机初次上电或受到强干扰信号出现死机。

10. 室外换热器温控电路

图 4-38 所示为室外换热器温控电路控制原理图。电路中，上拉电阻 R131 起分压作用；下拉热敏电阻 TH3 也称感温探头，用于感受温度的变化，并将其转化为电阻的变化，进而转化为电压的变化；电阻 R128 起限流作用，使进入单片机的电流不会过大；电容 C126 起抗干扰作用，保证单片机不受偶然电压变化因素的影响而造成误判断。

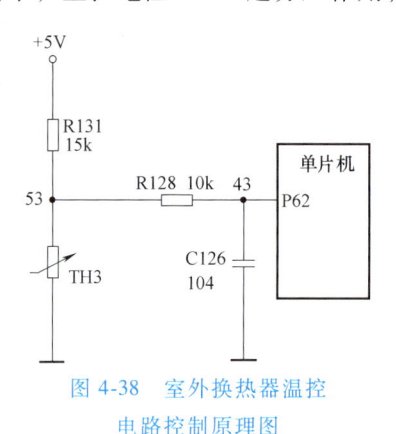

感温探头是一个负温度系数的热敏电阻，即温度越高，电阻越小；温度越低，电阻越大。热敏电阻将感知的温度变化转化为电阻值的变化，再进一步转化为电压值的变化，送入单片机。单片机将接收到的电压值通过内部程序进行运算比较，以决定是否进行除霜。

图 4-38　室外换热器温控电路控制原理图

11. 室内环境温度控制电路

图 4-39 所示为室内环境温度控制电路控制原理图。它与室外换热器温控电路的电路结构基本相同，这里只介绍不同之处。

该电路将采集的室内环境温度与遥控器设定的温度比较，从而决定室外机是否停止或继续运转，室内机一直运转。在自动风速控制情况下，根据室内温度与设定温度的差值，自动调整风机的速度。温度越接近，风速越慢；温差越大，风速越快。

12. 室内蒸发器管温度控制电路

图 4-40 所示为室内蒸发器管温度控制电路控制原理图。它与室外换热器温控电路的电路结构基本相同，这里只介绍不同之处。

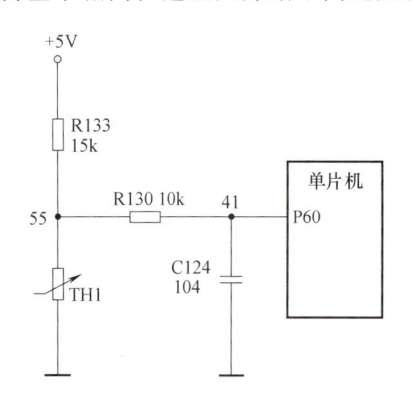

图 4-39　室内环境温度控制电路控制原理图 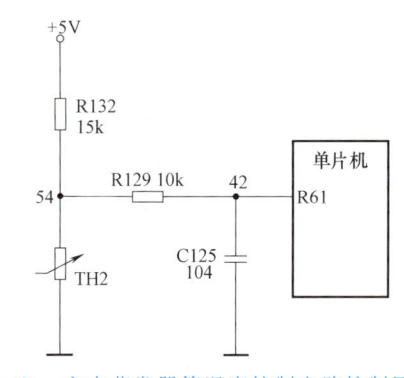　　图 4-40　室内蒸发器管温度控制电路控制原理图

该电路将采集的管温与单片机内设定的防冷风和防热风温度进行比较，制热状态下，当蒸发器的管温低于 25℃ 时，风机不运转，因为这个温度吹到人身上还是觉得冷；但当管温超过 53℃ 时，室外机要停止运转，以防止高温危险，此时室内机继续吹风，降低蒸发器温度。

13. 存储电路

图 4-41 所示为存储电路控制原理图。由于单片机的内部存储量不够，所以该控制电路外加了 EEPROM（电可擦编程只读存储器）93C46，可以对空调器运转进行计时，并可以决

定空调器的开机运行模式、关机和记忆等。由单片机对其进行读写操作，不读写时 70 为高电平，67、68、69 为低电平。

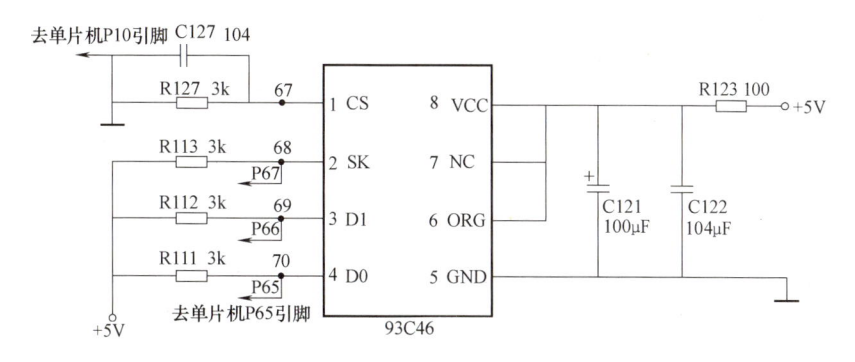

图 4-41 存储电路控制原理图

14. 反向驱动器驱动压缩机继电器、蜂鸣器、步进电动机电路

图 4-42 所示为反向驱动器驱动电路控制原理图。该图中，N103 为反相驱动器，由 7 个反相驱动器封装而成，分别为 1~7 引脚对应 16~10 引脚，其作用是将由单片机发出的微弱信号反相并放大，以便可以带动较大电流（功率）的继电器、蜂鸣器以及步进电动机等。B101 为蜂鸣器，遥控接收信号时会发出响声。M 为步进电动机，用于带动室内风机摆摆动。K101 为压缩机继电器，用于控制压缩机的开停。

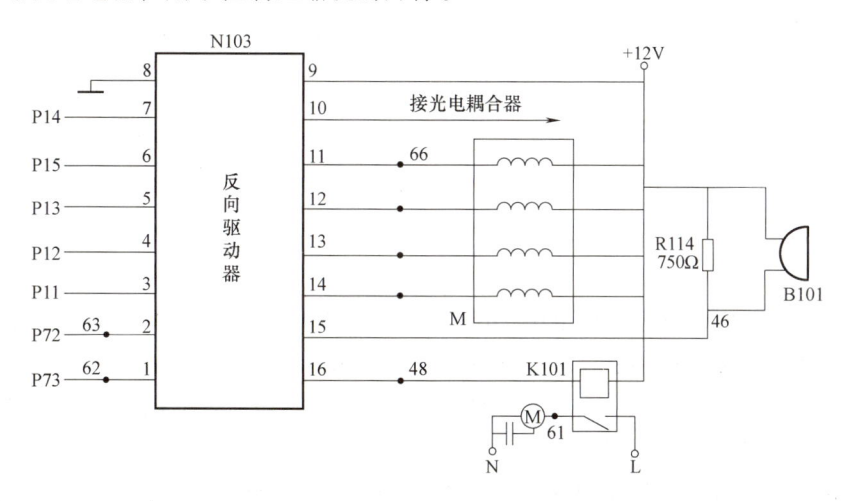

图 4-42 反向驱动器驱动电路控制原理图

当遥控器发出开机指令时，单片机 5（P73 引脚）发出高电平信号，经过 N103 反相后，在 16 引脚反相为低电平，因此与 12V 直流电源构成回路，继电器线圈导通，触点闭合，压缩机交流 220V 电源接通运转。同理，当发出遥控风摆指令后，单片机 33~36（P12~P15 引脚）周期性地依次发出高电平，通过反相驱动器的 11~14 引脚驱动步进电动机。当接收遥控信号时，单片机 6（P72 引脚）发出一组脉冲信号，触发蜂鸣器鸣叫。

空调器故障现象包括：本分立电路的反相驱动器损坏，压缩机将不能运转，遥控风摆不能摆动，蜂鸣器不能鸣叫。

15. 开关电路

图 4-43 所示为开关电路控制原理图。本电路比较简单，S101 按键开关起应急作用；电阻 R110 为负载电阻。

在无遥控器情况下，按动 S101 可以直接起动空调器，此时空调器按自动状态工作，根据室内环境温度，或制冷或制热。平时 S101 悬空，单片机 40 引脚为低电平，电控系统处于遥控状态。

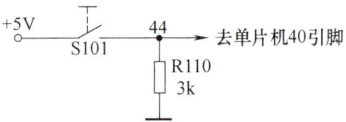

图 4-43 开关电路控制原理图

16. 室内风机驱动电路

图 4-44 所示为室内风机驱动电路控制原理图。由于本电路比较复杂，可将该电路画成规整的串并联电路，以便容易对电路进行分析。该电路由三部分组成：

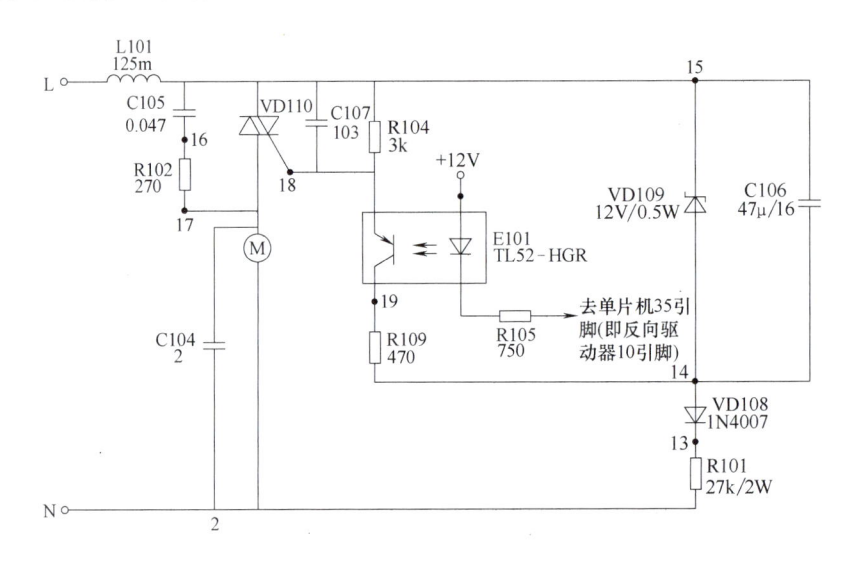

图 4-44 室内风机驱动电路控制原理图

1）整流滤波稳压电路：电阻 R101 起限流分压作用，二极管 VD108 起整流作用，极性电容 C106 起滤波作用，VD109 稳压二极管起稳压作用。

2）触发电路：电阻 R105、R104、R109 起限流分压作用，光电耦合器 E101 起信号传递作用，电容 C107 起抗干扰作用。

3）主电路：双向晶闸关 VD110 起控制开关作用，电动机 M 带动室内风扇运转，电阻 R102 与电容 C105 构成阻容保护电路，保护双向晶闸管（有称双向可控硅）VD110 不受损坏，电容 C104 起风机分相作用，电感 L101 起抗干扰作用。

220V 交流工频电压经过半波整流、滤波及稳压之后，得到 12V 直流电源，供触发电路用。单片机将过零信号发送至光电耦合器中，通过光耦合，在 18 点产生过零触发信号供给双向晶闸管，使之受控导通。一旦双向晶闸管导通，则 220V 交流工频电源通过电动机，电动机运转带动风扇吹风。单片机根据遥控指令发出占空比不同的脉冲信号，就可以控制双向晶闸管导通与关闭的时间比例，因此通过电动机的电压有效值不同，从而可得到高、中、弱、微四种风速。

17. 霍耳元件检测电路

图 4-45 所示为霍耳元件检测电路控制原理图。本电路只有一个霍尔元件，并且被置于室内风机的内部，电路板是看不到的。霍尔元件是一个半导体薄片，随着风机的运转会产生脉冲信号输出，风机转速越快，脉冲频率越高。霍尔元件有两个引脚：一个接公共端，一个接 5V 电源以及输出端（去单片机 7 引脚，即 P71）。脉冲信号送入单片机后，单片机内部程序判断室内风机的当前的运转速度，并根据遥控指令进行速度控制调整。

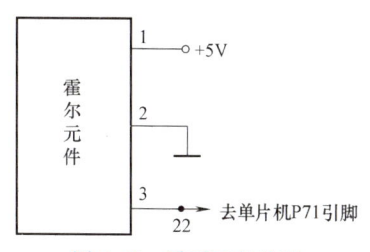

图 4-45 霍耳元件检测电路控制原理图

18. 3min 延时电路

图 4-46 所示为 3min 延时电路控制原理图。该电路中，充电电阻 R115 起限流作用，放电电阻 R116 起限流作用，二极管 VD111 起隔离作用，极性电容 C118 起充放电作用。

上电时，+5V 直流电源经过充电电阻 R115 和正向二极管 VD111 给电容充电，很快充至 5V 电压。当空调器断电停机后，不到 3min 又开机时，由于在断电期间电容通过放电电阻 R116 的放电比较慢（因为放电电阻值比较大，为 2.2MΩ），3min 之内的放电不能将电容的电压降低到 1V 以下，故空调器拒绝开机，此时采用单片机计时 3min 以上，或单片机通过 27 引脚采集到电容的电压降到 1V 以下时，才能进行再次开机动作。

此电路属于保护电路，用来保证制冷管道系统的压力平衡，使压缩机轻负荷起动，防止过载。

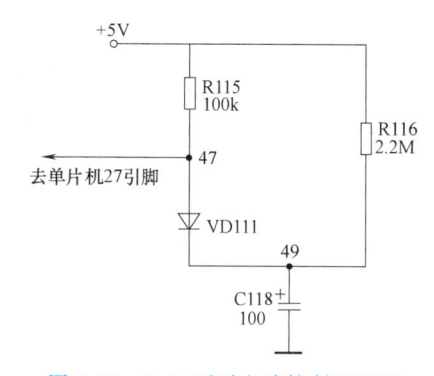

图 4-46 3min 延时电路控制原理图

空调器故障现象：无论两次开机的时间是否超过 3min，开机时空调器压缩机即刻运转，没有延时功能或延时时间不够。

19. 压缩机过流检测电路

图 4-47 所示为压缩机过流检测电路控制原理图。该电路中，T101 为电流互感器，用于感应压缩机的运行电流；负载电阻 R117 起分流作用；二极管 VD112 起整流作用；电容 C119 起滤波作用；电阻 R118、R119 起限流分压作用。

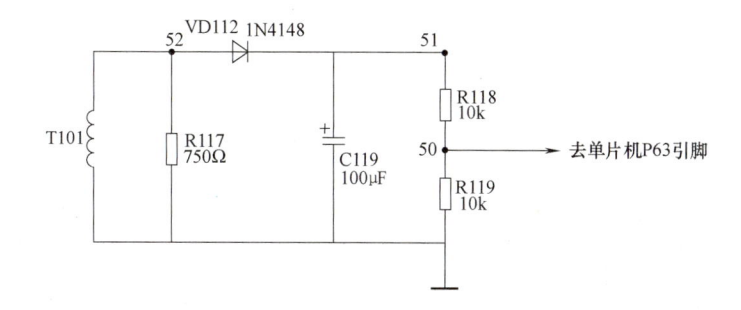

图 4-47 压缩机过流检测电路控制原理图

4.3 技能训练——空调器电气系统电路的连接与检测

4.3.1 空调器电路的连接

下面以海尔壁挂式空调为例，介绍空调器电路的连接方法。空调器电路实物图如图 4-48 所示。

1. 室内机电路

室内机电路主要由控制电路板、遥控器接收和指示灯电路板、电源电路板以及外接的室温感温器、管温感温器、送风风扇电动机、室内机风扇电动机、变压器等组成。

送风风扇电动机的引线位于电源电路板上，一般连接插头是按照颜色、大小一一对应的，如图 4-49 所示。

图 4-48 空调器电路实物图

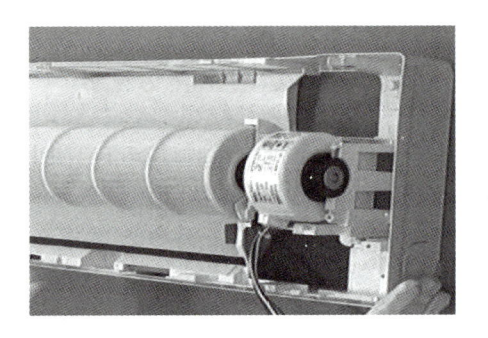

图 4-49 送风风扇电动机的引线

室内机风扇电动机有两组引线与电源电路板相连，其中，蓝、红、黄组引线是供电插座，黑、白、茶组引线是室内风扇电动机速度检测插座，如图 4-50 所示。

室温感温器和管温感温器的作用是感知工作温度，并将其传给系统控制集成电路，其实物图如图 4-51 所示。

图 4-50 室内机风扇电动机的引线

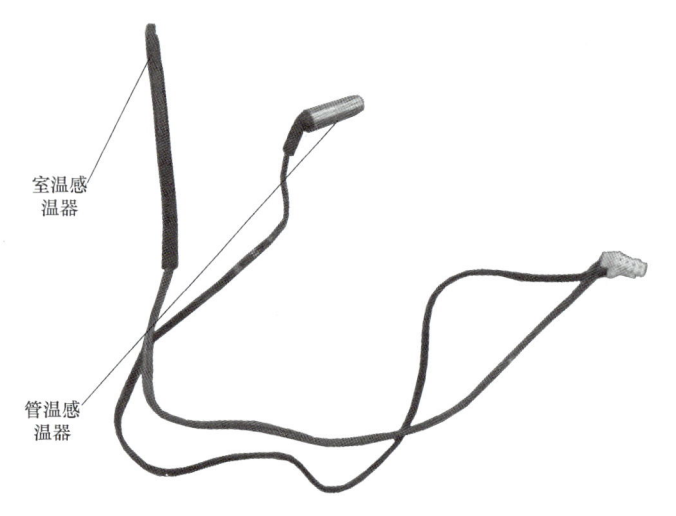

图 4-51 室温感温器和管温感温器

室温感温器与系统控制电路相连,其感温头一般安装在蒸发器的表面(图 4-52),用来检测房间温度。管温感温器大部分安装在蒸发器的管路里(图 4-53),多用卡子固定在铜管中,主要检测蒸发器管路的温度。室温感温器和管温感温器检测的温度送到控制电路中,就能确定空调器目前的工作状态。

图 4-52 室温感温器的安装位置

图 4-53 管温感温器的安装位置

遥控器接收和指示灯电路板位于室内机正前方,其位置如图 4-54 所示,实物如图 4-55 所示,它们分别与控制电路板相连。

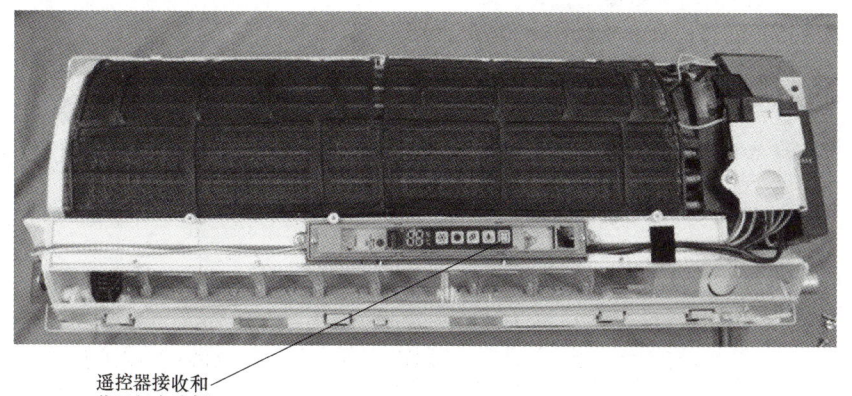

图 4-54 遥控器接收和指示灯电路板的安装位置

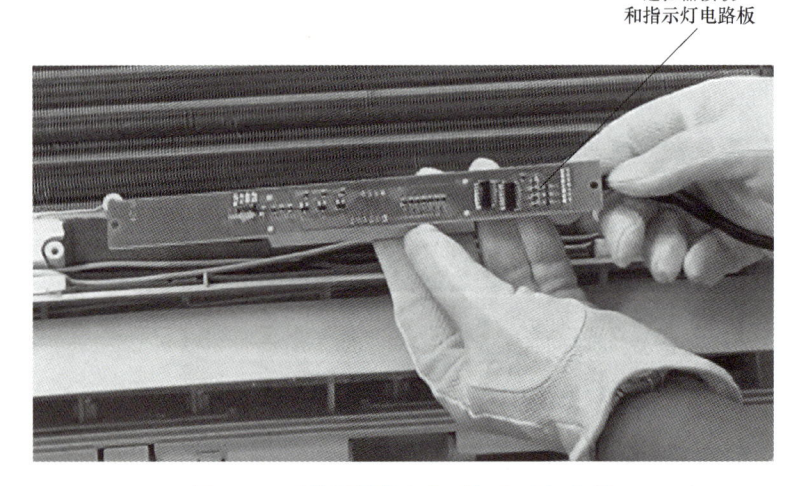

图 4-55　遥控器接收和指示灯电路板实物

电源电路板位于空调器的内侧，如图 4-56 所示，上面分别有室内风扇电动机的 2 个插座、送风风扇电动机插座、接线盒插座，压缩机连接 2 个插座，变压器连接 2 个插座。

控制电路板在机器的右下方，如图 4-56 所示，其上有遥控器的信号接收电路插座、室温感温器和管温感温器插座。

室内输出引线接线板是室内机向室外机输出电压的接口。室内电源接线板的结构如图 4-57 所示，其下面的一排引线都是与室外机相连的输出引线，室内机与室外机间有两组控制引线，较粗的（即 1、2 端）一组为压缩机供电，较细的（即 3、4 端）一组为四通电磁换向阀和风扇供电。

图 4-56　电源电路板和控制电路板

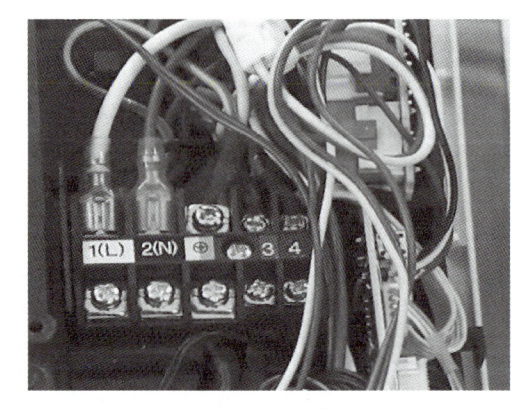

图 4-57　室内电源接线板

2. 室外机电路

室外机电路主要由接线盒、压缩机起动电容（图 4-58）、风扇电动机起动电容（图 4-59）组成。其接线盒与室内机相似，上面一排较粗的（即 1、2 端）一组为压缩机供电，较细的（即 3、4 端）一组为四通换向阀和风扇供电，如图 4-60 所示。下面一排分别与室内机对应连接。

图 4-58 压缩机起动电容　　图 4-59 风扇电动机起动电容　　图 4-60 室外电源接线盒

3. 电路连接训练

【任务准备】

（1）设备清单（表 4-3）

表 4-3 设备清单

序号	名称	规格	数量	备注
1	实训装置	THRHZK-1	1 套	
2	旋转式压缩机		1 台	
3	室外换热器		1 台	
4	室内换热器		1 台	
5	四通电磁阀		1 个	
6	环境温度传感器		1 个	
7	管路温度传感器		1 个	
8	固定型材		6 根	
9	实训专用导线		45 根	
10	螺钉		若干	
11	接线板		1 个	
12	电气原理图		3 张	

（2）工具耗材清单（表4-4）

表4-4 工具耗材清单

序号	名称	规格	数量	备注
1	导线	23芯绿色线	1卷	0.4mm^2
2		42芯黄色线	1卷	0.75mm^2
3		48芯红色线	2m	1.0mm^2
4		48芯黑色线	2m	1.0mm^2
5	号码管	1-64	2m	
6	热缩管	ϕ3mm	3m	
7		ϕ4mm	3m	
8		ϕ6mm	3m	
9		ϕ8mm	3m	
10	套管	ϕ1.5mm	4根	
11		ϕ2mm	4根	
12		ϕ2.5mm	4根	
13		ϕ3mm	4根	
14		ϕ3.5mm	4根	
15		ϕ6mm	4根	
16	电烙铁			
17	烙铁架			
18	万用表			
19	元件盒（小型容器）		1只	
20	扎带		70根	

【任务描述】

根据空调器电气控制原理，选用合适的导线及器件，完成空调器电气控制电路的连接，并测试压缩机、室外风扇电动机、室内风扇电动机、四通电磁换向阀等部件的功能是否正常。

【任务要求】

1）根据空调原理电路图（图4-61）和空调系统电气接线端子排分配表（表4-5），完成空调系统电路连接。

2）进行电路连接时，传感器选用0.5mm^{2}导线，执行部件选用0.75mm^{2}导线，电源线选用1mm^{2}导线。

3）电路接线要符合电气规范，与端子排连接的导线接头须上锡处理，上锡长度不小于5mm，连接应安全可靠。

4）线槽内要求布线平整美观，执行部件的连接导线沿线槽内侧布放，传感器的连接导线沿线槽的外侧布放，电源线沿线槽外侧布放，并用扎带分别固定。

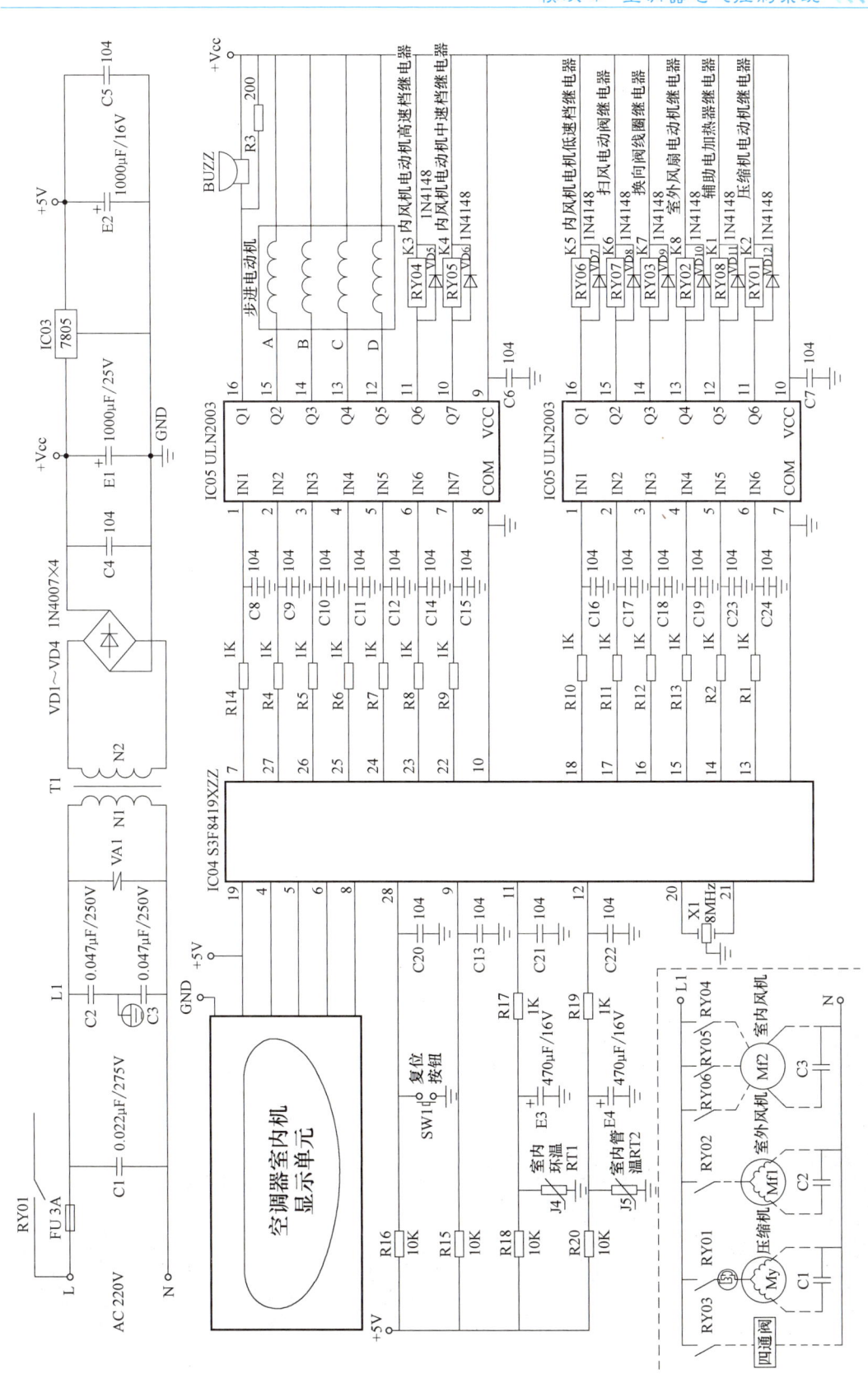

图 4-61 空调原理电路图

表 4-5　空调系统电气接线端子排分配表

端子排号	设备或器件	端子排号	设备或器件
5	室内管道温度传感器	18	室内风机起动端
6	室内管道温度传感器	19	室内风机高风档
7		20	室内风机中风档
8	室内环境温度传感器	21	室内风机低风档
9	室内环境温度传感器	22	
10		23	
11		24	室外风机运行端
12	压缩机运行端	25	室外风机起动端
13	压缩机起动端	26	室外风机公共端
14	压缩机过载保护器	27	
15		28	
16		29	四通电磁换向阀
17	室内风机运行端	30	四通电磁换向阀

5）端子排与挂箱之间的连接导线，逐一按不同器件分开进行捆扎，间距为 80~100mm。

6）连接导线两端均应套号码管，号码管上的数字标识方向要求一致。

7）露出线槽外的器件引线必须加护套，压缩机引线用黄蜡管护套，其他器件用热塑管护套。

8）导线对接处，要上锡处理，并外加套管绝缘，执行部件的连接处用热塑管，传感器的连接处用黄蜡管。

【任务实施】

操作步骤如下：

1）清点操作工具及耗材（图 4-62）。

2）量取导线长度（图 4-63）。

图 4-62　清点操作工具及耗材

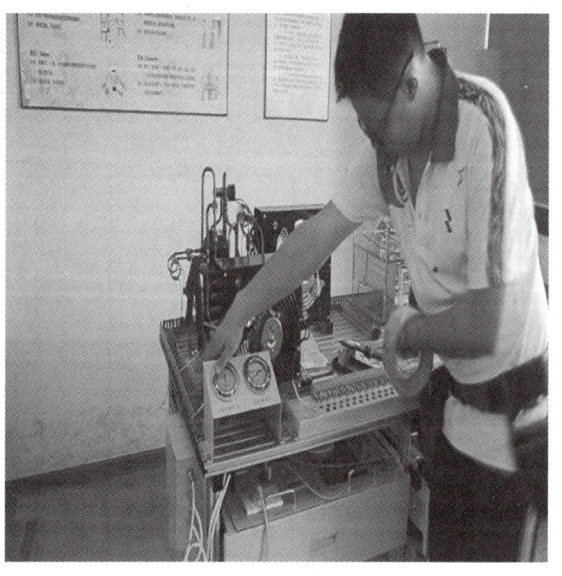

图 4-63　量取导线长度

3）压缩机接线。

① 剥线皮（图4-64）。

② 导线上锡（图4-65）。

图4-64　剥线皮

图4-65　导线上锡

③ 插簧上锡（图4-66）。

④ 连接导线与插簧（图4-67）。

⑤ 依次套上绝缘套、号码管、热缩管（图4-68）。号码管的作用是确保同一根导线两端连接相对应的元器件和插槽。热缩管起绝缘保护线路的作用。

⑥ 将插簧插在压缩机对应接线柱上（图4-69）。

电路介绍和插簧连接法

图4-66　插簧上锡

图4-67　连接导线与插簧

图 4-68 依次套上绝缘套、号码管、热缩管

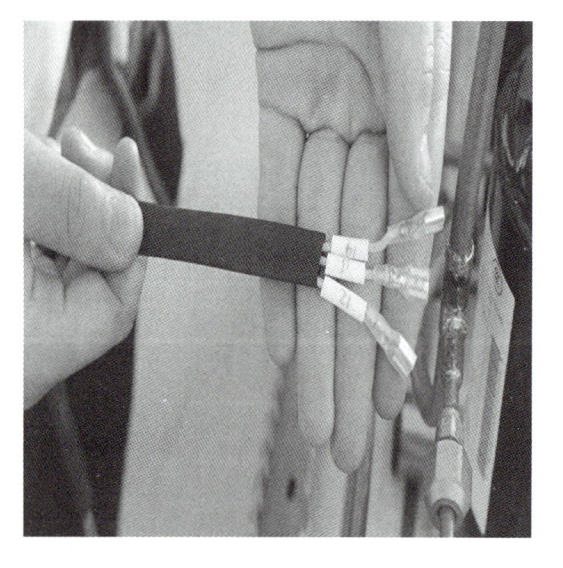

图 4-69 将插簧插在压缩机对应接线柱上

⑦ 将导线沿着线槽布放，用扎线带固定（图 4-70）。

图 4-70 导线沿着线槽布放，用扎线带固定

4）风机等其他元器件接线。
① 剥线皮。
② 套号码管和黄蜡管（图 4-71）。黄蜡管套在导线焊接裸露部分，起绝缘和保护作用。
③ 将导线接头裸露部分扭紧，注意裸露部分总长度不能超过 1.5cm。
④ 导线连接处上锡（图 4-72）。
5）接线端子排接线。
① 精确量取导线长度（图 4-73），保证导线头能插进接线槽，同时外部没有裸露铜线。

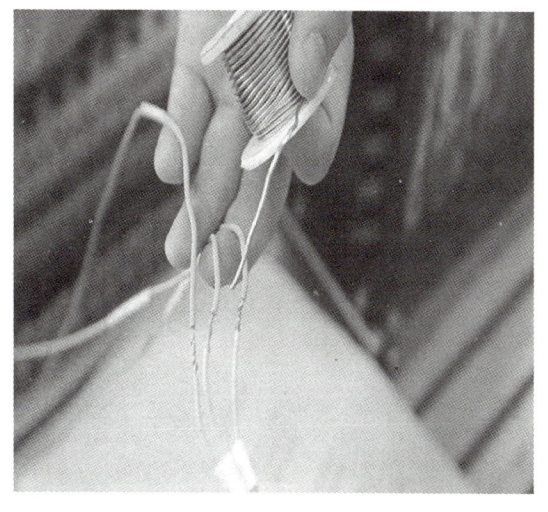

图 4-71 套黄蜡管（使导线连接处绝缘）

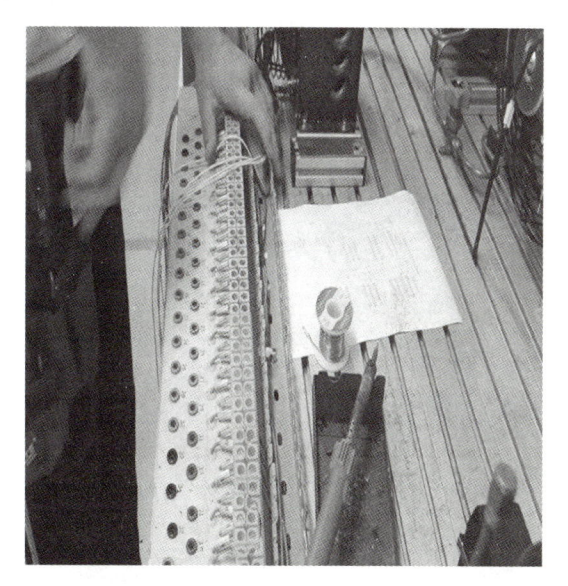

图 4-72 导线连接处上锡　　　　　　图 4-73 精确量取导线长度

② 导线接头处上锡（图 4-74），接头处铜线裸露长度在 0.5cm 左右。

③ 将导线接头插入端子排，并用螺栓压紧（图 4-75）。

④ 全部导线接好后，整理线路，高压（220V）导线走外侧，低压（5V/12V）导线走内侧，用扎带固定（图 4-76）。

6）连接端子排和电路板。

① 5、6 号连接管道温度传感器，不分正负（图 4-77）。

② 8、9 号连接环境温度传感器，不分正负（图 4-78）。

③ 12 号接压缩机运行端，13 号接压缩机起动端，14 号接压缩机过载保护器端，如图 4-79 所示。

导线直接连接法

143

图 4-74　接头上锡

图 4-75　将导线接头插入端子排

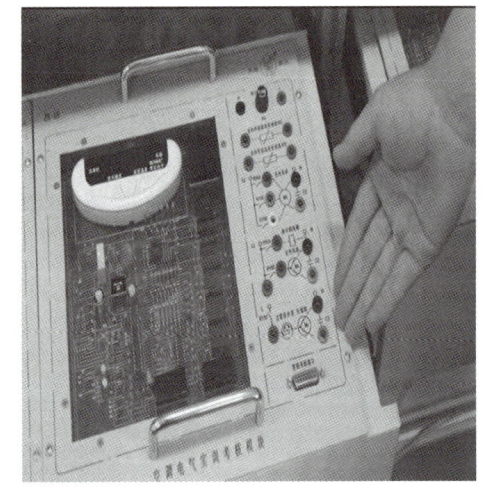

图 4-76　用扎带固定

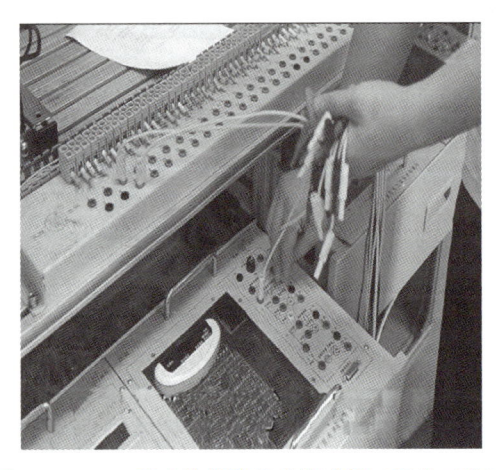

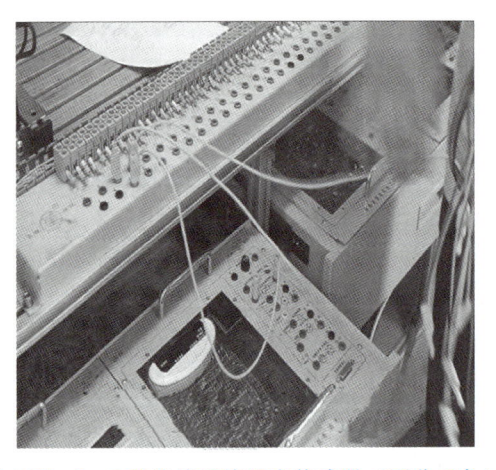

图 4-77　5、6 号连接管路温度传感器（不分正负）

图 4-78　8、9 号连接环境温度传感器（不分正负）

④ 17号接室内风机运行端（零线），18号接室内风机起动端，19、20、21号分别接室内风机高、中、低档位，如图4-80所示。

图4-79　连接压缩机端子排　　　　　　　图4-80　连接室内风机端子排

⑤ 24号接室外风机运行端（零线），25号接室外风机起动端，26号接室外风机公共端（相线），如图4-81所示。

⑥ 29、30号接电磁四通阀，不分正负，如图4-82所示。

图4-81　连接室外风机端子排　　　　　　图4-82　连接电磁四通阀

7）按元器件捆绑扎带，如图4-83所示。
8）起动空调，验证功能，如图4-84所示。

【任务考核】

空调电路连接任务考核评价表见表4-6。

空调电路
板接线

图 4-83 按元器件捆绑扎带　　　　　　图 4-84 起动空调验证

表 4-6 空调电路连接任务考核评价评分表

评分内容及配分	评分标准	得分
空调电路连接(100)	线径选择错误,扣 10 分	
	完成接线但控制功能不能实现,每个扣 10 分	
	未完成接线,每缺一个器件扣 15 分	
	执行部件和传感器的连接导线没有按要求分开走线,扣 8 分	
	线槽内布线凌乱,没有捆扎,扣 6 分	
	端子排与挂箱之间的连接导线未按不同器件分开捆扎,扣 6 分	
	端子排与挂箱之间的连接导线捆扎间距大于 100mm,扣 2 分	
	对接导线接头未上锡或上锡不合理,每处扣 1 分	
	端子排导线接头未上锡或上锡不合理,每处扣 1 分	
	未套号码管,每处扣 3 分	
	号码管标识方向不一致,扣 5 分	
	实际接线与端子排分配表不对应,每处扣 2 分	
	露出线槽外的器件引线未采用热缩管做护套,每处扣 5 分	
	对接导线未采用黄腊管做护套,每处扣 2 分	
	未装端子盖,扣 5 分	
	挂箱电源未通过端子排供电,扣 5 分	

4.3.2 空调器电路的检测

1. 室外压缩机不运转

（1）检查输入电源电路　打开室外机电源接线盒,如图 4-85 所示,查看各接点的触头是否完好,插头是否紧合,有无损坏。

图 4-85　室外机电源接线盒

若上述检查一切正常，则用万用表测量 1（L）和 2（N）端间的电压是否为 220V，如图 4-86 所示。

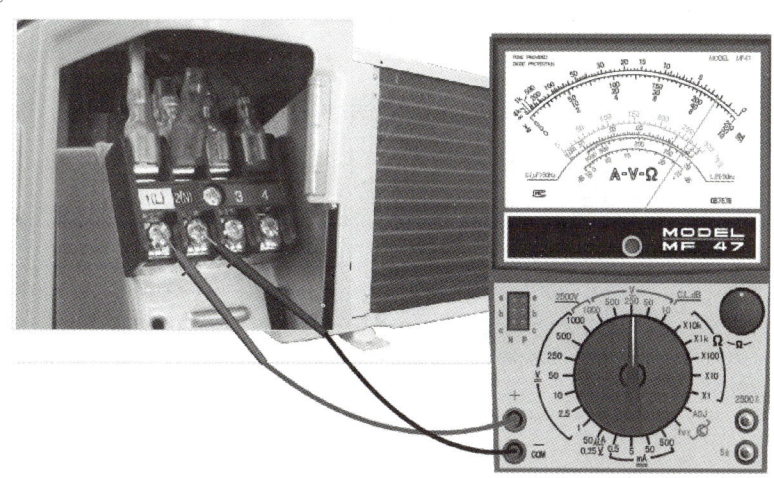

图 4-86　测量 1（L）和 2（N）端间的电压

（2）检测压缩机的直流电阻　压缩机接线端子保护盖如图 4-87 所示，取下保护盖后如图 4-88 所示。

压缩机接线端子保护盖

图 4-87　压缩机接线端子保护盖

图 4-88　取下保护盖后的内部

147

将万用表调至 R×1Ω 档,并调零,测量起动端、公共端、运行端三者间的阻值。R 与 C 间的阻值为 4Ω,如图 4-89 所示;S 与 C 间的阻值为 5Ω,如图 4-90 所示;R 与 S 间的阻值为 9Ω,如图 4-91 所示。

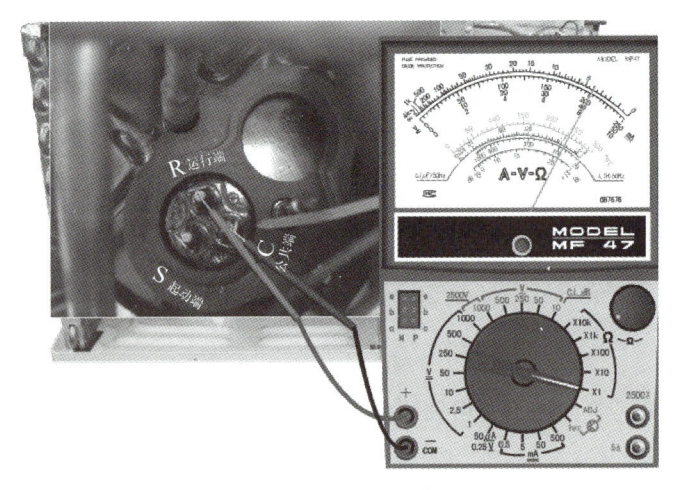

图 4-89　R 与 C 间的阻值为 4Ω

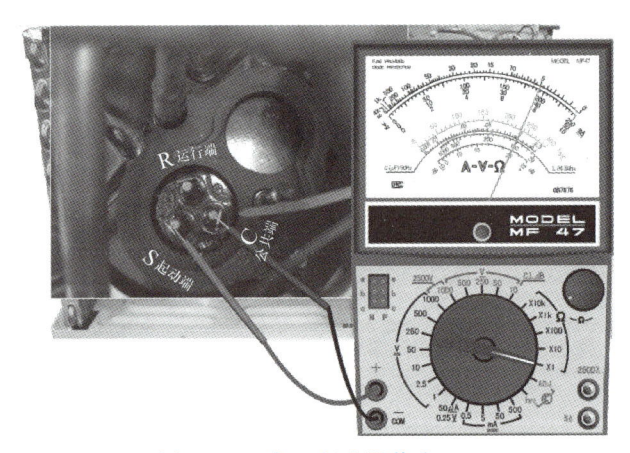

图 4-90　S 与 C 间的阻值为 5Ω

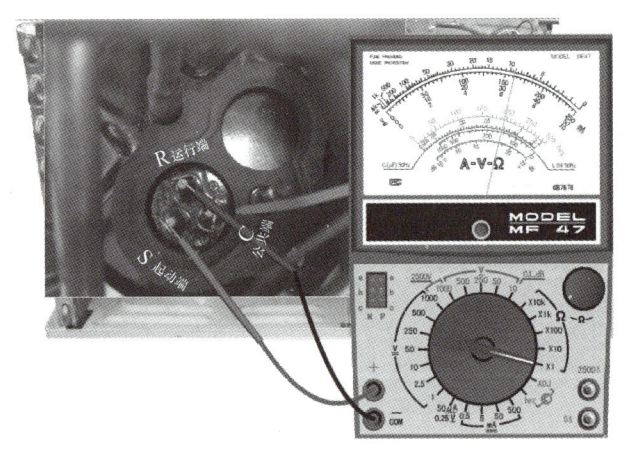

图 4-91　R 与 S 间的阻值为 9Ω

（3）检测压缩机的起动电容 拆下起动电容，用 1kΩ 的电阻放电，如图 4-92 所示；将万用表调至 R×1k 档，测量判断电容是否正常，测量结果如图 4-93 所示，很显然电容开路了。需要换上新电容，再试机，压缩机正常运转。

图 4-92 用 1kΩ 电阻对起动电容放电　　　图 4-93 测量压缩机的起动电容结果

（4）检测压缩机的热保护继电器 如果上一步骤测得起动电容未开路，则说明电容没有问题，就应该查看热保护继电器。取下热保护继电器，用万用表的 R×1k 档，测量热保护继电器。测量结果是热保护继电器开路了，如图 4-94 所示。更换热保护继电器，压缩机工作正常。

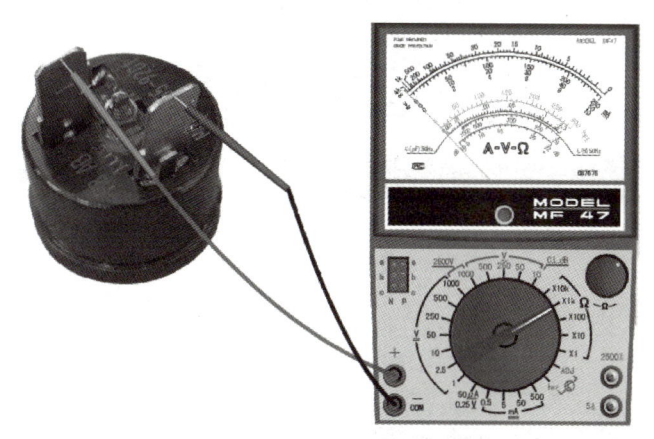

图 4-94 测量热保护继电器结果

2. 室外机风扇不运转

（1）检测输入电源电路 打开室外机电源接线板，查看各接点的触头是否完好，插头是否紧合，有无损坏。若无以上情况，用万用表测量 2（N）和 4 端间的电压是否为 220V，如图 4-95 所示。

（2）检测风扇电动机的直流电阻 用万用表 R×10 档测量风扇黑色、茶色、

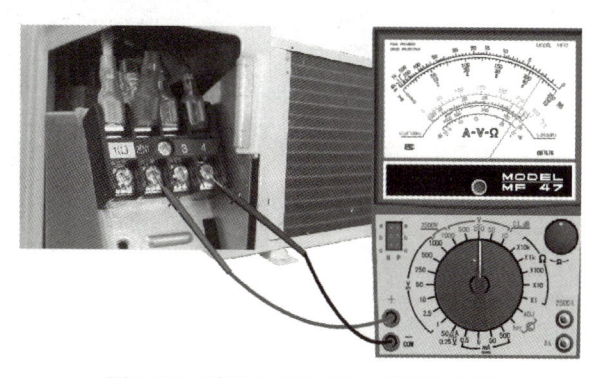

图 4-95 测量 2（N）和 4 端间的电压

149

白色引线间的电阻值，黑色与白色引线间的阻值为200Ω，如图4-96所示；茶色与黑色引线间的阻值为300Ω，如图4-97所示；茶色与白色引线间的阻值为500Ω，如图4-98所示。

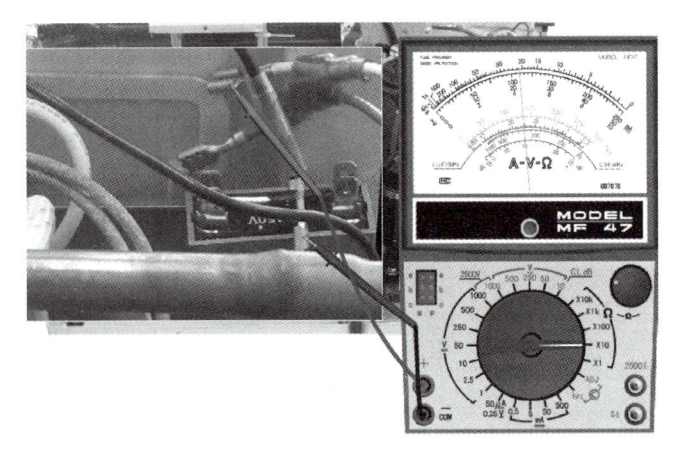

图 4-96　黑色与白色引线间的阻值

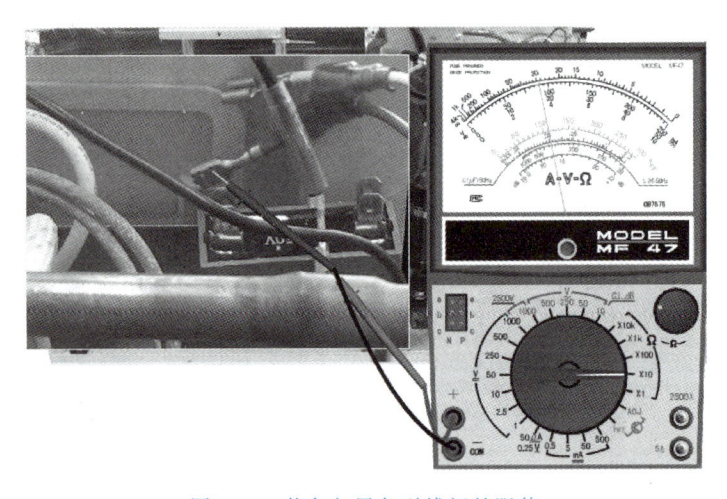

图 4-97　茶色与黑色引线间的阻值

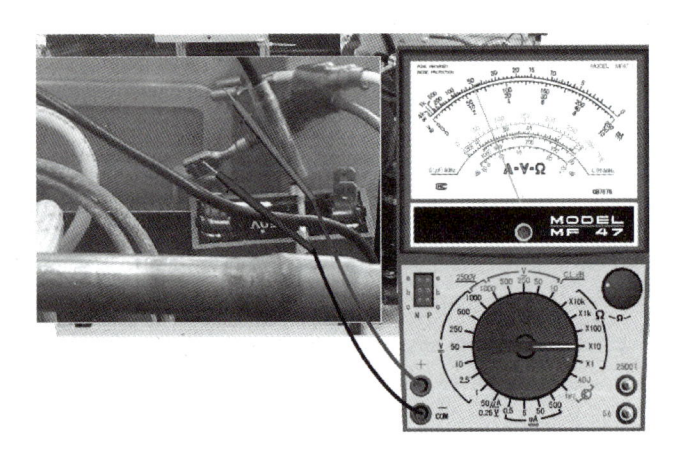

图 4-98　茶色与白色引线间的阻值

（3）检测风扇电动机的起动电容　拆下风扇电动机的起动电容，先用 1kΩ 的电阻对电容放电，然后用万用表的 R×1k 档测量电容，结果电容开路，如图 4-99 所示，说明电容损坏。更换新电容后，室外风扇正常转动。

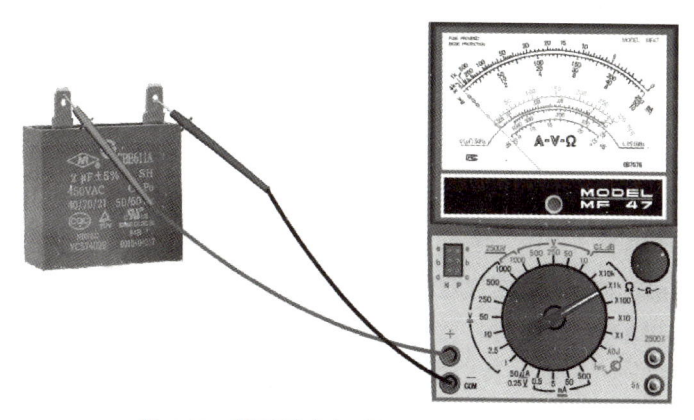

图 4-99　测量风扇电动机的起动电容结果

扩展阅读——精益求精的工匠精神

以匠心守初心的制冷工——龙生成

匠心是一种坚守。以技养身，以心养技，十年磨一剑，百回攻一关，匠心者在慢行中以热爱对抗寂寞，雕琢岁月的光影。匠心并非大师的殊荣，他是对每一个爱岗敬业的劳动者最朴实的表彰。

龙生成，冠宇生态农业有限公司冷库的制冷工人。拖拉机手出身的他，对机械情有独钟，善于琢磨，善于钻研。根据他的这一特点，公司派他担任了机房制冷工。龙生成上岗后，连续 6 个昼夜跟在技术人员的身边，不懂就问，不会就学，边干边琢磨，边思考，拿着设备说明书，对照设备，把操作规程、设备性能、运行原理了解得一清二楚，很快掌握了制冷技术，并能独立操作。

龙生成在老机房工作两年多被调到了新机房。刚到新机房不久，机器出现了故障无法工作，无奈之下只好请了专业的技术人员过来检查，保养修理花了好大一笔费用。龙生成暗暗地想，如果自己能够维修保养，这笔钱是可以省下来的。随后，龙生成就开始不断地琢磨研究，一遍又一遍把技术人员维修保养的过程进行"复盘"，在第二次保养的时候，没有外聘技术人员，龙生成自己动手把所有应该保养的部位都保养了一遍，结果试机效果很好。自 2014 年之后，机器的保养工作就一直由龙生成负责，再没有找过外人，为公司节省了一笔不小的费用。

龙生成平时对冷库的巡查非常细心，他负责新机房的 4 个大库，40 个库位，每天都要进行不间断的检查，一天要转 4~5 圈，丝毫不敢懈怠。在长时间的检查中，他总结出"看、听、摸、闻"四字要点。"看"指的是看压力表油温有没有出现异常，"听"指的是听声音有无异常，"摸"指的是摸一摸机器温度是否正常，"闻"就是嗅一嗅有无异味。总之要做到眼观六路，耳听八方，绝对不能掉以轻心。就这样，龙生成十年如一日，坚守在制冷工的岗位上，默默无闻地工作着，用精湛的技术和高度的责任感确保了冷库的安全运行。

很多人认为工匠是机械重复的工作者，其实工匠有着更深远的意义，它代表一个时代的坚定、踏实与精益求精。弘扬"工匠精神"，每一个时代都不能错过。我们要脚踏实地地对待工作，在自己的岗位上践行"工匠精神"，努力成为一名新时期的"匠人"。

课后习题

一、填空题

1. 当电阻器的功率大于10W时，应保证有（　　　　）。
2. 用万用表电阻档测电容，指针顺时针方向跳动一下，然后逐渐逆时针方向复原退至$R=\infty$处。如果不能复原，则稳定后的读数表示电容器的（　　　　）。
3. 用万用表电阻档判别电容器的容量，用表笔接触电容器的两引脚时，指针先是一跳，然后逐渐复原，指针跳动越大，其电容量越（　　　　）。
4. 用万用表电阻档测可变电容器，旋转电容器动片至某一位置时，指针指向0，说明可变电容器动片与定片之间（　　　　）。
5. 测量电阻时，选择开关应置于合适的档位，使指针停留在（　　　　）。
6. 电阻器的标称值和偏差一般都标在电阻体上，最常用的标记方法为（　　　　）。
7. 用万用表测量晶体管的类型，如果用黑表笔接在基极上，红表笔依次接另外两个引脚时，表针指示的两次阻值都很小；再将黑、红表笔对调重测，表针所指示的两次阻值都很大，那么该管为（　　　　）。
8. 用万用表判断二极管的质量，若测得正、反向电阻均接近于无穷大，则说明管子内部已（　　　　）。
9. 二极管替换应尽量选择（　　　　）。
10. 具有电阻性能的实体元件称为（　　　　）。

二、简答题

1. 如何用模拟万用表和数字万用表测量1kΩ的电阻？
2. 简述兆欧表的使用方法。
3. 简述钳形电流表的使用方法。
4. 简述数字万用表的使用步骤。
5. 简述空调器室外压缩机不运转故障的检修过程。

课后习题答案

一、填空题

1. 足够的散热空间　2. 漏电阻值　3. 大　4. 有碰片现象　5. 中心阻值附近　6. 色标法　7. NPN型管　8. 断路　9. 同型号、同规格　10. 电阻器

二、简答题

1. （1）模拟万用表　万用表量程选择开关置于 R×10k 档，调零，将表笔测试端并联到被测电阻上，读数乘以 10 就是被测电阻值。

（2）数字万用表　万用表量程选择开关选择电阻档，将表笔线的测试端并联到被测电阻上，被测电阻值将同时显示在显示屏上。

2. 1）测量前，应将兆欧表保持水平位置，左手按住表身，右手摇动兆欧表摇柄，转速约为 120r/min，指针应指向无穷大（∞），否则说明兆欧表有故障。

2）测量前，应切断被测电器及回路的电源，并对相关元件进行临时接地放电，以保证人身安全与兆欧表的安全和测量结果的准确性。

3）测量时必须正确接线。兆欧表共有 3 个接线端（L、E、G），测量回路对地电阻时，L 端与回路的裸露导体连接，E 端连接接地线或金属外壳；测量回路的绝缘电阻时，回路的首端与尾端分别与 L、E 连接；测量电缆的绝缘电阻时，为防止电缆表面泄漏电流对测量精度产生影响，应将电缆的屏蔽层接至 G 端。

3. 使用时将量程开关转到合适位置，手持胶木手柄，用食指勾紧铁心开关，可打开铁心，将被测导线从铁心缺口引入铁心中央，然后，食指放松铁心开关，铁心就自动闭合，被测导线的电流就在铁心中产生交变磁力线，表上即感应出电流，可直接读数。

4. （1）测量电压　测量电压时，选择适当量程，如果测量的是直流电压，则置于直流电压档 V-(DCV)；如果测量的是交流电压，则置于交流电压档 V~(ACV)。将红表笔插入 VΩ 孔，黑表笔插入 COM 孔，然后并联进电路测量电压，如果不知道被测信号有多大，则选择最大量程进行测量。

（2）测量电流　测量直流电时不必考虑正、负极，根据被测电流大小选择插孔。测量小电流时，将红表笔插入 mA 孔，黑表笔插入 COM 孔，然后将红、黑表笔串联进电路中测量电流，如果测量结果为"1"，则说明过量程，需要增大量程测量。测量大电流时，将红表笔插入 10A 或 20A 孔，黑表笔插入 COM 孔，此时一定要注意时间，正确测量时间为 10~15s，如果长时间测量，由于电流档的康铜或锰铜会分流电阻，过热将引起阻值变化，从而将引起测量误差。

（3）测量电阻　测量电阻时，首先将万用表置于电阻档并选择适当量程，如果不知道被测电阻阻值，则选择最大量程。然后将红表笔插入 VΩ 孔，黑表笔插入 COM 孔，然后将红、黑表笔接在电阻的两端，不分正、负极（因为电阻没有正、负极之分），如果万用表显示"1"，则使用最大档测量一遍。注意：测量电阻时，首先短接表笔测出表笔线的电阻值，一般为 0.1~0.3Ω，不能超过 0.5Ω，否则说明 9V 电池，即万用表电源电压（9V）偏低，或者刀盘与电路板接触松动；测量时不要用手去握表笔金属部分，以免引入人体电阻而引起测量误差。

（4）测量二极管　测量二极管时使用二极管档，数字表二极管档的 VΩ 和 COM 孔的开路电压为 2.8V 左右，将红表笔插入 VΩ 孔，黑表笔插入 COM 孔，将红表笔接二极管正极，黑表笔接负极，测量出正向电阻值，反之为测量二极管的反向电阻值。因为在数字表里红表笔接触内部电池正极带正电，而黑表笔接触内部电池负极带负电，如果正向电阻值为 300~600Ω，反向电阻值大于 1000Ω，则说明二极管正常；如果正、反向电阻值均为"1"，则说明二极管开路；如果正、反向电阻值均为"0"，则说明二极管击穿；如果正、反向电阻值相差不多；则说明二极管质量差。

5. （1）高压过高导致过热的原因及排除

1）制冷剂过多：适当减少制冷剂量。

2）散热不良：检查散热风扇是否转动，冷凝管是否有尘垢，清洗冷凝器。

3）管路系统堵塞：参照压力表判断，排除堵塞。

4）蒸发器或滤网积尘结垢：积垢会导致气流变小，使系统压力及温度失衡，应清洗蒸发器或滤网。

5）缺氟：缺氟时，压缩机排气温度会过高，使过热负载保护开关跳脱。

（2）电路方面的问题

1）控制电路板故障。

2）温度传感器过载，信息错误。

3）电源接线松脱，接触不良。

4）起动电容器或压缩机起动线圈烧毁。

模块 5　空调器故障诊断与维修

5.1　空调器使用注意事项

5.1.1　操作要点

1) 适当地调整室内温度，不要盲目追求低温，低温不利于健康。
2) 不要使阳光和热气进入室内，玻璃窗上要挂双层白色窗帘。
3) 充分地利用定时器，使空调器仅在必要时才运转。
4) 定期清洗或更换空气过滤器，视具体使用情况而定。
5) 正确调节空调器的送风方向，以获得均匀的室温。
6) 定期检查或更换遥控器的电池，正确使用无线遥控器，在有效范围内使用，避免外界信号干扰。

5.1.2　使用遥控器的注意事项

1) 不要将遥控器放在电热毯或取暖炉等高温物体的旁边。
2) 不要在空调器和遥控器之间放置障碍物。
3) 不要使水等液体溅到遥控器上。
4) 不要将遥控器放在阳光直射的地方。
5) 操作时要小心，避免使遥控器受强外力碰撞。
6) 不要在遥控器上压放重物。
7) 遥控器失灵时应进行如下检查：①是否忘记按下有关的操作按钮（应重复一次）；②电池是否没电（换上电池后重复操作一次）；③若遥控器确实不灵，应检查其故障，在未排除故障以前应改用手动方式应急运转起动空调器。
8) 若将遥控器固定在墙壁上或架子上，应先检查一下这种方式是否能正常地接收遥控信号再安装遥控器。从遥控器固定架子上取下遥控器时，应沿上下方向滑动取出。
9) 当缺电报警或传送信号不发声音、指示器显示不清或无显示时，应更换新的电池。新、旧电池不可混用。
10) 长时间不使用遥控器时应将电池取出。

5.1.3　家用空调器的保养

家用空调器的维护与保养主要有以下内容：
1) 若机体外壳积有灰尘或污物，擦洗时不要使用汽油、抛光粉、化学处理布、清洁剂等，也不要直接对空调器使用喷雾型杀虫剂。
2) 使用前后应检查螺钉、垫圈等有无松动，若松动，用扳手或螺钉旋具固定好。

3）过滤网要经常清洗，可每两周清洗一次，在灰尘多的环境下要清洗多次。

4）不要把暖气设备或其他热源置于空调器室内机组旁边，否则会使面板受热变形或遥控系统失灵。

5）不要让儿童操作遥控器，这样易引起机器误动作而影响其工作性能。

6）空调器在使用过程中，当外电路停电时，应把空调器的主电源开关置于关闭位置，空调器停止工作时，必须切断电源。

7）空调器工作时，不要把棒或类似的物体伸入进、出风口，以免碰上高速运转的风叶及其他机件而损坏机器或发生触电等事故。不要在超过允许工作电压的情况下使用空调器。

8）清洗空调器时不要向机内泼水，不要将盛有水的容器放在空调器上面。

9）开启空调器前要检查以下事项：

① 是否有障碍物挡住室内、外机组的空气出、入口处。

② 过滤网处是否有灰尘堵塞。

③ 整机是否安装正确。

④ 出水管是否弯曲或堵塞。

10）长期停机时要注意以下事项：

① 环境干燥时，应让空调器通风 4h，以使空调内部干燥。

② 清洗过滤网和其他零件。

③ 拔掉空调器电源插头。

5.2 空调器检修的基本操作

5.2.1 检测空调器运行参数

空调器的运行参数主要包括制冷剂高低压压力、制冷剂充注量、制冷管道标志段温度、室内机组进出风口温差、主机运行电流等。对制冷系统运行状态参数的检测，可以很好地帮助检修制冷系统故障。

1. 检测制冷剂高低压压力

采用 R22 制冷剂的制冷系统正常运行的高低压压力应符合表 5-1。若远离表 5-1 中的压力值，则属于不正常的运行压力，系统的运行属不正常情况。若环境温度高于表 5-1 中的最高值，其压力也会升高，这不能认为制冷系统有故障，但在超高温环境下运行时，空调器处在超负荷下运行，也属不正常的运行，会引起电气保护电路动作，使它停机。

表 5-1 采用 R22 制冷剂的制冷系统正常运行的高低压压力

压力区域	水冷却进水温度/℃		风冷却进风温度/℃	
	平时 28	最高 32	平时 35	最高 43
高压/MPa	≤1.53（40℃）	≤1.72（45℃）	≤1.93（50℃）	≤2.31（28℃）
低压/MPa	0.58~0.62（5~7℃）	≤0.68（10℃）	0.58~0.62（5~7℃）	≤0.68（10℃）

注：括号内温度为冷凝温度或蒸发温度。

表 5-1 中的排气（冷凝）压力与其冷却介质温度有关，冷却介质温度高，冷凝压力及冷凝温度也相应升高。因此，表中给出的是在正常情况下冷却介质的冷凝压力极限值。若超过

表中压力范围,则系统运行压力不正常,应查找原因。对于吸气压力而言,当冷却介质温度较低时,如秋天使用空调器时,风冷凝的进风温度一般会在30℃以下,水冷凝的进水温度会下降,这时系统的吸气(蒸发)压力也会下降。另外,使用节流元件的种类形式不同,其蒸发压力的变化规律也不同。用毛细管为节流元件时,蒸发压力变化与冷凝压力变化关系很密切。冷凝压力高,蒸发压力也随之升高;反之则下降。用热力膨胀阀的情况则不同,冷凝压力的变化与它的关系不大,而与室内冷负荷有密切关系。若冷负荷大,则蒸发压力上升;若冷负荷小,则蒸发压力下降。表5-1中的数值虽对两种节流情况都适合,但对毛细管的针对性强。用测量制冷系统压力的方法查看其运行是否正常时,如果压力不正常,待检查其他情况后进行综合分析。

2. 测量室内机组的进出风温度差

在室内机组的进出风口各挂一支温度计,测量温度,算出温差,以温差来分析它的制冷效果。每种型号及不同制造厂出品的空调器,其室内机组的进出风温差不尽相同,这与设计或选用的风机有关。风量大,则温差小;风量小,则温差大。为了降低噪声,以不过分牺牲制冷量为原则,各制造厂都尽量减小风量,这已成为当前设计选用风机的规则。目前绝大部分空调器室内机组制冷时的进出风温差一般在12~15℃,制热时进出风温差一般在15℃以上。

3. 检测制冷剂充注量

(1) 有视液镜　在输液管上装设视液镜的制冷系统,可以通过查看制冷剂的流动状态,来判断制冷剂量的多少。

1) 全液体流过视液镜没有一个气泡,说明制冷剂量充足。

2) 通过视液镜的液体中夹着不连续气泡,说明制冷剂量基本够用,不影响制冷效果。

3) 视液镜的液体在进口处有气泡,出口无气泡,说明制冷剂量略少,但对制冷效果影响不大。

4) 有连续性气泡与液体混合流过,说明系统的制冷剂量不足,它会影响制冷效果。

(2) 无视液镜　对于没有安装视液镜的小型空调器装置,可以通过查看标志管段的结露程度(通常是压缩机吸气管)来判断制冷剂量是否合乎标准。

1) 压缩机的吸气管全部结露,以至压缩机泵壳有小部分(吸气管进泵壳处周围)结露,这时的吸气温度比较低,有利于降低排气温度,其制冷剂量也适中。

2) 压缩机吸气管不结露,排气温度高,泵壳也热(不是烫手),说明制冷剂量偏小。对于用膨胀阀的系统,也可能是阀门开度小。

3) 压缩机的吸气管结霜,以至全泵壳结霜或大半只泵壳结霜,说明制冷剂量多。若是装膨胀阀的系统,说明其阀门开得太大。对旋转式压缩机而言,因其泵壳内是高温高压气体,其泵壳总是烫手的,根本不会结露。其气液分离器的情况应与往复活塞式压缩机的泵壳情况一样,可以从它的结露情况来判断系统制冷剂量的多少。

4) 从室内机组排凝露水管的排水情况粗略判断制冷剂的量。排水管有连续不断的水滴,说明其运行是正常的;排水管间断性滴水或不滴水,说明空调器运行不正常,有可能缺少制冷剂。

5) 家用分体机可以通过测量二、三通截止阀体的温度来判断制冷剂的量。正常情况下回气(粗管)截止阀的温度在14℃左右,而排气(细管)截止阀的温度在17℃左右,两者大约差3℃。

6) 观察接近毛细管或膨胀阀后边的管道,如果有结霜或结冰情况,说明制冷剂已经严重不足。

4. 检测主机运行电流

使用钳流表读取主机运行电流值，如果电流值比标称值小得多，可能是制冷系统制冷剂不足，也可能是低压管段有堵塞，如管道泄漏、毛细管脏堵、高压截止阀冰堵、压缩机储液罐脏堵等。如果运行电流比标称值大得多并出现过载保护停机，其故障包括制冷剂充注过多、高压管段有堵塞。若压缩机效率降低、电压过低等，其故障为压缩机排气管段堵塞、压缩机气缸内部窜气、压缩机气阀泄漏、电压低于178V等。

注意：制热时环境温度过低，制冷时环境温度过高，也会导致发生运行电流过高的现象。

5.2.2 查看空调器的运行状况

1. 压缩机运行噪声

空调器的主要噪声来自压缩机和风机。压缩机的噪声来源包括振动、内部机件摩擦和气流。压缩机经过一系列避振措施后，其运行噪声是比较低沉的，且是有规律的。当制冷剂过少时，压缩机运转声音的频率会变高（运行电流也会变小）；当制冷剂过多时，会出现液击，有阀片的金属敲击声并且声音没有规律；当出现过载时，压缩机不运转且有"嗡嗡"的电流声直至过载保护器跳开保护。

2. 节流元件的流动声

无论是毛细管或是热力膨胀阀，由于节流时的流速急剧增大，其流动声音比较明显，可以听其流动声来辨别其流量，进而判别系统的制冷剂量是否充足。正常的流动是气液混合体的流动（液体占80%以上），若其流动声比较低沉，说明制冷剂量充足；不正常的流动是气体流动，其声音洪亮且比正常时大，说明制冷剂量不足。

3. 换向阀换向时的气流声

检查热泵空调器的换向阀，主要听它动作时的气流声，以辨别换向阀是否有故障。换向阀在正常换向时有两个声音：一个是当电磁阀线圈通电后，阀芯被吸引移动时，因速度快、冲击力大，与顶盖碰撞时的撞击声，虽然这个声音不是很响，但还是听得出"嗒"的一声；另一个就是随后急促的气流声，这是电磁阀换向的一瞬间，筒体内的高压气体向吸气管释放的气体流动声，由于流速高，经毛细管向吸气管释放时的膨胀声，声音比较响，在机外也能听到。若听不到这两个声音，则说明电磁阀有故障或换向阀有故障。若电磁阀有"嗒"的一声，而无气流声，则电磁阀是好的，而是换向阀有故障。

4. 观察管道、压缩机、风机等部件的振动和摩擦情况

管道的振动和摩擦还会导致焊口疲劳裂口泄漏，所以还要观察焊点有无油污，以便初步寻找泄漏点。振动是有方向性的，应仔细测试，以便采取措施减少或消除某一方向的振动。

5.2.3 检查相关位置工作温度

1. 触摸压缩机的吸排气管的冷热程度

压缩机的吸气管应是凉的，一般应在15℃左右。因为有结露水，所以摸上去是湿润的。若手摸吸气管感觉不凉，且无湿润感，说明运行不良，可能的故障包括制冷剂少或压缩机串气，这会引起排气管温度上升，严重时还会导致压缩机过载保护。若吸气管温度过低，可能的故障包括制冷剂太多、室内蒸发器换热不良等。

压缩机的排气管是热的，而且温度较高，夏季会达到100℃以上，这是正常现象。手摸

排气管时要特别注意，动作要快，要防止烫伤手。若排气温度过高（如超过130℃）也不好，会使冷冻机油结炭，结炭会损伤压缩机的阀片。排气管温度过高可能的故障包括冷凝器冷却效果不佳、冷凝器灰尘太多、室外机风扇不转、系统存在空气、压缩机效率低等。排气管温度太低，手触摸时不发烫，可能的故障包括制冷剂过少，压缩机内部串气等。

注意：触摸压缩机的吸排气管温度查找故障时，要首先排除环境温度过高或过低造成的影响。

2. 摸压缩机泵壳的冷热程度

全封闭往复式压缩机将低温气体制冷剂吸入机壳内，故其泵壳温度比较低。正常情况下，吸气管周围是凉的，甚至是湿润（结露）的。上部泵壳是微热或微凉，其温度一般在30℃左右；下部泵壳比较热，其热源是各运动件的摩擦热传给冷冻机油，冷冻机油回到泵壳底部而释放出的热量，其温度一般在60℃以下，手在短时间内可以触摸。

旋转式或涡旋式压缩机将低温气体制冷剂直接吸入缸内，高温气体排入机壳里，故其机身温度比较高，一般在70℃以上，压缩机顶部温度最高，夏季会达到100℃以上。

如果压缩机温度过高，其可能的故障包括冷凝器冷却效果不佳、冷凝器灰尘太多、室外机风扇不转、系统存在空气、压缩机效率低等。压缩机温度过高对压缩机的润滑不利，加速了运动件的磨损，缩短了压缩机寿命，而且排气温度会上升。

3. 摸压缩冷凝机组的振动程度

手摸机组感觉振动很大，属不正常现象，应检查压缩机底脚螺栓的防振器安装是否正确，还应检查机组底座的刚性。

4. 摸蒸发器和冷凝器表面温度

蒸发器的作用是进行热量交换，在吸收热量用于制冷剂蒸发的同时达到降低房间温度的效果。正常情况下蒸发器表面布满冷凝水，并且表明温度均匀在10℃左右。如果蒸发器表面冷热不均，即一段热一段冷，很可能制冷系统有故障。例如制冷剂不足时，蒸发器进入段可能结霜，而后半段不冷。柜机的毛细管由于有多条，所以是放在室内的。这些毛细管分别进入每段独立的蒸发器，气体出蒸发器由集气管收集之后，通过室内外连接管去压缩机。如果有毛细管堵塞或半堵塞，则对应的那段蒸发器一定不冷。

冷凝器的作用也是进行热量交换，与蒸发器不同的是它放出热量。正常情况下，压缩机排出的高压高温气体是从上面进入冷凝器，从下面出冷凝器的，所以其上段表面温度最高，下面最低，接近常温。冷凝器表面的最高温度一般不会超过50℃，否则就会不正常。常见的故障包括冷凝器太脏，有阳光直射，有风阻或风短路，系统里存在大量空气等。

5. 摸四通阀的温差

四通阀有两根管子通低压低温回气管去压缩机，有两根管子通高温高压排气管去冷凝器。正常情况下，手摸两对管子温度有明显区别。如果温差不大，配合观察制热状况，可以判断四通阀是否内部泄漏。

5.3 空调器常见故障的检修

5.3.1 制冷剂不足

1. 故障现象

制冷效果差，出风口空气仅微凉，用压力表检查发现高、低压侧压力均低，同时从视液镜中可见气泡流动。

2. 故障原因

制冷系统有制冷剂泄漏点，导致制冷剂不足。

3. 处理方法

1）用电子检漏仪查出泄漏点并进行修理或更换部件。

2）若未更换部件，则仅适量补充制冷剂即可；若更换部件，则应按要求补加适量冷冻油，并对系统抽真空后加足制冷剂。

5.3.2 制冷剂加注过多

1. 故障现象

制冷效果差，用压力表检查时发现高、低压侧压力均过高，且视液镜中见不到气泡流动。

2. 故障原因

制冷系统内制冷剂加注过多，使制冷能力不能充分发挥，导致制冷效果差。

3. 处理方法

在系统中接入压力表，缓缓拧松压力表低压侧手动阀，使制冷剂排出（不能从高压侧排出，因为从高压侧放制冷剂会带出大量冷冻油），直到高、低压侧压力正常，同时从视液镜中可看到制冷剂清晰流动，且偶尔有气泡流过。

5.3.3 制冷系统中混入空气

1. 故障现象

制冷能力下降。用压力表检查时发现高压侧压力偏高，低压侧压力有时也会高于正常值。从视液镜中可看到许多气泡流动。

2. 故障原因

系统中混入空气：主要是组装后抽真空不彻底；充注制冷剂或加冷冻油时，将空气带入系统，或系统负压工作时，通过不严密处混入空气。制冷剂中有空气进入后，具有了一定的压力，而制冷剂也具有一定的压力，在一个密闭容器内，气体总压力等于各分压力之和，所以高、低压表读数均高于正常值。

3. 处理方法

1）放出制冷剂（用压力表从低压侧放出）。

2）检查压缩机油的清洁度。

3）抽真空后重新加注制冷剂。

5.3.4 制冷系统冰堵现象

1. 故障现象

制冷系统周期性地忽而制冷，忽而不制冷。在运行过程中，压力表低压侧的指针经常在负压与正常值之间波动。

2. 故障原因

制冷系统内的制冷剂中混入水分，因水分与制冷剂是不相容的，当制冷剂流经膨胀阀的节流小孔时，温度骤然下降，这些混合在制冷剂中的水分就容易在节流阀小孔或阀针孔附近结成颗粒很小的冰粒，呈球状或半球状。当冰粒结到一定程度时，便会阻塞节流通道，形成冰堵故障。当结冰产生冰堵后，制冷系统将不能正常工作，制冷效果明显下降，甚至不制冷。此时，低压表出现负压，于是冰堵处温度明显回升，冰堵的冰粒融化成水，使冰堵现象消失，制冷系统又恢复正常工作，制冷良好，低压侧压力恢复正常。一会儿系统又出现冰堵，系统工作不正常。

3. 处理方法

1）因为干燥剂处于过饱和状态，所以必须更换带有干燥剂的储液器，并加 30mL 的冷冻油。

2）对系统抽真空，并加入规定量的制冷剂。

5.3.5 制冷系统脏堵

1. 故障现象

制冷效果差或不制冷。空调系统运行时，压力表上高、低压表的读数均小于正常值，且储液器及膨胀阀前后管路上有结霜或结露现象。

2. 故障原因

制冷系统中的灰尘黏附于膨胀阀进口端滤网处或储液器内过滤网处，使得此位置形成局部节流现象，温度迅速下降，出现结露或结霜现象。

3. 处理方法

1）若是储液器处结露或结霜，需要更换储液器并补加 30mL 的冷冻油，然后抽真空，并加注规定量的制冷剂。

2）若是膨胀阀进口处有结霜现象，又听到断断续续的气流声，用小扳手轻击膨胀阀体，气流声有所改变，同时膨胀阀节流孔前霜层融化，则可判断膨胀阀进口滤网堵塞。此时应采取以下措施：

① 拆下膨胀阀，清洗滤网并吹干后将其重新装上。

② 更换储液器，并加入 30mL 的冷冻油。

③ 抽真空，加注制冷剂到规定量。

5.3.6 系统高、低压管路的压力均过高

1. 故障现象

1）系统压力过高。

2）冷凝器过热。

3）压缩机电流过大。

2. 故障原因

1）制冷剂过多。

2）系统管路内混有空气。

3）冷凝器散热不良。

3. 处理方法

1）若制冷剂过多，应从低压侧放掉适量制冷剂。

2）若系统管路内混有空气，应放掉制冷剂，重新抽真空并加注制冷剂。

3）若冷凝器散热片变形倒伏，应梳顺或更换。

4）若冷凝器散热片脏堵，应清洗。

5）若冷凝风机继电器损坏，应检查并更换。

6）若冷凝风机有损坏，应检修或更换。

7）若接线接触不良，应检查并修理。

5.3.7 压缩机压缩不良

1. 故障现象

不制冷或制冷效果极差。用压力表检查低压侧压力偏高，高压侧压力偏低，在压缩机转速为2000r/min左右、环境温度为35℃左右时，低压表读数高于3.5kg/cm^2，高压表读数低于10kg/cm^2，而且压缩机表面温度异常高，尤其是关掉空调后，高、低压侧压力很快平衡（约1min内）。

2. 故障原因

压缩机的排气阀片有损坏、泄漏；或者活塞、活塞环处损坏、泄漏，导致压缩机工作不良，进而使制冷效果极差或不制冷。

3. 处理方法

1）更换压缩机，同时更换储液器。

2）若条件许可，可将压缩机分解并进行修理。

5.3.8 系统高、低压管路的压力均过低

1. 故障现象

1）系统压力过低。

2）蒸发器不凉。

3）制冷效果不好。

2. 故障原因

1）制冷剂不足。

2）储液器堵塞。

3）膨胀阀堵塞。

3. 处理方法

1）若制冷剂不足，应检查泄漏处，修复后再补加制冷剂。

2）若储液器堵塞，应更换储液器，同时补加30mL冷冻油（与压缩机用油牌号相同）。

3）若膨胀阀堵塞，应区分脏堵与冰堵情况并分别处理。

5.4 空调器故障判断流程

5.4.1 室外风机故障

室外风机故障诊断流程如图5-1所示。

制冷系统常见故障分析

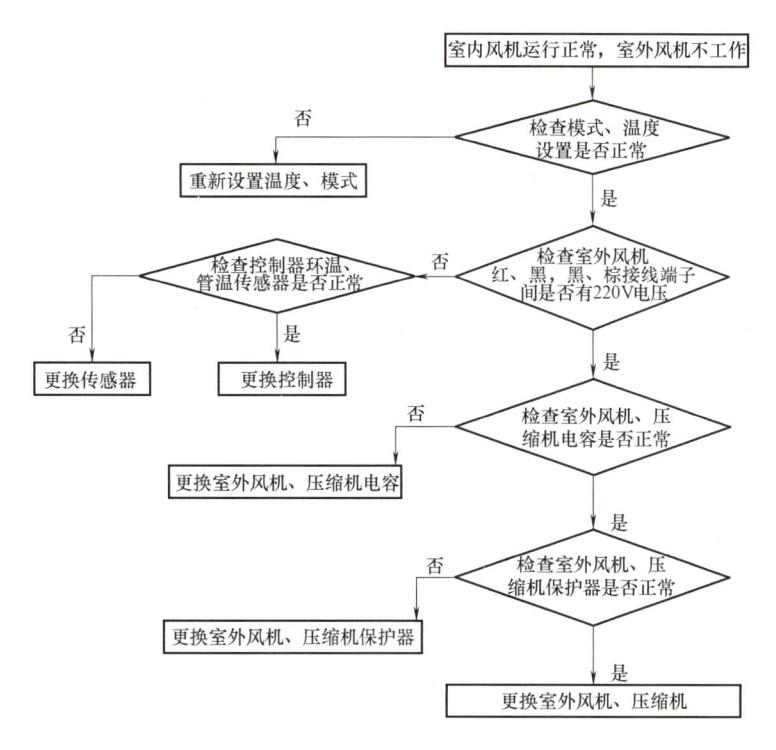

图 5-1 室外风机故障诊断流程

5.4.2 压缩机故障

压缩机故障诊断流程如图 5-2 所示。

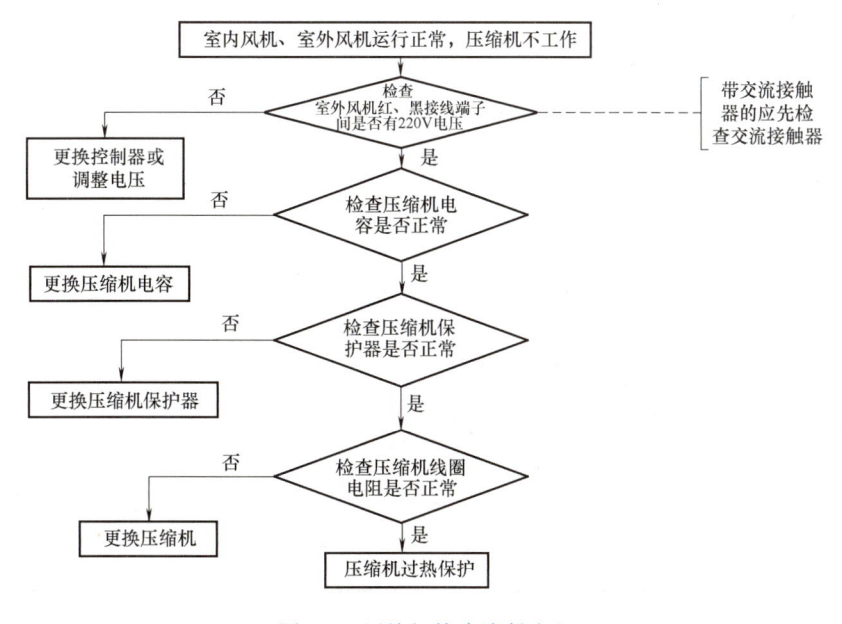

图 5-2 压缩机故障诊断流程

5.4.3 压缩机过热保护

压缩机过热保护故障诊断流程如图 5-3 所示。

```
                    ┌─ 电源电压不正常,过高或过低 ──→ 调整电源
                    ├─ 室外机散热,通风不良 ──→ 清洗蒸发器和冷凝器,清除通风障碍
                    ├─ 室外机组环境温度过高 ──→ 远离热源,避免日晒
                    ├─ 线路接触不良,热保护器故障 ──→ 在压缩不过热时,用万用表检查其触点是否导通;检查各接线处是否松动
压缩机过热保护       ├─ 制冷剂过多或不足 ──→ 补漏或抽空,调整液量
原因分析             ├─ 系统内混有不凝液体或气体(空气等) ──→ 抽真空,重新定量灌注制冷剂
                    ├─ 气液阀未完全打开 ──→ 将气液阀完全打开
                    ├─ 压缩机运转电流过大 ──→ 分析原因,针对具体情况予以排除
                    ├─ 四通电磁换向阀内部漏气,造成误动作 ──→ 确认损坏后更换四通电磁换向阀
                    ├─ 压缩机本身故障(短路、断路、壳体通地等) ──→ 检查确认后更换压缩机
                    ├─ 高压压力过高,压力继电器动作 ──→ 分析原因,针对具体情况予以排除
                    ├─ 毛细管组件(过滤器)堵塞 ──→ 更换毛细管组件(过滤器)
                    └─ 压缩机卡缸或抱轴 ──→ 用橡胶锤或铁锤垫上木块敲击振动压缩机外壳,或者采用并联电容、放氟空载的方法,使压缩机起动运转,若无效则应更换压缩机
```

图 5-3 压缩机过热保护故障诊断流程

5.4.4 整机不工作

整机不工作故障诊断流程如图 5-4 所示。

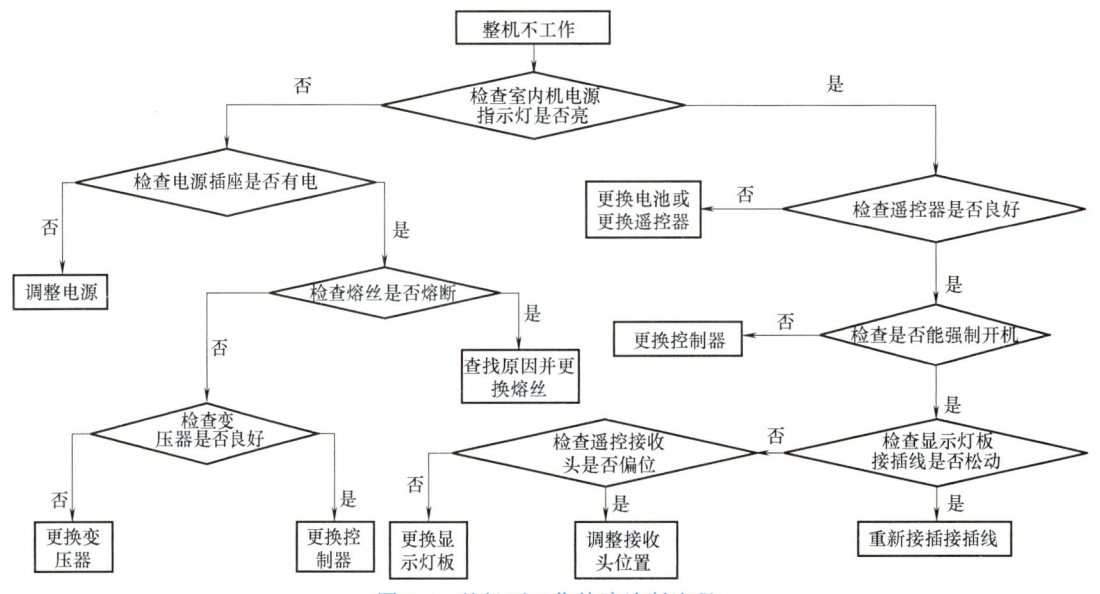

图 5-4 整机不工作故障诊断流程

5.4.5 不制冷

不制冷故障诊断流程如图 5-5 所示。

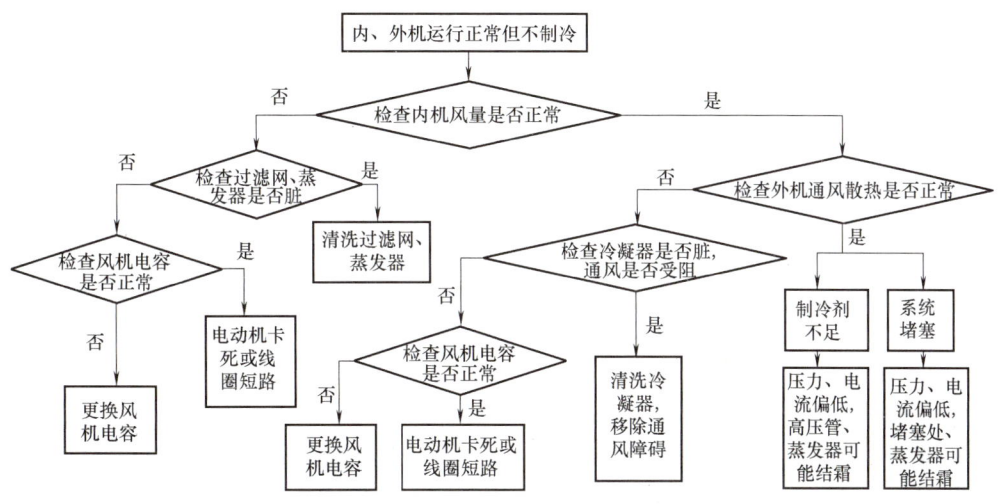

图 5-5 不制冷故障诊断流程

5.4.6 结霜现象

结霜故障诊断流程如图 5-6 所示。

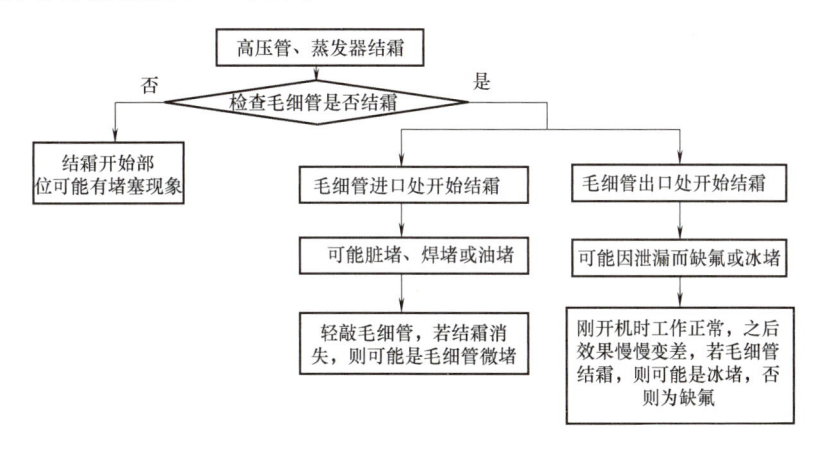

图 5-6 结霜故障诊断流程

5.5 空调器故障检修案例

5.5.1 案例一

1. 故障现象

一台空调开机运行 20min 后制冷效果差。

2. 检修方法

1）观察外机，发现毛细管有结霜现象，如图 5-7 所示，初步怀疑故障原因是缺少制冷剂。

2）连接压力表，测量低压压力为 0.2MPa，低于标准压力值，如图 5-8 所示。

3）将空调器调整为制热状态，测量压力为 14 个表压，制热正常，如图 5-9 所示。说明不缺少制冷剂，由此可确定故障原因为油堵。油堵一般发生在毛细管处，多有结霜现象。

4）此类故障可以利用空调器制冷、制热时制冷剂流向相反的原理把油吸回，经过开机、制冷、制热几次反复的操作，毛细管结霜现象消失，空调器制冷恢复正常。

图 5-7 毛细管结霜

图 5-8 压力低于正常值

图 5-9 读取压力值

5.5.2 案例二

1. 故障现象

一台空调刚开机时制冷正常，运行 1h 后不制冷。

2. 检修方法

1）一般来说，空调出现不制冷现象后，应先观察室内机和室外机的工作情况，发现室内机无冷风吹出，再摸室外机冷凝器，发现冷凝器不热，如图 5-10 所示。

2）切断电源，打开外机盖，再开机观察，发现压缩机不工作，如图 5-11 所示。

3）再次切断电源，打开室内机计算机控制板，检查室内机温度传感器阻值，经测量阻值为 13kΩ，在正常范围内，如图 5-12 所示。

4）经检查计算机控制板接插件都正常后，测量压缩机各引脚阻值，起动绕组阻值为 7.5Ω，运行绕组阻值为 3.5Ω，起动绕组与运行绕组两端的阻值为 11Ω，说明绕组正常，如图 5-13 所示。

模块 5　空调器故障诊断与维修

图 5-10　检查冷凝器温度

图 5-11　开机观察

图 5-12　测量阻值

5）检测管路系统是否缺少制冷剂。将空调强制开机，测量管路系统压力，经检测压力正常，说明不缺少制冷剂。

6）用钳形电流表检测运行电流，电流为 4.3A，数值偏大。

7）用万用表测量运转电容是否开路，经测量万用表指针有起伏回落动作，说明电容没有开路。

8）为进一步测量是压缩机故障还是起动电容故障，先更换一只同样容量的运转电容（更换电容时，应注意压缩机接线端与电容引脚的接线顺序，不要接错，避免扩大故障范围），再测

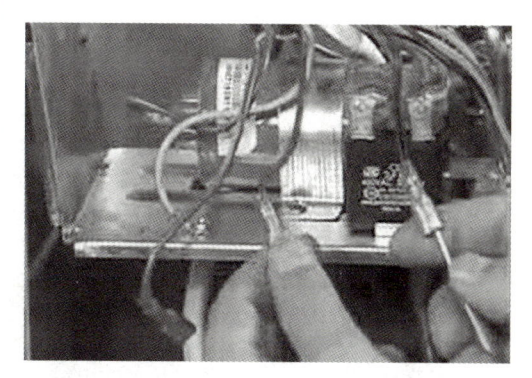

图 5-13　测量运行绕组

量运行电流为 3A 左右，与空调的标称值相同，如图 5-14 所示。说明故障是由运转电容容量下降引起的，空调开机 1h 后，压缩机运转正常，制冷效果较好。

167

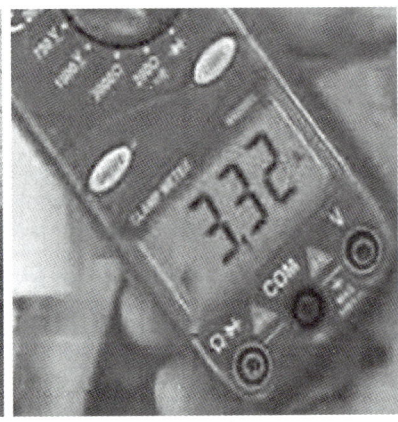

图 5-14 测量运行电流

5.5.3 案例三

1. 故障现象

一台空调制冷 30min 后出现停机现象。

2. 检修方法

1) 设置空调制冷运行，检查空调制冷效果正常，温度设置正确；测量运行电流为 3.2A，电流正常，如图 5-15 所示；测量运行压力为 4 个表压，压力也正常，如图 5-16 所示。

2) 观察运行情况，运行约 10min 后，外机停机，内风机运转。维修时首先切断电源，检查内机计算机控制板接线是否正确（图 5-17），如果接线无误，则检查温度传感器（图 5-18），阻值为 12kΩ，在正常范围内。

3) 检查感温传感器，发现阻值高达 29kΩ，而正常值为 10kΩ 左右，说明感温传感器故障。更换感温传感器后，空调恢复正常。

图 5-15 测量电流

图 5-16 测量压力

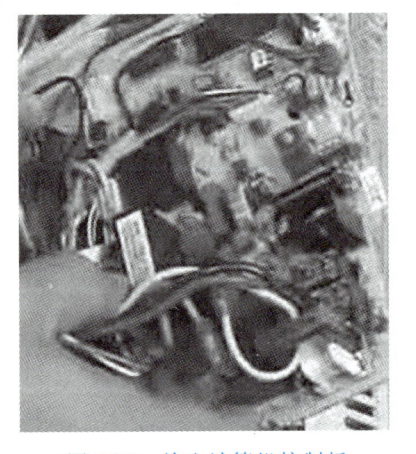

图 5-17 检查计算机控制板

注意：如果没有替代的感温传感器，可暂时在计算机控制板的插线两端并联一个 10kΩ 的电阻进行应急检修判断，如图 5-19 所示。

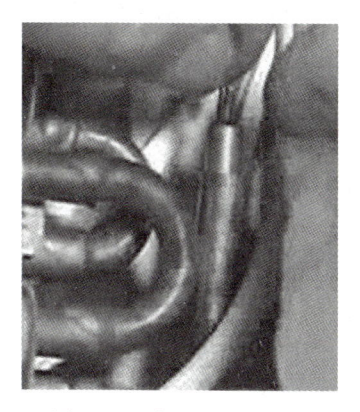

图 5-18 检查温度传感器   图 5-19 并联电阻

5.5.4 案例四

1. 故障现象

一台已使用多年的空调打开后很快就停机。

2. 检修方法

1）先检查电源电压，测量电源电压为 207V，数值正常（图 5-20）；测量计算机控制板电压均为 5V，数值正常（图 5-21）。

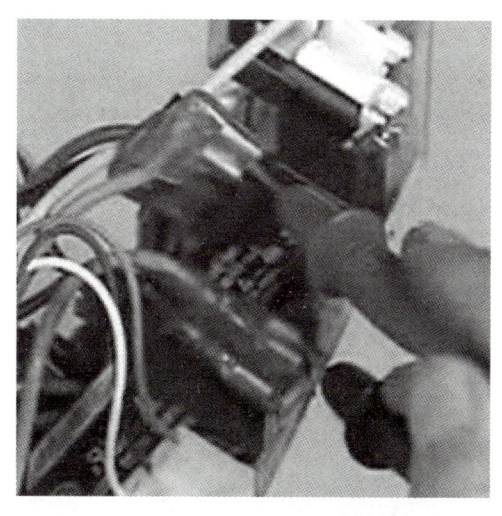

图 5-20 测量电源电压   图 5-21 测量计算机控制板电压

2）重新起动空调，发现故障还存在，并且能够明显地听到压缩机继电器一吸合就断开的声音，怀疑是继电器控制电路故障，通过测量发现继电器控制电压为 8V（图 5-22），正常值应为 12V，说明继电器控制电路存在故障。

3）进一步测量交流电输入电压约为 11V（图 5-23），正常值应为 14V，说明输入电压不正常。

图 5-22　测量继电器控制电压

图 5-23　测量交流电输入电压

4）最后确定是整流滤波电路故障，经测量发现电源滤波电容失效，更换同型号的新滤波电容并将其焊好，开机运行，空调运转良好。

5.5.5　案例五

1. 故障现象

一台空调开机制冷时出现制热状态。

2. 检修方法

1）开机检查空调运行状态，经检查空调处于制冷状态，但室内机吹出的是热风。

2）打开室内机盖，测量室内机接线端子 2、3 之间无 220V 电压，如图 5-24 所示，说明内机电路板工作正常。

3）检查发现故障出在四通电磁换向阀上，其阀芯未复位，仍处于制热状态。

4）为了进一步确定故障，再打开室外机盖，测量室外机接线端子间无 220V 电压，如图 5-25 所示，由此可确定四通电磁换向阀未复位。

5）切断电源，打开室外机壳，轻敲四通电磁换向阀阀体，如图 5-26 所示。再次试运行，制冷效果正常，运转良好。

图 5-24　检查接线端子间电压

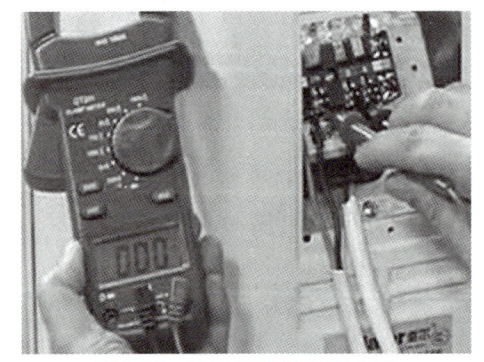

图 5-25　检测接线端子间电压

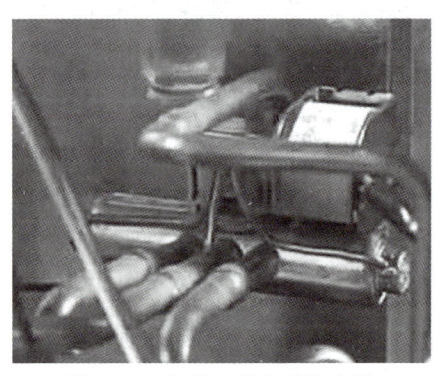

图 5-26　轻敲四通电磁换向阀

5.5.6 家用空调器主要零部件的检测

1. 继电器

（1）主要功能　继电器用 RL 表示，用于控制压缩机、电动机、电加热等部件的开停，这些部件是否有运转信号，均取决于继电器。

（2）检测工具　万用表。

（3）检测方法

1）检测其线圈 1、2 引脚的阻值（线圈的阻值一般为 150~180Ω，四通阀继电器线圈的阻值为 500~700Ω），如果阻值为无穷大，则表示继电器线圈开路。

2）常开继电器表面的两个接点在正常情况下是不导通的，如果两接点在通电的情况下导通，则表示继电器触点粘连，应予以更换。

3）继电器的工作电压为 12V，如果计算机控制板在接到运转信号后，继电器不吸合，则可检测继电器 1、2 引脚是否有工作电压。

2. 晶闸管

（1）主要功能　晶闸管用 SR1 和 SR2 表示，用于控制室内、外电动机的运转及调速。

（2）检测工具　万用表或目测。

（3）检测方法

1）单向晶闸管的检测。万用表选电阻 R×1Ω 档，用红、黑表笔分别测量任意两引脚间正、反向电阻，直至找出读数为数十欧姆的一对引脚，此时黑表笔的引脚为门极 G，红表笔的引脚为阴极 K，另一空脚为阳极 A。将黑表笔接已判断了的阳极 A，红表笔仍接阴极 K，此时万用表指针应不动。用短线瞬间短接阳极 A 和门极 G 时，万用表电阻档指针应向右偏转，读数在 10Ω 左右。如果阳极 A 接黑表笔，阴极 K 接红表笔时，万用表指针发生偏转，则说明该单向晶闸管已击穿损坏。

2）双向晶闸管的检测。

① 万用表选电阻 R×1Ω 档，用红、黑表笔分别测量任意两引脚间的正、反向电阻，其中两组读数为无穷大。若一组读数为数十欧姆，则该组红、黑表笔所接的两引脚为第一阳极 A1 和门极 G，另一空脚即为第二阳极 A2。确定 A1、G 极后，再仔细测量 A1、G 极间的正、反向电阻，读数相对较小的那次测量的黑表笔所接引脚为第一阳极 A1，红表笔所接引脚为门极 G。

② 将黑表笔接已确定的第二阳极 A2，红表笔接第一阳极 A1，此时万用表指针不应发生偏转，阻值为无穷大。再用短接线将 A2、G 极瞬间短接，给 G 极加上正向触发电压，A2、A1 间的阻值在 10Ω 左右。随后断开 A2、G 间的短接线，万用表读数应保持在 10Ω 左右。接着互换红、黑表笔接线，即红表笔接第二阳极 A2，黑表笔接第一阳极 A1，同样万用表指针应不发生偏转，阻值为无穷大。

③ 用短接线将 A2、G 极间再次瞬间短接，给 G 极加上负的触发电压，A1、A2 间的阻值也在 10Ω 左右。随后断开 A2、G 极间的短接线，万用表读数应不变，保持在 10Ω 左右。若符合以上规律，则说明被测双向晶闸管未损坏，且三个引脚的极性判断正确。

检测较大功率的晶闸管时，需要在万用表黑表笔中串接一节 1.5V 的干电池，以提高触发电压。

3) 晶闸管引脚的判别。先用万用表 R×1k 档测量三脚之间的阻值，阻值小的两脚分别为门极和阴极，剩下的一脚为阳极。再将万用表置于 R×10k 档，用手指捏住阳极和另一脚，且不让两脚接触，黑表笔接阳极，红表笔接剩下的一脚，若表针向右摆动，则说明红表笔所接为阴极；若表针不摆动，则说明红表笔所接为门极。

3. 压敏电阻

(1) 主要功能　压敏电阻用 ZE 表示，用于过电压保护。

(2) 检测工具　万用表或目测。

(3) 检测方法　用万用表的 R×10k 档，测量压敏电阻的阻值一般为 470kΩ 左右。另外，压敏电阻损坏后，可以目测观察其是否爆裂，若爆裂或万用表检测导通应予以更换。

4. 熔丝管

(1) 主要功能　熔丝管用 FC1.2（FUSE）表示，用于过电压、过电流保护。

(2) 检测工具　万用表或目测。

(3) 检测方法　熔丝管损坏后，可以目测观察熔丝是否熔断，若熔断应更换。注意：若计算机控制板上只有熔丝损坏，而且熔丝管内壁有明显的熏黑现象，切记不可盲目更换，应先检查内、外电动机部件是否损坏。

5. 整流桥

(1) 主要功能　用 DB 表示，用于将变压器输出的交流电转变为直流电。

(2) 检测工具　万用表。

(3) 检测方法　检测整流桥的初级应有 AC 12V 左右的电压输入，次级应有 DC 12V 电压输出，若无直流电压输出，则应更换该部件。

6. 7805 三端集成稳压器

(1) 主要功能　用 RG1 表示，用于把经过整流电路的不稳定的输出电压变成稳定的输出电压。

(2) 检测工具　万用表。

(3) 检测方法　在通电的情况下，可以检测引脚的 1、2 端输入约为 DC 15V 的电压，引脚 2、3 端输出稳定的 DC 5V 电压，若无电压输出，则更换该部件。

7. 变压器

(1) 主要功能　代号为 T，用于将 AC 220V 电压转变为供给计算机控制板使用的 12V 低压电源。

(2) 检测工具　万用表。

(3) 检测方法

1) 在通电的情况下，可以检测变压器的次级是否有 AC 13.5V 电压输出，若无电压输出，则更换该部件。

2) 在无电的情况下，可以检测变压器初级和次级的阻值，一般情况下初级阻值为几百欧姆，次级阻值为几欧姆。

8. 电容器

(1) 主要功能　代号为 C，用于存电荷、滤波、移相。

(2) 检测工具　万用表。

(3) 检测方法　切断电源，取下连通电容器两端的接线，用导体连通电容器的两个接线端进行放电（特别是滤波电容，如电容器不放电，带电测量会损坏仪表）。电容放电后，用万用表的 R×1kΩ 档进行测量，当表笔刚与电容器两接线端连通时，表针应有较大的摆动，随后慢慢回到接近无穷大的位置。若表针摆动不大，则说明电容量较小；若表针回不到接近无穷大的位置，则说明电容漏电严重，应更换。注意：电解电容有正、负极之分，维修人员在更换电容时不要接错正、负极，否则会造成电容击穿而引起事故。

9. 光电耦合器

(1) 主要功能　代号为 TLP，它利用光电输出脉冲处理信号控制电源的开关。

(2) 检测工具　万用表。

(3) 检测方法　用万用表的 R×1kΩ 档测量引脚 1、2 端的电阻值为 1kΩ，引脚 3、4 端的电阻值为无穷大。

10. PTC 电阻器

(1) 主要功能　代号为 PTC，它是正温度系数热敏，对整机的电源电压和工作电流起限压、补充和缓冲作用。

(2) 检测工具　万用表。

(3) 检测方法　用万用表的 R×1Ω 档测量 PTC 的两端，阻值应为（40±10%）Ω，否则应更换电阻器。

11. 电感

(1) 主要功能　代号为 T，起滤波作用。

(2) 检测工具　万用表。

(3) 检测方法　用万用表的 R×1Ω 档测量电感的两端，阻值应为 15Ω 左右，否则应更换。

12. 二极管

(1) 主要功能　代号为 D，正向导通，反向截止。

(2) 检测工具　万用表。

(3) 检测方法　用万用表的 R×100Ω 档测量二极管的两端（二极管的银色一端为负极），正、负极阻值正向应为 500Ω 左右，反向为无穷大，若不是则更换二极管。

13. 三极管

(1) 主要功能　代号为 DQ，主要起开关和放大作用。

(2) 检测工具　万用表。

(3) 检测方法　用万用表的 R×100Ω 档测量三极管的基极和发射极，两端的正向电阻为 500Ω 左右，反向电阻为无穷大；基极和集电极两端的正向电阻为 500Ω 左右，反向电阻为无穷大；发射极和集电极之间的正、反向阻值均为无穷大，若不是则更换。

14. 压缩机

(1) 主要功能　压缩机是空调制冷系统的核心部件，为整个系统提供循环动力。

(2) 检测工具　万用表。

(3) 检测方法　用万用表的 R×1Ω 档测量 R、S、C 三个接线柱之间的阻值，正常情况下，R 和 S 之间的电阻值为 R 与 C 及 S 与 C 端子之间绕组值之和；对于三相交流电源供电的空调，三个端子的绕组值相等。备注：常见故障包括绕组短路、断路，绕组碰壳体接地，卡缸，抱轴，吸、排气阀关闭不严。

15. 四通阀

（1）主要功能　四通阀是热泵型空调进行制冷、制热工作状态转换的控制切换阀。

（2）检测工具　万用表。

（3）检测方法　用万用表的 R×1kΩ 档测量线圈两插头的阻值，正常情况下其阻值为 1.2~1.8kΩ。备注：常见故障包括线圈短路；当四通阀线圈短路严重时，开机制热时会造成短路电流大而烧坏熔丝管，使整机不能工作。

16. 单向阀

（1）主要功能　单向阀是一种防止制冷剂反向流动的阀门，它由尼龙阀针、阀座、限位环及外壳组成。单向阀主要用于热泵空调器，并与一段毛细管并联在系统中。

（2）检测工具　压力表或目测。

（3）检测方法　用压力表检测系统高压压力，并与正常情况下的数值进行比较。常见故障如下：

1）关闭不严：制热时，制冷剂通过关闭不严的单向阀，造成系统高压压力下降，从而导致制热效果差。

2）堵塞：单向阀阀芯被堵后会出现结霜现象，将造成制冷效果差。

17. 电子膨胀阀

（1）主要功能　电子膨胀阀由线圈通过电流产生磁场并作用于阀针，驱动阀针旋转，当改变线圈的正、负电源电压和信号时，电子膨胀阀也随着开启、关闭或改变开启与关闭间隙的大小，从而控制系统中制冷剂的流量及制冷（热）量的大小。阀芯开启得越小，制冷剂的流量越小，其制冷（热）量越大。

（2）检测工具　万用表。

（3）检测方法　用万用表测量电子膨胀阀线圈两公共端与对应两绕组的阻值，正常情况时应为 50Ω，阻值无穷大时为开路，阻值过小时为短路。常见故障如下：

1）一拖二机器 A、B 机电子膨胀阀线圈固定错或室外机 A、B 机端子控制线接反，无法开机。

2）电子膨胀阀线圈短路或开路，造成无法正常工作。

3）阀针卡住，开度不变，造成机器升频后频率又下降，无法达到高频。

18. 同步电动机

（1）主要功能　同步电动机主要用于窗式机与柜式机导风板的导向，其工作电压为 AC 220V，电源由计算机控制板供给，当控制面板送出导风信号后，计算机控制板上的继电器吸合，直接提供给同步电动机电源，使其进入工作状态。

（2）检测工具　万用表。

（3）检测方法　用万用表的 AC 250V 档检测连接插头处是否有 220V 的电压输出，若有则表示电动机损坏，应更换电动机；若无则表明计算机控制板故障，应更换计算机控制板。注意：同步电动机表面贴有防潮绒膜，该绒膜不能去掉，否则易造成同步电动机受潮损坏。

19. 步进电动机

（1）主要功能　步进电动机主要用于控制分体壁挂式空调器的导风板，使风向能自动循环控制，从而使气流分布均匀。它以脉冲方式工作，每接收一个或几个脉冲，步进电动机的转子就移动一个步距，移动的距离可以很小。

（2）检测工具　万用表。

（3）检测方法

1）用手拨动导风叶，看其是否转动灵活，若不灵活，则说明该叶片变形或某部位被卡住。

2）检查步进电动机插头与控制板插座是否插好。

3）将步进电动机插头插到控制板上，分别测量步进电动机的工作电压以及电源线与各相之间的电压（额定电压为 12V 的步进电动机，其相电压约为 4.2V；额定电压为 5V 的步进电动机，其相电压约为 1.6V），若电源电压或相电压有异常，则说明控制电路损坏，应更换控制板。

4）拔下步进电动机插头，用万用表的欧姆档测量每相线圈的电阻值（一般额定电压为 12V 的电动机，其每相电阻为 200~400Ω；额定电压为 5V 的电动机，其每相电阻为 70~100Ω），若某相电阻太大或太小，则说明该步进电动机线圈已损坏。

20. 内、外风机电动机

（1）主要功能　海尔空调器的内、外风机电动机均采用电容感应式电动机，电动机有起动和运转两个绕组，并且起动绕组串联了一个容量较大的交流电容器。海尔空调内、外风机电动机的调速有两种控制方法：一种为晶闸管控制，多用于小分体空调；一种为继电器控制，多用于柜式空调。

（2）检测工具　万用表。

（3）检测方法　由于各种型号电动机绕组的阻值及测量端子不同，在此不再详述。

21. 遥控器

（1）主要功能　遥控器是以红外遥控发射专用集成电路 ZL1 为核心组成的。海尔空调器目前使用的遥控器有多种，但其操作方法基本相同，均使用两节 7 号电池。

（2）检测工具　万用表。

（3）检测方法　遥控器本身一般不会出现故障，多是从高处跌落导致液晶显示板破裂；另外，当遥控器出现故障时，首先应检查电池电量是否充足，电池弹簧接触是否良好，有无锈蚀问题等。

22. 接收器

（1）主要功能　接收器在空调器中主要用于接收遥控器发出的各种控制指令，再传给计算机控制板主芯片来控制整机的运行状态。

（2）检测工具　万用表。

（3）检测方法　用万用表测量其 2、3 引脚，当接收器收到信号时，两脚间的电压应低于 5V；再无信号输入时，两脚间的电压应为 5V。

23. 过电流（过热）保护器

（1）主要功能　这种保护器紧压在压缩机的外壳上（为早期使用的压缩机），并与压缩机电路串联，它能感受到压缩机的外壳温度和电动机的电流，无论哪一个超过了规定值，都会使继电器的触点断开，从而使压缩机停止运转。其发热元件为双金属片和电热丝，当继电器的电热丝冷却后，双金属片恢复原形，使触点闭合。另外，还有一种内埋式热保护继电器，该元件埋在压缩机内部绕组中，直接感受压缩机绕组的温度变化，主要用于家用空调和海尔 306、506、307、507 等机型的压缩机。

(2) 检测工具　万用表。

(3) 检测方法　用万用表的 R×1Ω 档或 R×10Ω 档测量过电流（过热）保护器两端的电阻值，正常时应该为 0V，否则说明保护器已经损坏，需要更换。

24. 温度传感器

(1) 主要功能　温度传感器主要采用负温度系数热敏电阻，当温度变化时，热敏电阻的阻值也发生变化，温度升高时阻值变小，温度降低时阻值增大。

(2) 检测工具　万用表。

(3) 检测方法　各类传感器的阻值在不同温度下各不相同，用万用表测量出传感器的阻值后，与相应温度正常情况下的阻值进行比较即可。例如：室温传感器在 25℃ 和 30℃ 时的阻值分别为 23kΩ 和 18kΩ，管温传感器在 25℃ 和 30℃ 时的阻值分别为 10kΩ 和 8kΩ。

25. 交流接触器

(1) 主要功能　交流接触器是一种利用电磁吸力使电路接通和断开的一种自动控制器，它主要由铁心、线圈和触头组成。海尔空调中，功率在 3 匹以上的机器采用交流接触器控制压缩机的开停（更换时注意其工作电压）。

(2) 检测工具　万用表。

(3) 检测方法

1) 检测线圈绕组的阻值，看其是否断开或短路。

2) 用万用表的欧姆档检测交流接触器上、下接点的通断情况，在未通电的情况下，上、下触点的阻值应为无穷大，若有阻值，则表明内部触点粘连。

3) 按下交流接触器表面的强制按钮，用万用表测量上、下触点的阻值，每组阻值正常情况下应该为零，若为无穷大或阻值变大，则表明内部触点表面可能有挂弧现象。

如果出现以上三种现象，均应该更换交流接触器。另外，对于单相 3 匹空调，当电压不稳或起动时压降较大时，都很容易损坏交流接触器，若有此类现象，维修时一定要先将电源故障排除后再更换接触器，否则还会出现以上故障。

26. 负离子发生器

(1) 主要功能　负离子发生器主要通过发射负离子并使其与空气中的细菌、颗粒、烟尘相结合，来达到除菌、清洁空气的效果。

(2) 检测工具　万用表。

(3) 检测方法

1) 将专用的负离子检测板放在发生器的前端，当检测到负离子发生器工作时，检测板上的灯会闪烁，证明负离子发生器正常。

2) 使用专用的测电笔，当负离子发生器工作时，测电笔中的氖管会闪烁，说明负离子工作正常。

3) 负离子工作电压为计算机控制板供给的 DC 12V，经升压变压器升压后产生 3500V 左右的直流电，但是其电流值很小，只有几微安左右。判定方法：打开负离子功能，测量负离子发生器在计算机控制板上的插接处有 12V 电压输出，但是负离子发生器不工作，说明需更换负离子发生器。另外，当计算机控制板上没有给负离子发生器的 12V 输出电压时，说明计算机控制板损坏，应予以更换。

27. 功率模块

（1）主要功能　功率模块的作用是将输入模块的直流电压通过其三极管的开关作用转变成驱动压缩机的三相交流电源。变频压缩机运转频率的高低完全由功率模块所输出的工作电压的高低来控制，功率模块输出的电压越高，压缩机的运转频率及输出功率越大；反之，压缩机的运转频率及输出功率越低。

（2）检测工具　万用表。

（3）检测方法

1）用万用表测量 P、N 两端的直流电压，正常情况下在 310V 左右，而且输出的交流电压（U、V、W）一般不高于 200V，如果功率模块的输入端无 310V 直流电压，则表明该机的整流滤波电路有问题，而与功率模块无关；如果有 310V 直流输入电压，而没有低于 200V 的交流输出电压，或 U、V、W 三相间输出的电压不均等，则可以判断功率模块有故障。

2）在未联机的情况下，用万用表的红表笔对 P 端，黑表笔对 U、V、W 三端，其正向阻值应相同，如果其中任何一项阻值与其他两项不等，则可判断功率模块损坏。然后用黑表笔对 N 端，红表笔分别对 U、V、W 三端，其每项阻值也应相等，如果不等，也可判断功率模块损坏。注意：更换功率模块时，切不可将新的模块接近有磁体或带静电的物体，特别是信号端子的插口，否则极易引起模块内部击穿，导致其无法使用。

28. 电抗器

（1）主要功能　电抗器主要用于变频空调器的电源直流电路中，其外形类似于变压器，由铁心和绝缘漆包线组成，该部件有些固定在室外机底盘上，目前固定在隔板上的居多。当 AC 220V 电压经过整流桥、滤波后，交流成分的电流通过具有电感的电路时，电感有阻碍交流电流流过的作用，将多余的能量储存在电感中，可提高电源的功率因数。

（2）检测工具　万用表。

（3）检测方法　用万用表的 R×1Ω 档测量其绕组，阻值约为 1Ω。

29. 毛细管

（1）主要功能　毛细管是制冷系统中的节流装置，空调器采用的毛细管一般为 ϕ2mm，长 0.5~2m 或 2~4.5m 的纯铜管。

（2）检测工具　目测法。

（3）检测方法　当毛细管出现脏堵、水堵、油堵后，从表面上看毛细管部位结霜不化，严重时会使制冷系统的高压压力偏高、低压压力偏低，导致制冷效果下降；当出现泄漏时，漏点处会有油污，会导致制冷剂不足，压力下降，制冷效果差。

30. 蒸发器、冷凝器

（1）主要功能　蒸发器、冷凝器主要用于使制冷剂与室、内外空调进行热量交换。

（2）检测工具　目测、水检、卤素检测仪。

（3）检测方法　蒸发器、冷凝器的常见故障为系统中有异物或制造时产生的堵塞及漏点，另外还有铝合金翅片积存附着了大量的灰尘或油垢。当蒸发器、冷凝器出现漏点时，漏点周围会出现油污。

31. 二通阀

（1）主要功能　二通截止阀安装在室外机组配管中的液管侧，由定位调整口和两条相互垂直的管路组成。其中一条管路与室外机组的液管侧相连，另一条管路通过扩口螺母与室内机组的配管相连。

（2）检测方法　检修或安装二通阀时，先拧开带有铜垫圈的阀杆封帽，再用六角扳手拧动阀杆上的压紧螺钉，顺时针方向拧动时，阀杆下移，阀孔闭合；反之，阀孔开启。检修后，检查阀杆处无泄漏，最后拧紧阀杆封帽。

32. 三通阀

（1）主要功能　三通阀除了二通截止阀的功能外，还多了一个工艺口，为检修空调提供了方便。三通截止阀是维修口内有气门销的三通截止阀，它由一条管路连接口、一个调整口和一个维修口组成，四个口都相互垂直。当阀杆下移至关闭位置时，配管与室外机组管路断开。

（2）检测方法　用肥皂水对工艺口及阀芯和配管接口处进行检漏。

33. 干燥过滤器

（1）主要功能　干燥过滤器用于吸收系统中的水分，阻挡系统中的杂质使其不能通过，防止制冷系统管路发生冰堵和脏堵。由于系统最容易堵塞的部位是毛细管，因此干燥过滤器通常安装在冷凝器与毛细管之间。干燥过滤器的外壳采用纯铜管收口成形，内装金属细丝或多孔金属板，可以有效地过滤杂质。

（2）检测工具　目测。

（3）检测方法　观察干燥过滤器的表面是否结霜。注意：干燥过滤器中采用吸湿特性优良的分子筛作为干燥剂，以吸收制冷剂中的水分。当干燥剂因吸水过多而失效时，应进行更换。常见故障：主要为制冷系统压缩机机械磨损造成的金属粉末、管道内的一些焊渣和冷冻油内的污物对过滤器产生的阻塞，导致制冷剂循环受阻。

34. 消声器

（1）主要功能　压缩机排出的制冷剂高压蒸汽的流速很高，一般在 10~25m/s 之间，这样就会产生一定的噪声。因此，压缩机的高压出气管上通常装有消声器，其作用是利用管径的突然变大将噪声反射回压缩机。消声器一般为垂直安装，以利于冷冻油的流动。

（2）检测方法　检查焊接口处是否有焊漏。

35. 高低压开关

（1）主要功能　当冷凝器严重脏堵、风扇有故障、冷却风量不足、制冷剂过量时，会产生过高的排气压力，降低了空调器的工作效率和制冷效果，严重时会损坏压缩机。因此，空调器在排气管上一般装有高压开关，当排气压力过高时，高压开关会自动切断空调器主要电路。相反，当压缩机吸气压力过低时，也会造成空调器的工作不正常，因此在压缩机吸气管上通常装有低压开关。此类开关都比较简单，其动作压力在制造时已经确定，不能调节。

（2）检测方法　检查焊接口处是否有焊漏，正常情况下，用万用表的 R×1Ω 档测量压力开关应导通。

36. 电加热器

（1）主要功能　在热泵型空调中，其加热元件有 PTC 式和电加热管式加热器两种类型，小型空调常用 PTC 式加热器，大中型空调则采用电加热管式加热器。常见故障：电热丝断路、丝间短路或绝缘损坏等。

（2）检测工具　万用表。

（3）检测方法　检修时可用万用表测试其电阻值，若阻值为无穷大，则为断路；若阻值很小，则为短路。电加热器的工作一般由芯片控制，芯片发出加热指令，当感温包感受到环境温度较低时，加热器开始工作。若发出指令后电加热器虽然工作但无热风吹出，则可能是电热丝故障，也可能是线路板故障，应用万用表对线路板进行检查，看变压器是否有电源输出。

37. 气液分离器

（1）主要功能　气液分离器和压缩机为一体，主要用于在制冷系统制冷剂回压缩机吸入口时，储存系统内的部分制冷剂，防止压缩机液击或因制冷剂过多而稀释冷冻油，并将制冷剂气体、冷冻油充分地输送给压缩机。

（2）检测工具　压力表。

（3）检测方法　检测压缩机排气压力及回气压力，并与正常情况下的数值进行比较。常见故障：主要为制冷系统压缩机机械磨损造成的金属粉末、管道内的一些焊渣和冷冻油内的污物对过滤器造成阻塞，使压缩机回气、回油变差，压缩机工作温度升高，高压压力偏高，易产生过热保护。排除方法：将系统制冷剂放完以后将气液分离器焊下，用四氯化碳、二氯乙烯进行清洗，堵塞严重时可进行更换。

5.6　家用空调移机案例

空调移机步骤如下：

1）确定空调移动的位置，管道的长度要足够。空调的安放位置是否适合，是否符合各种要求。空调重新移机要符合安装空调位置要求。应该勘察好环境位置是否适合转移空调，再准备好需要的材料和器材，包括一套制冷修理工具以及室内外机固定用膨胀螺钉等材料，还需要有更新、延长等的管道。

2）回收制冷剂。把空调器中的制冷剂收集到室外机中去。拆机前应起动空调器，可用遥控器设定制冷状态，待压缩机运转5~10min，制冷状态正常后，用扳手拧下外机的液体管与气体管接口上的保护帽，关闭高压管（细）的截止阀门，1min后管外表结露，立即关闭低压管（粗）截止阀门，同时迅速关机，拔下电源插头，用扳手拧紧保护帽，至此回收制冷剂工作完成。也可采用室内机上的强制起动按钮开机，同时观察室内外机是否还有其他故障，避免移机后带来麻烦。

3）切断电源，观察室外机有无障碍物，取下机罩，清理室外机附近的物品。打开室内机壳，观察室内机过滤网有无灰尘及异味，清理过滤网。

4）制冷剂回收完后，可拆卸室内机。用扳手把室内机连接螺母拧开，用准备好的密封纳子旋好护住室内机连接接头的螺纹，防止在搬运中碰坏接头螺纹；再用十字旋具拆下控制线，同时应做标记，避免在安装时接错。如果信号线或电源线接错，会造成室外机不运转，或机器不受控制。室内机挂板一般要牢固固定，卸起来比较困难；卸完取下挂板，置于平面上再轻轻拍平、校正。

5）拆卸室外机具有风险，务必有专业空调制冷维修工作人员配合，才能安全拆卸。拧开室外机连接螺母后，应用准备好的密封纳子旋好，护住室外机连接接头的螺纹，再用扳手松开室外机底脚的固定螺钉。拆卸后放下室外机时，最好用绳索吊住，卸放的同时应注意平衡，避免振动、磕碰，并注意安全。应慢慢扶直室外空调器的接管，用准备好的四个堵头封住连接管的四个端口,防止空气中的灰尘和水分进入。最后用塑料袋扎好,以便于搬运。

6)清理安装空调的位置,清理空调的内外部。

7)先安装好室内机挂板,待室外机与室内机挂板安装牢固以后,再把连接管捋直,查看管道是否有弯瘪现象;接下来应检查两端喇叭口是否有裂纹,若有裂纹,应重新扩口,否则会漏制冷剂。检查控制线是否有短路、断路现象,在确定管路、控制线、出水管良好后,把它们绑扎在一起并将连接管口密封好。过墙时应两个人分别在墙内、墙外配合缓慢穿出管线,避免拉伤;连接好室内、室外机管道,并接好控制线,再排除管道和室内机中的空气,方法如下:

① 把连接好的室外机接头拧紧(细),用专用扳手松开截止阀门的阀杆1圈左右。

② 听到室外机接头(粗)发出"吱吱"响声30s左右,用扳手拧紧接头(粗)。

③ 松开(粗)管上截止阀门的阀杆。

④ 彻底松开(细)管上截止阀门的阀杆,这时空调器排空结束。

最后,用洗涤剂进行检漏,仔细观察每一个接头有无气泡冒出,验明系统确无泄漏后,旋紧阀门保护帽,即可开机试运行。

8)在确保电压、电源符合规定的要求后,插电等3~5min,将遥控器设置在制冷模式,温度设定在最低的条件下,开机运行(最好在中午和下午试机)。空调运行后,将遥控器的风速开关设定在不同的档位上运行,观察室内机有无异常噪声。开机运行15min左右,观察室外机风扇是否运转正常,室外机有无异常噪声。开机运行30min左右,观察室内机出风有无冷风感,室外机出水管有无冷凝水流出,流水是否畅通。

9)检查各电流、电压是否符合空调的运行标准。

10)空调移机在正常情况下可以不用加制冷剂,若有需要可以适当加制冷剂。

扩展阅读——民族工业与工业现代化

格力自1991年成立以来,始终坚持"自主创新"的发展理念,秉承"百年企业"的经营目标,凭借领先的技术研发、严格的质量管理、独特的营销模式、完善的售后服务享誉海内外,仅用30年时间就从默默无闻的小厂发展成为全球500强企业,成为"世界的格力",成为中国民族品牌走向世界的一个缩影。就像其广告语所说"让世界爱上中国造"。

格力凭什么代言中国制造呢?从格力人身上,我们看到了可以让中国人感到骄傲的"中国制造"所具有的品格和民族品牌崛起的信心。

时代,总是不断改变,但格力在空调领域一向不甘于随波逐流,而是力求在掌握核心技术的基础上,引领一波波的行业浪潮。四年三次荣获国家级科技领域的最高荣誉,仅专职研发人员就有8000余人,拥有12项国际领先技术……多年致力于自主创新的格力在许多核心技术领域实现了跨越式发展,并引领着行业的发展浪潮:1Hz变频技术,实现家用空调技术在国家科技进步奖历史上零的突破;全球首创"双击压缩技术",突破了传统空调的运转极限;全球首款光伏直驱变频离心机系统,实现了中央空调"不用电费"的梦想。

"掌握核心科技"和对"中国制造"如此执着的追求,让格力如今的"辉煌战绩"显得尤为珍贵。凭借强大的技术支撑,格力走向世界,让世界了解了中国制造,让世界爱上了中国造!作为学习制冷专业的我们,同样应该厚积薄发,努力钻研,为"工业现代化"和"中华民族的伟大复兴"贡献自己的一份力量。

参 考 文 献

[1] 郑兆志. 制冷装置电气控制系统原理与检修 [M]. 北京：人民邮电出版社，2007.
[2] 金国砥. 空调器维修入门 [M]. 杭州：浙江科学技术出版社，1998.
[3] 孙见君. 制冷与空调装置自动控制技术 [M]. 北京：机械工业出版社，2004.
[4] 郑兆志. 空调器原理与安装维修技术 [M]. 北京：人民邮电出版社，2008.
[5] 吴疆，李嬿，郭永宏，等. 看图学修空调器 [M]. 2版. 北京：人民邮电出版社，2009.
[6] 韩雪涛，吴瑛，韩广兴. 电冰箱、空调器原理与维修 [M]. 北京：人民邮电出版社，2010.
[7] 杨象忠. 制冷与空调设备组装与调试备赛指导 [M]. 北京：高等教育出版社，2010.
[8] 李佐周. 制冷与空调设备原理与维修 [M]. 2版. 北京：高等教育出版社，2006.